计算方法

（第二版）

易大义　沈云宝　李有法　编

浙江大學出版社

图书在版编目（CIP）数据

计算方法 / 易大义，沈云宝，李有法编. —2 版. —杭州：浙江大学出版社，2007.1(2022.12 重印)
ISBN 978-7-308-03012-0

Ⅰ.计… Ⅱ.①易…②沈…③李… Ⅲ.电子计算机—计算方法—高等学校—教材 Ⅳ.TP301.6

中国版本图书馆 CIP 数据核字（2007）第 003007 号

计算方法
易大义　沈云宝　李有法　编

责任编辑　王　波
出版发行　浙江大学出版社
（杭州市天目山路 148 号　邮政编码 310007）
（网址：http://www.zjupress.com）
排　　版　杭州青翊图文设计有限公司
印　　刷　杭州高腾印务有限公司
开　　本　850mm×1168mm　1/32
印　　张　9.5
字　　数　247 千
版 印 次　2002 年 6 月第 2 版　2022 年 12 月第 48 次印刷
印　　数　230501—232000
书　　号　ISBN 978-7-308-03012-0
定　　价　25.00 元

内容简介

本书介绍了近代计算机常用的计算方法及其基础理论。内容包括插值法、曲线拟合的最小二乘法、数值积分、非线性方程的数值解法、方程组的数值解法、常微分方程的数值解法等。

本书取材适当，由浅入深，易于教学。每章主要的算法除有框图外，还配有较多的实例，着重培养学生的工程计算能力。每章附有适量的习题。

本书可作为工科院校各专业学习计算方法的教材，也可作为电视大学有关专业和工程技术人员的参考书。

前　言

计算机在科学和工程设计中应用日益广泛，它已经成为工程师、大学生和各类管理人员极为有用的工具。因此培养学生的科学和工程计算能力，学习计算机常用的数值方法（计算方法）已受到许多院校的重视，使“计算方法”成为必修的基础课。

本书是在浙江大学 1986 年以来全面开设的“计算方法”课程讲义的基础上编写而成的。内容力求介绍计算机中基本的、有效的各类数值问题的计算方法。同时，重视培养学生应用计算方法解决工程计算问题的能力。

在学习本课程之前应预修微积分、算法语言、常微分方程、工程线性代数等课程。

本课程为学期课（周学时为 3），并应安排一定的计算实习。

本书由浙江大学应用数学系易大义编写第五、六章，李有法编写第二、三、四章，电机系沈云宝编写第一、七章。

限于作者水平，书中错误和不足之处敬请读者批评指正。

编　者

1989 年 4 月于浙江大学

第二版说明

本书出版后，得到了许多院校和任课教师的大力支持，在教学中广泛使用，发行量已达10余万册。为了适应教学的需要，在第二版中，在保持原书结构、风格与特点的基础上，作了适当的修改与补充：

(1)改正原书中的一些错误。

(2)增加了一些内容，如牛顿下山法、抛物线法、打靶法，加强了LU分解法等。

(3)对每一章习题都作了适当的选择，并对部分习题给出了答案。

(4)为了培养学生的计算能力，应有一定的上机实习，第二版给出了一些上机实习题，以供参考、选用。

编　者

2002年4月

目　　录

第一章　数值计算中的误差

§1　引　　言

利用计算器、电子计算机等计算工具来求出数学问题的数值解的全过程，称为数值计算。

随着科学技术的突飞猛进，无论是工农业生产还是国防尖端技术，例如机电产品的设计、建筑工程项目的设计、气象预报和新型尖端武器的研制、火箭的发射等，都有大量复杂的数值计算问题亟待解决。它们的复杂程度已达到远非人工手算(包括使用计算器等简单的计算工具)所能解决的地步。数字电子计算机的出现和飞速发展大大推动了数值计算方法的进展，许多复杂的数值计算问题现在都可以通过电算(即用电子计算机进行数值计算)得到妥善解决。

用数值计算的方法来解决工程实际和科学技术中的具体技术问题时，首先必须将具体问题抽象为数学问题，即建立起能描述并等价代替该实际问题的数学模型，例如各种微分方程、积分方程、代数方程等，然后选择合适的计算方法(算法)，编制出计算机程序，最后上机调试并进行运算，以得出所欲求解的结果来。

所谓数值计算方法，是指将所欲求解的数学模型(数学问题)简化成一系列算术运算和逻辑运算，以便在计算机上求出问题的数值解，并对算法的收敛性、稳定性和误差进行分析、计算。这里所说的“算法”，不只是单纯的数学公式，而且是指由基本运算和运算顺序的规定所组成的整个解题方案和步骤。一般可以通过框图(流程图)来较直观地描述算法的全貌。

选定合适的算法是整个数值计算中非常重要的一环。例如,当计算多项式

$$P(x) = a_n x^n + a_{n-1} x^{n-1} + \cdots + a_1 x + a_0$$

的值时,若直接计算 $a_i x^i (i = 0,1,2,\cdots,n)$,再逐项相加,共需做

$$1 + 2 + \cdots + (n-1) + n = \frac{n(n+1)}{2}$$

次乘法和 n 次加法。如当 $n = 10$ 时,需做 55 次乘法和 10 次加法。若用著名的秦九韶(我国宋朝数学家)算法,将多项式 $P(x)$ 改写成

$$P(x) = ((\cdots((a_n x + a_{n-1})x + a_{n-2})x + \cdots + a_2)x + a_1)x + a_0$$

来计算时,只要做 n 次乘法和 n 次加法即可。如当 $n=10$ 时,只要做 10 次乘法和 10 次加法。可见算法的优劣直接影响计算的速度和效率。

对于小型问题,计算的速度和占用计算机内存的多寡似乎意义不大。但对复杂的大型问题而言,却起着决定性作用。

算法选得不恰当,不仅影响到计算的速度和效率,还会由于计算机计算的近似性和误差的传播、积累直接影响到计算结果的精度,有时甚至直接影响到计算的成败。不合适的算法会导致计算误差达到不能容许的地步,而使计算最终失败,这就是算法的数值稳定性问题。

数值计算过程中会出现各种误差,它们可分为两大类:一类是由于算题者在工作中的粗心大意而产生的,例如笔误将 886 误写成 868,以及误用公式等,这类误差称为**过失误差或疏忽误差**。它完全是人为造成的,只要在工作中仔细、谨慎,是完全可以避免的,我们就不再讨论它。而另一类为**非过失误差**,在数值计算中则往往

是无法避免的，例如近似值带来的误差，还有模型误差、观测误差、截断误差和舍入误差等。对于它们，应该设法尽量降低其数值，尤其是控制住经多次运算后误差的积累，以确保计算结果的精度。

下面通过一个简单的算例，可以看出近似值带来的误差和算法的选择对计算结果的精度所产生的巨大影响。例如，要计算

$$x=\left(\frac{\sqrt{2}-1}{\sqrt{2}+1}\right)^3$$

可用下列四种算式算出：

$$x=(\sqrt{2}-1)^6$$

$$x=99-70\sqrt{2}$$

$$x=\left(\frac{1}{\sqrt{2}+1}\right)^6$$

$$x=\frac{1}{99+70\sqrt{2}}$$

如分别用近似值 $\sqrt{2}\approx 7/5=1.4$ 和 $\sqrt{2}\approx 17/12=1.4166\cdots$，按上列四种算法计算 x 值，其结果如表 1-1 所示。

由表 1-1 可见，按不同算式和近似值所算出的结果五花八门、各不相同。有的甚至相差至巨，还出现了负值，这真是差之毫厘，谬以千里。可见近似值和算法的选定对计算结果的精确度影响很大。当然，此刻我们还不能说出表 1-1 中哪个计算结果更接近于 x 的真值，这要在本章的§5 中经过误差估计和分析后才能得到正确的结论。

因此，在研究算法的同时，还必须正确掌握误差的基本概念，误差在近似值运算中的传播规律，误差分析、估计的基本方法和算法的数值稳定性概念。否则，一个合理的算法也可能会得出一个错误的结果来。

表 1-1

序号	算　　式	计　算　结　果	
		$\sqrt{2}\approx 7/5$	$\sqrt{2}\approx 17/12$
1	$(\sqrt{2}-1)^6$	$\left(\frac{2}{5}\right)^6=0.0040960$	$\left(\frac{5}{12}\right)^6=0.00523278$
2	$99-70\sqrt{2}$	1	$-\frac{1}{6}=-0.16666667$
3	$\left(\frac{1}{\sqrt{2}+1}\right)^6$	$\left(\frac{5}{12}\right)^6=0.00523278$	$\left(\frac{12}{29}\right)^6=0.00501995$
4	$\frac{1}{99+70+\sqrt{2}}$	$\frac{1}{197}=0.00507614$	$\frac{12}{2378}=0.00504626$

§2　误差的种类及其来源

如上节所述，除了可以避免的过失误差外，还有不少无法避免的非过失误差存在于数值计算过程中，按照它们来源的不同，分述如后。

2.1　模型误差

在建模（建立数学模型）过程中，欲将复杂的物理现象抽象、归结为数学模型，往往只得忽略一些次要因素的影响，而对问题作某些必要的简化。这样建立起来的数学模型实际上必定只是所研究的复杂客观现象的一种近似的描述，它与真正客观存在的实际问题之间有一定的差别，这种误差称为**模型误差**。

2.2　观测误差

在建模和具体运算过程中所用的一些初始数据往往都是通过人们实际观察、测量得来的，由于受到所用观测仪器、设备精度的限制，这些测得的数据都只能是近似的，即存在着误差，这种误差称为**观测误差**或**初值误差**。

2.3　截断误差

在不少数值运算中常遇到超越计算，如微分、积分和无穷级数求和等，它们需用极限或无穷过程来求得。然而计算机却只能完成有限次算术运算和逻辑运算，因此需将解题过程化为一系列有限的算术运算和逻辑运算。这样就要对某种无穷过程进行“截断”，即仅保留无穷过程的前段有限序列而舍弃它的后段。这就带来了误差，称它为**截断误差**或**方法误差**。例如，函数 $\sin x$ 和 $\ln(1+x)$ 可分别展开为无穷幂级数：

$$\sin x=x-\frac{x^3}{3!}+\frac{x^5}{5!}-\frac{x^7}{7!}+\cdots \tag{1.2.1}$$

$$\ln(1+x)=x-\frac{x^2}{2}+\frac{x^3}{3}-\frac{x^4}{4}+\cdots \quad (-1<x\leqslant 1) \tag{1.2.2}$$

若取级数的起始若干项的部分和作为 $x<1$ 时函数值的近似计算公式，例如取

$$\sin x\approx x-\frac{x^3}{3!}+\frac{x^5}{5!} \tag{1.2.3}$$

$$\ln(1+x)\approx x-\frac{x^2}{2}+\frac{x^3}{3} \tag{1.2.4}$$

则由于它们的第四项和以后各项都舍弃了，自然产生了误差。这就是由于截断了无穷级数自第四项起的后段而产生的截断误差。

式(1.2.3)和(1.2.4)的截断误差是很容易估算的，因为幂级数式(1.2.1)和(1.2.2)都是交错级数，当 $x<1$ 时各项的绝对值又都是递减的，因此，这时它们的截断误差 $R_4(x)$ 可分别估计为

$$|R_4(x)|\leqslant\frac{x^7}{7!}$$

和

$$|R_4(x)|\leqslant\frac{x^4}{4}$$

2.4　舍入误差

在数值计算过程中还会用到一些无穷小数，例如无理数和有

理数中某些分数化出的无限循环小数，如

$$\pi = 3.14159265\cdots$$

$$\sqrt{2} = 1.41421356\cdots$$

$$\frac{1}{3!} = \frac{1}{6} = 0.166666\cdots$$

等。而计算机受机器字长的限制，它所能表示的数据只能有一定的有限位数，这时就需把数据按四舍五入舍入成一定位数的近似的有理数来代替。由此引起的误差称为**舍入误差**或**凑整误差**。

综上所述，在数值计算中除了可以完全避免的过失误差外，还存在难以回避的模型误差、观测误差、截断误差和舍入误差。数学模型一旦建立，进入具体计算时所要考虑和分析的就是截断误差和舍入误差了。在计算机上经过千百万次运算后所积累起来的总误差不容忽视，有时可能会大得惊人，甚至到达"淹没"所欲求解的真值的地步，而使计算结果失去根本的意义。因此，本书在以后各章讲解各种算法时，将对其截断误差的估算和舍入误差的控制作适当的介绍。

§3 绝对误差和相对误差

3.1 绝对误差和绝对误差限

设某一个量的准确值(称为真值)为 x，其近似值为 x^*，则 x 与 x^* 的差

$$\varepsilon(x) = x - x^* \tag{1.3.1}$$

称为近似值 x^* 的**绝对误差**，简称**误差**。当 $\varepsilon(x) > 0$ 时，称 x^* 为**亏近似值**或**弱近似值**，反之则称为**盈近似值**或**强近似值**。

由于真值 x 往往是未知或无法知道的，因此 $\varepsilon(x)$ 的准确值(真值)也就无法求出。但一般可估计出此绝对误差 $\varepsilon(x)$ 的上限，也即可以求出一个正数 η，使

$$|\varepsilon(x)| = |x - x^*| \leqslant \eta \tag{1.3.2}$$

此 η 称为近似值 x^* 的**绝对误差限**，简称**误差限**，或称**精度**。有时也用

$$x = x^* \pm \eta \tag{1.3.3}$$

来表示式(1.3.2)。这时等式右端的两个数值 $x^* + \eta$ 和 $x^* - \eta$ 代表了 x 所在范围的上、下限。η 越小，表示该近似值 x^* 的精度越高。

例如，用有毫米刻度的尺测量不超过 1m 的长度 l。读数方法如下：如果长度 l 接近于毫米刻度 l^*，就读出那个刻度数 l^* 作为长度 l 的近似值。显然，这个近似值的绝对误差限就是 0.5mm，则有

$$|\varepsilon(l)| = |l - l^*| \leqslant 0.5\text{mm}$$

如果读出的长度是 513mm，则有

$$|l - 513| \leqslant 0.5\text{mm}$$

这样，我们虽仍不知准确长度 l 是多少，但由式(1.3.3)可得到不等式

$$512.5\text{mm} \leqslant l \leqslant 513.5\text{mm}$$

这说明 l 必在[512.5mm，513.5mm]区间内。

再例如，真空中光速 c 的近似值为

$$c^* = 2.997902 \times 10^{10}\text{cm/s}$$

又其绝对误差限为

$$\eta = 0.000009 \times 10^{10}\text{cm/s}$$

则通常把 c 写成

$$c = (2.997902 \pm 0.000009) \times 10^{10}\text{cm/s}$$

它表示了光速 c 的准确值所在的范围。

3.2 相对误差和相对误差限

用绝对误差还不能完全评价近似值的精确度。例如，测量 10m 的长度时产生的 1cm 的误差与测量 1m 的长度时产生的 1cm 的误差是大有区别的。虽然两者的绝对误差相同，都是 1cm，但是由于所测量的长度要差 10 倍，显然前一种测量比后一种要精确得多。

这说明要评价一个近似值的精确度，除了要看其绝对误差的大小外，还必须考虑该量本身的大小，这就需要引进相对误差的概念。

绝对误差与真值之比，即

$$\varepsilon_r(x) = \frac{\varepsilon(x)}{x} = \frac{x - x^*}{x} \tag{1.3.4}$$

称为近似值 x^* 的**相对误差**。

在上例中，前一种测量的相对误差为$\frac{1}{1000}$，而后一种测量的相对误差则为$\frac{1}{100}$，是前一种的 10 倍。

由式(1.3.4) 可见，相对误差可以从绝对误差求出。反之，绝对误差也可由相对误差求出：

$$\varepsilon(x) = x \cdot \varepsilon_r(x) \tag{1.3.5}$$

相对误差不仅能表示出绝对误差来，而且在估计近似值运算结果的误差时，它比绝对误差更能反映出误差的特性。因此，在误差分析中，相对误差比绝对误差更为重要。

相对误差也无法准确求出，因为式(1.3.4) 中的 $\varepsilon(x)$ 和 x 均无法准确求得。然而，也和绝对误差一样，可以估计它的大小范围，也即可找到一个正数 δ，使

$$|\varepsilon_r(x)| \leqslant \delta \tag{1.3.6}$$

δ 称为近似值 x^* 的**相对误差限**。

相对误差是个无名数，它没有量纲。例如，称 100kg 重的东西若有 1kg 重的误差和量 100m 长的东西若有 1m 长的误差，则这两种测量的相对误差都是 1/100。与此相反，由于绝对误差是名数，有量纲，上例中两种测量的绝对误差 1kg 和 1m 的量纲不同，两者就无法进行比较。

在实际计算中，由于真值 x 总是无法知道的，因此往往取

$$\varepsilon_r^*(x) = \frac{\varepsilon(x)}{x^*} \tag{1.3.7}$$

作为相对误差的另一定义。

下面比较一下 $\varepsilon_r^*(x)$ 与 $\varepsilon_r(x)$ 之间的相差究竟有多大。

$$\begin{aligned}\varepsilon_r(x)-\varepsilon_r^*(x)&=\varepsilon(x)\left(\frac{1}{x}-\frac{1}{x^*}\right)\\&=-\frac{1}{x\cdot x^*}[\varepsilon(x)]^2\\&=-\left\{\frac{1}{1-\varepsilon_r(x)}\right\}[\varepsilon_r(x)]^2\end{aligned}$$

一般说来，$\varepsilon(x)$ 相对于 x 而言是一个小量，因而 $\varepsilon_r(x)$ 是一个小数，一般不会超过 0.5，这样上式{　　}中的数值不会大于 2，故上式可改写成

$$|\varepsilon_r(x)-\varepsilon_r^*(x)|\leqslant 2[\varepsilon_r(x)]^2$$

上式右端是一高阶小量，可以忽略。由此可见，用 $\varepsilon_r^*(x)$ 来代替 $\varepsilon_r(x)$ 不致引起明显的误差。

相对误差也常用百分数来表示：

$$\varepsilon_r^*(x)=\frac{\varepsilon(x)}{x^*}\cdot 100\% \tag{1.3.8}$$

这时称它为**百分误差**。

§4　有效数字及其与误差的关系

4.1　有效数字

在表示一个近似值时，为了同时反映其准确程度，常常用到“有效数字”的概念。例如，对无穷小数或循环小数，可用四舍五入的办法来取其近似值。$\pi=3.14159265\cdots$，若按四舍五入取四位小数，则得 π 的近似值为3.1416；若取五位小数，则得其近似值为3.14159。这种近似值取法的特点是误差限为其末位的半个单位，即

$$|\pi-3.1416|<\frac{1}{2}\times 10^{-4}$$

$$|\pi - 3.14159| < \frac{1}{2} \times 10^{-5}$$

当近似值 x^* 的误差限是其某一位上的半个单位时，我们就称其“准确”到这一位，且从该位起直到前面第一位非零数字为止的所有数字都称为**有效数字**。

一般说，设有一个数 x，其近似值 x^* 的规格化形式：

$$x^* = \pm 0.\alpha_1\alpha_2\cdots\alpha_n \times 10^m \tag{1.4.1}$$

式中：$\alpha_1, \alpha_2, \cdots, \alpha_n$ 都是 $0,1,2,\cdots,9$ 中的一个数字，$\alpha_1 \neq 0$；n 是正整数；m 是整数。

若 x^* 的误差限为

$$|\varepsilon(x)| = |x - x^*| \leqslant \frac{1}{2} \times 10^{m-n} \tag{1.4.2}$$

则称 x^* 为具有 n 位有效数字的有效数，或称它精确到 10^{m-n}。其中每一位数字 $\alpha_1, \alpha_2, \cdots, \alpha_n$ 都是 x^* 的有效数字。若式(1.4.1) 中的 x^* 是 x 经四舍五入得到的近似数，则 x^* 具有 n 位有效数字。例如，3.1416 是 π 的具有五位有效数字的近似值，它精确到 0.0001。这样，203 和 0.0203 都是具有三位有效数字的有效数。但要注意，0.0203 与0.020300 就不同了，前者仅具有三位有效数字，即仅精确到0.0001；而后者则具有五位有效数字，即精确到0.000001。可见，两者的精确程度大不相同，后者远较前者精确(差 100 倍)。因此，有效数尾部的零不可随意省去，以免损失精度。

另一种情况，例如 $x = 0.1524$，$x^* = 0.154$。这时 x^* 的误差 $\varepsilon(x) = -0.0016$，其绝对值超过了 0.0005(第三位小数的半个单位)，但却没有超过 0.005(第二位小数的半个单位)，即

$$0.0005 < |x - x^*| \leqslant 0.005$$

显然，x^* 虽有三位小数但却只精确到第二位小数，因此，它只具有二位有效数字。其中 $\alpha_1 = 1$，$\alpha_2 = 5$ 都是准确数字，而第三位数字 $\alpha_3 = 4$ 就不再是准确数字了，我们就称它为**存疑数字**。

还应注意，具有 n 位有效数字的有效数 x^* 虽是真值 x 的准确

到第 n 位的近似值，但这第 n 位数字有可能与真值 x 中的同一位数字不相同。如不相同时，两者相差 1。例如，3.1416 是 $\pi = 3.1415926\cdots$ 的准确到小数点后第四位的近似值，但它的末位数字是 6，与 π 真值中的小数点后第四位数字 5 不同，两者相差 1。

用计算机进行的数值计算，由于受到计算机字长的限制，要求输入的数有一定的位数，计算的结果也只保留一定的位数，且所保留下来的不一定都是有效数字，同时也不是所有的有效数字都可保留下来。

4.2　有效数字与误差的关系

由式(1.4.2)可知，从有效数字可以算出近似数的绝对误差限；有效数字的位数越多，其绝对误差限也就越小。不但如此，还可以从有效数字求出其相对误差限。

当用式(1.4.1)表示的近似值 x^* 具有 n 位有效数字时，显然有

$$|x^*| \geqslant \alpha_1 \times 10^{m-1}$$

故由式(1.4.2)可知，其相对误差的绝对值

$$|\varepsilon_r^*(x)| = \left|\frac{\varepsilon(x)}{x^*}\right| \leqslant \frac{\frac{1}{2} \times 10^{m-n}}{\alpha_1 \times 10^{m-1}} = \frac{1}{2\alpha_1} \times 10^{-n+1} \tag{1.4.3}$$

故相对误差限为

$$\delta = \frac{1}{2\alpha_1} \times 10^{-n+1} \tag{1.4.4}$$

式(1.4.4)表达了有效数字与其相对误差限之间的关系。由此可见，有效数字的位数反映了近似值的相对精确度。

上述关系的逆也是成立的，即如果用式(1.4.1)表示的近似值 x^* 的相对误差 $\varepsilon_r^*(x)$ 能满足

$$|\varepsilon_r^*(x)| \leqslant \frac{1}{2(\alpha_1 + 1)} \times 10^{-n+1} \tag{1.4.5}$$

则 x^* 至少具有 n 位有效数字(即至少精确到它的第 n 位)。这可证明如下:

由式(1.4.5)及 $|x^*| < (\alpha_1 + 1) \times 10^{m-1}$,有

$$\begin{aligned} |\varepsilon(x)| &= |x^*| \cdot |\varepsilon_r^*(x)| \\ &< (\alpha_1 + 1) \times 10^{m-1} \times \frac{1}{2(\alpha_1 + 1)} \times 10^{-n+1} \\ &= \frac{1}{2} \times 10^{m-n} \end{aligned}$$

即表示 x^* 至少具有 n 位有效数字。

例 1 当用 3.1416 来表示 π 的近似值时,它的相对误差是多少?

解 3.1416 具有五位有效数字,$\alpha_1 = 3$,由式(1.4.3)有

$$|\varepsilon_r^*(x)| \leqslant \frac{1}{2 \times 3} \times 10^{-5+1} = \frac{1}{6} \times 10^{-4}$$

例 2 为了使积分 $I = \int_0^1 e^{-x^2} dx$ 的近似值 I^* 的相对误差不超过 0.1%,问至少取几位有效数字?

解 可以知道 $I = 0.7467\cdots$。这样,$\alpha_1 = 7$。由式(1.4.3)有

$$|\varepsilon_r^*(I)| \leqslant \frac{1}{2 \times 7} \times 10^{-n+1} \leqslant 0.1\%$$

可解出 $n = 3$。即 I^* 只要取三位有效数字

$$I^* = 0.747$$

就能保证 I^* 的相对误差不大于 0.1%。

§5 误差的传播与估计

5.1 误差估计的一般公式

在实际的数值计算中,参与运算的数据往往都是些近似值,带

有误差。这些数据误差在多次运算过程中会进行传播，使计算结果产生误差。而确定计算结果所能达到的精度，显然是十分重要的，但这往往也是件很困难的事。不过，我们对计算误差作出一定的定量估计还是可以做到的。这里介绍一种常用的误差估计的一般公式，它是利用函数的泰勒(Taylor)展开得到的。

先从较简单的二元函数

$$y = f(x_1, x_2)$$

开始。设 x_1^* 和 x_2^* 分别是 x_1 和 x_2 的近似值，y^* 是函数值 y 的近似值，且

$$y^* = f(x_1^*, x_2^*)$$

函数 $f(x_1, x_2)$ 在点(x_1^*, x_2^*)处的泰勒展开式为

$$\begin{aligned} f(x_1, x_2) = f(x_1^*, x_2^*) &+ \left[\left(\frac{\partial f}{\partial x_1}\right)^* \cdot (x_1 - x_1^*)\right. \\ &\left. + \left(\frac{\partial f}{\partial x_2}\right)^* \cdot (x_2 - x_2^*)\right] \\ &+ \frac{1}{2!}\left[\left(\frac{\partial^2 f}{\partial {x_1}^2}\right)^* \cdot (x_1 - x_1^*)^2\right. \\ &+ 2\left(\frac{\partial^2 f}{\partial x_1 \partial x_2}\right)^* \cdot (x_1 - x_1^*)(x_2 - x_2^*) \\ &\left. + \left(\frac{\partial^2 f}{\partial {x_2}^2}\right)^* \cdot (x_2 - x_2^*)^2\right] + \cdots \end{aligned}$$

式中，$(x_1 - x_1^*) = \varepsilon(x_1)$ 和 $(x_2 - x_2^*) = \varepsilon(x_2)$ 一般都是小量，如果忽略高阶小量，即高阶的$(x_1 - x_1^*)$和$(x_2 - x_2^*)$，则上式可简化为

$$\begin{aligned} f(x_1, x_2) \approx f(x_1^*, x_2^*) &+ \left(\frac{\partial f}{\partial x_1}\right)^* \cdot \varepsilon(x_1) \\ &+ \left(\frac{\partial f}{\partial x_2}\right)^* \cdot \varepsilon(x_2) \end{aligned}$$

因此，y^* 的绝对误差

$$\begin{aligned} \varepsilon(y) &= y - y^* \\ &= f(x_1, x_2) - f(x_1^*, x_2^*) \end{aligned}$$

$$\approx \left(\frac{\partial f}{\partial x_1}\right)^* \cdot \varepsilon(x_1) + \left(\frac{\partial f}{\partial x_2}\right)^* \cdot \varepsilon(x_2) \tag{1.5.1}$$

式中，$\varepsilon(x_1)$ 和 $\varepsilon(x_2)$ 前面的系数 $\left(\frac{\partial f}{\partial x_1}\right)^*$ 和 $\left(\frac{\partial f}{\partial x_2}\right)^*$ 分别是 x_1^* 和 x_2^* 对 y^* 的绝对误差增长因子，它们分别表示绝对误差 $\varepsilon(x_1)$ 和 $\varepsilon(x_2)$ 经过传播后增大或缩小的倍数。

由式(1.5.1)可得出 y^* 的相对误差

$$\begin{aligned}\varepsilon_r^*(y) &= \frac{\varepsilon(y)}{y^*} \\ &\approx \left(\frac{\partial f}{\partial x_1}\right)^* \frac{\varepsilon(x_1)}{y^*} + \left(\frac{\partial f}{\partial x_2}\right)^* \frac{\varepsilon(x_2)}{y^*} \\ &= \frac{x_1^*}{y^*}\left(\frac{\partial f}{\partial x_1}\right)^* \cdot \varepsilon_r^*(x_1) + \frac{x_2^*}{y^*}\left(\frac{\partial f}{\partial x_2}\right)^* \cdot \varepsilon_r^*(x_2)\end{aligned} \tag{1.5.2}$$

式中，$\varepsilon_r^*(x_1)$ 和 $\varepsilon_r^*(x_2)$ 前面的系数 $\frac{x_1^*}{y^*}\left(\frac{\partial f}{\partial x_1}\right)^*$ 和 $\frac{x_2^*}{y^*}\left(\frac{\partial f}{\partial x_2}\right)^*$ 分别是 x_1^* 和 x_2^* 对 y^* 的相对误差增长因子，它们分别表示相对误差 $\varepsilon_r^*(x_1)$ 和 $\varepsilon_r^*(x_2)$ 经过传播后增大或缩小的倍数。

例 3 用电表测得一个电阻两端的电压和流过的电流范围分别为 $V = 220 \pm 2\text{V}$，$I = 10 \pm 0.1\text{A}$，求这个电阻的阻值 R，并估算其绝对误差和相对误差。

解 由欧姆定律，有

$$R = \frac{V}{I}$$

可求出 R 的近似值

$$R^* = \frac{220}{10} = 22\Omega$$

由式(1.5.1)可计算 R^* 的绝对误差

$$\begin{aligned}\varepsilon(R) &\approx \left(\frac{\partial R}{\partial V}\right)^* \cdot \varepsilon(V) + \left(\frac{\partial R}{\partial I}\right)^* \cdot \varepsilon(I) \\ &= \frac{1}{I^*} \cdot \varepsilon(V) - \frac{V^*}{(I^*)^2} \cdot \varepsilon(I)\end{aligned}$$

已知 $V^* = 220\text{V}, |\varepsilon(V)| \leqslant 2\text{V}; I^* = 10\text{A}, |\varepsilon(I)| \leqslant 0.1\text{A}$，把它们代入上式，即可估算出 R^* 的绝对误差

$$
\begin{aligned}
|\varepsilon(R)| &\leqslant \left|\frac{1}{I^*}\right| \cdot |\varepsilon(V)| + \left|\frac{V^*}{(I^*)^2}\right| \cdot |\varepsilon(I)| \\
&\leqslant \frac{1}{10} \times 2 + \frac{220}{(10)^2} \times 0.1 \\
&= 0.42\Omega
\end{aligned}
$$

因此，R^* 的相对误差

$$
\begin{aligned}
|\varepsilon_r^*(R)| = \left|\frac{\varepsilon(R)}{R^*}\right| &\leqslant \frac{0.42}{22} \\
&= 0.0191 = 1.91\%
\end{aligned}
$$

式(1.5.1) 和(1.5.2) 可推广到更为一般的多元函数

$$
y = f(x_1, x_2, \cdots, x_n)
$$

中。只要将函数 $f(x_1, x_2, \cdots, x_n)$ 在点 $(x_1^*, x_2^*, \cdots, x_n^*)$ 处作泰勒展开，并略去其中的 $\varepsilon(x_1), \varepsilon(x_2), \cdots, \varepsilon(x_n)$ 等小量的高阶项，即可得到函数的近似值 $y^* = f(x_1^*, x_2^*, \cdots, x_n^*)$ 的绝对误差和相对误差的估算式，其分别为

$$
\varepsilon(y) \approx \sum_{i=1}^{n}\left[\left(\frac{\partial f}{\partial x_i}\right)^* \cdot \varepsilon(x_i)\right] \tag{1.5.3}
$$

和

$$
\varepsilon_r^*(y) \approx \sum_{i=1}^{n}\left[\frac{x_i^*}{y^*}\left(\frac{\partial f}{\partial x_i}\right)^* \cdot \varepsilon_r^*(x_i)\right] \tag{1.5.4}
$$

上两式中的各项

$$
\left(\frac{\partial f}{\partial x_i}\right)^* \quad \text{和} \quad \frac{x_i^*}{y^*}\left(\frac{\partial f}{\partial x_i}\right)^* \quad (i = 1, 2, \cdots, n)
$$

分别为各个 $x_i^*(i = 1, 2, \cdots, n)$ 对 y^* 的绝对误差和相对误差的增长因子。

从式(1.5.3) 和式(1.5.4) 可知，当误差增长因子的绝对值很大时，数据误差在运算中传播后，可能会造成结果的很大误差。凡原始数据 x_i 的微小变化可能引起结果 y 的很大变化的这类问题，

称为**病态问题**或**坏条件问题**。

5.2 误差在算术运算中的传播

可以利用式(1.5.3)和式(1.5.4)对加、减、乘、除、乘方和开方等算术运算中数据误差的传播规律作一具体分析。

1. 加、减运算

由式(1.5.3)及式(1.5.4)有

$$\varepsilon\left(\sum_{i=1}^{n}\right) \approx \sum_{i=1}^{n} \varepsilon(x_i) \tag{1.5.5}$$

及

$$\varepsilon_r^*\left(\sum_{i=1}^{n} x_i\right) \approx \sum_{i=1}^{n} \frac{x_i^*}{\sum\limits_{i=1}^{n} x_i^*} \varepsilon_r^*(x_i) \tag{1.5.6}$$

由式(1.5.5)可知,近似值之和的绝对误差等于各近似值的绝对误差的代数和。

两数 x_1 和 x_2 相减时,由式(1.5.6)有

$$\begin{aligned}\varepsilon_r^*(x_1 - x_2) \approx &\frac{x_1^*}{x_1^* - x_2^*}\varepsilon_r^*(x_1) \\ &- \frac{x_2^*}{x_1^* - x_2^*}\varepsilon_r^*(x_2)\end{aligned}$$

即

$$\begin{aligned}|\varepsilon_r^*(x_1 - x_2)| \leqslant &\left|\frac{x_1^*}{x_1^* - x_2^*}\right| \cdot |\varepsilon_r^*(x_2)| \\ &+ \left|\frac{x_2^*}{x_1^* - x_2^*}\right| \cdot |\varepsilon_r^*(x_2)|\end{aligned}$$

当 $x_1^* \approx x_2^*$,即大小接近的两个同号近似值相减时,由上式可知,这时 $|\varepsilon_r^*(x_1 - x_2)|$ 可能会很大,说明计算结果的有效数字将严重丢失,计算精度很低。因此在实际计算中,应尽量设法避开相近数的相减。当实在无法避免时,可用变换计算公式的办法来解决。例如,当要求计算 $\sqrt{3.01} - \sqrt{3}$,结果精确到第五位数字时,至少取

到

$$\sqrt{3.01} = 1.7349352$$

和 $$\sqrt{3} = 1.7320508$$

这样

$$\sqrt{3.01} - \sqrt{3} = 2.8844 \times 10^{-3}$$

才能达到具有五位有效数字的要求。如果变换算式：

$$\begin{aligned}\sqrt{3.01} - \sqrt{3} &= \frac{3.01 - 3}{\sqrt{3.01} + \sqrt{3}} \\ &= \frac{0.01}{1.7349 + 1.7321} \\ &= 2.8843 \times 10^{-3}\end{aligned}$$

也能达到结果具有五位有效数字的要求，而这时 $\sqrt{3.01}$ 和 $\sqrt{3}$ 所需的有效位数只要五位，远比直接相减所需有效位数（八位）为少。

再例如，当 x 很小时，$\cos x \to 1$，如要求得 $1-\cos x$ 的值，可利用三角恒等式

$$1 - \cos x = 2\sin^2\left(\frac{x}{2}\right)$$

进行公式变换后再来计算。同理，也可把 $\cos x$ 展开成泰勒级数后，按

$$1 - \cos x = \frac{x^2}{2!} - \frac{x^4}{4!} + \cdots$$

来进行计算。这两种算法都避开了两个相近数相减的不利情况。

2. 乘法运算

由式(1.5.3)及式(1.5.4)有

$$\varepsilon\left(\prod_{i=1}^{n} x_i\right) \approx \prod_{i=1}^{n}\left[\left(\prod_{\substack{j=1\\ j\neq i}}^{n} x_j^*\right)\varepsilon(x_i)\right] \tag{1.5.7}$$

和

$$\varepsilon_r^*\left(\prod_{i=1}^{n}x_i\right)\approx\sum_{i=1}^{n}\varepsilon_r^*(x_i) \tag{1.5.8}$$

由式(1.5.8)可知，近似值之积的相对误差等于相乘各因子的相对误差的代数和。

又由式(1.5.7)可知，当乘数 x_i^* 的绝对值很大时，乘积的绝对误差 $\left|\varepsilon\left(\prod_{i=1}^{n}x_i\right)\right|$ 可能会很大，因此也应设法避免。

3. 除法运算

由式(1.5.3)及式(1.5.4)有

$$\begin{aligned}\varepsilon\left(\frac{x_1}{x_2}\right)&\approx\frac{1}{x_2^*}\varepsilon(x_1)-\frac{x_1^*}{(x_2^*)^2}\varepsilon(x_2)\\&=\frac{x_1^*}{x_2^*}[\varepsilon_r^*(x_1)-\varepsilon_r^*(x_2)]\end{aligned} \tag{1.5.9}$$

和

$$\varepsilon_r^*\left(\frac{x_1}{x_2}\right)\approx\varepsilon_r^*(x_1)-\varepsilon_r^*(x_2) \tag{1.5.10}$$

由式(1.5.10)可知，两近似值之商的相对误差等于被除数的相对误差与除数的相对误差之差。

又由式(1.5.9)可知，当除数 x_2^* 的绝对值很小、接近于零时，商的绝对误差 $\left|\varepsilon\left(\frac{x_1}{x_2}\right)\right|$ 可能会很大，甚至造成计算机的“溢出”错误，故应设法避免让绝对值太小的数作为除数。

4. 乘方及开方运算

由式(1.5.3)及式(1.5.4)有

$$\varepsilon(x^p)\approx p(x^*)^{p-1}\varepsilon(x) \tag{1.5.11}$$

及

$$\varepsilon_r^*(x^p)\approx p\varepsilon_r^*(x) \tag{1.5.12}$$

由式(1.5.12)可知，乘方运算将使结果的相对误差增大为原值(x)的 p(乘方的方次数)倍，降低了精度；开方运算则使结果的相对误差缩小为原值(x)的$\frac{1}{q}$(q为开方的方次数),精度得到了提高。

综上分析可知,大小相近的同号数相减、乘数的绝对值很大以及除数接近于零等,在数值计算中都应设法避免。

5.3 对§1算例的误差分析

应用上述误差估计的公式,可对§1中提出的算例中的各种算式作出误差估计和分析,从而可以比较出它们的优劣来。现将结果列于表1-2中。

表1-2

序号	近似值	真值	绝对误差	相对误差
1	$\frac{7}{5}-1=0.4$	$\sqrt{2}-1$	0.0142	$0.0355=3.55\%$
	$\left(\frac{7}{5}-1\right)^6=0.004096$	$(\sqrt{2}-1)^6$	0.000955	$6\times0.0355=21.3\%$
2	$99-70\times\frac{7}{5}=1$	$99-70\sqrt{2}$	-0.995	$-0.995=-99.5\%$
3	$\frac{1}{\frac{7}{5}+1}=0.416667$	$\frac{1}{\sqrt{2}+1}$	-0.00245	$-0.00589=0.589\%$
	$\left(\frac{1}{\frac{7}{5}+1}\right)^6=0.00523278$	$\left(\frac{1}{\sqrt{2}+1}\right)^6$	-0.000182	$-6\times0.00589=-3.53\%$
4	$\frac{1}{99+70\times\frac{7}{5}}=0.00507614$	$\frac{1}{99+70\sqrt{2}}$	-0.0000255	$-0.00502=-0.502\%$

由表1-2可见,从相对误差来看,前两种算法比后两种大许多。原因是$\left(\frac{7}{5}-1\right)$及$\left(99-70\times\frac{7}{5}\right)$都是相近数相减,这使计算结果的有效数字位数显著减少,第二种算式尤其严重。而后两种算法中,则有效数字的损失较少。由于近似值的p次乘方的相对误差是该近似值本身的相对误差的p倍,因此,在后两种算法中以最后一种为最佳,这是因为它的乘幂小,是1,故其相对误差最小。可见所选用的算法不同时其计算结果的精度有时会相差至巨。在

这个算例中，最好的算式(第四种)的相对误差只有 -0.502%，而最差的算式(第二种)却高达 -99.5%，两者相差约达 200 倍之巨。由此可见，算法对数值计算的重要程度了。

§6 算法的数值稳定性

通过前面对误差传播规律的分析和对 §1 算例的剖析，我们知道同一问题当选用不同的算法时，它们所得到的结果有时会相差很大，这是因为运算中的舍入误差在运算过程中的传播常随算法而异。凡一种算法的计算结果受舍入误差的影响小者称它为数值稳定的算法。下面再通过其他一些例子来进一步说明算法稳定性的概念。

例 4 解方程

$$x^2 + (10^9 + 1)x + 10^9 = 0 \qquad ①$$

解 由韦达定理可知，此方程的精确解为

$$x_1 = 10^9, x_2 = 1$$

如果利用求根公式

$$x_{1,2} = \frac{-b \pm \sqrt{b^2 - 4ac}}{2a} \qquad ②$$

来编制计算机程序，在字长为 8，基底为 10 的计算机上进行运算，则由于计算机实际上采用的是规格化浮点数的运算，这时

$$-b = 10^9 + 1 = 0.1 \times 10^{10} + 0.00000000\boxed{01} \times 10^{10}$$

的第二项中最后两位数“01”，由于计算机字长的限制，在机器上表示不出来，故在计算机对阶舍入运算(用 $\triangleq$ 标记)时

$$\begin{aligned}-b &\triangleq 0.1 \times 10^{10} + 0.00000000 \times 10^{10} \\ &= 0.1 \times 10^{10} = 10^9\end{aligned}$$

$$\sqrt{b^2 - 4ac} = \sqrt{[-(10^9 + 1)]^2 - 4 \times 10^9} \triangleq 10^9$$

所以 $$x_1=\frac{-b+\sqrt{b^2-4ac}}{2a}\triangleq\frac{10^9+10^9}{2}=10^9$$

$$x_2=\frac{-b-\sqrt{b^2-4ac}}{2a}\triangleq\frac{10^9-10^9}{2}=0$$

这样算出的根 $x_2(=0)$ 显然是严重失真的(因为精确解 $x_2=1$)，这说明直接利用式 ② 求解方程式 ① 是不稳定的。其原因是在于当计算机进行加、减运算时要对阶舍入计算，实际上是受到机器字长的限制，在计算 $-b$ 时绝对值小的数(1) 被绝对值大的数(10^9)“淹没”了，在计算 $\sqrt{b^2-4ac}$ 时，4×10^9 被 $[-(10^9+1)]^2$“淹没”了；这些相对小的数被“淹没”后就无法发挥其应有的影响，由此带来了误差，造成计算结果的严重失真。

这时，如要提高计算的数值稳定性，必须改进算法。在此例中，由于算出的根 $x_1(=10^9)$ 是可靠的，故可利用根与系数的关系式

$$x_1\cdot x_2=\frac{c}{a}$$

来计算 x_2，有

$$x_2=\frac{c}{a}\cdot\frac{1}{x}\triangleq\frac{10^9}{1\times 10^9}=1$$

所得结果很好。这说明第二种算法有较好的数值稳定性(注意在利用根与系数关系式求第二根时，必须先算出绝对值较大的一个根，然后再求另一个根，才能得到精度较高的结果)。同样道理，当多个数在计算机中相加时，最好从其中绝对值最小的数到绝对值最大的数依次相加，可减小和的误差。

例 5 试计算积分

$$E_n=\int_0^1 x^n\mathrm{e}^{x-1}\mathrm{d}x\quad(n=1,2,\cdots)$$

解 由分部积分法可得

$$E_n=x^n\mathrm{e}^{x-1}\Big|_0^1-n\int_0^1 x^{n-1}\mathrm{e}^{x-1}\mathrm{d}x$$

因此有递推公式

$$E_n = 1 - nE_{n-1} \qquad (n = 2,3,\cdots)$$

$$E_1 = \frac{1}{\mathrm{e}}$$

用上面的递推公式，在字长为 6，基底为 10 的计算机上，从 E_1 出发计算前几个积分值，其结果如表 1-3。

表 1-3

k	E_k
1	0.367879
2	0.264242
3	0.207274
4	0.170904
5	0.145480
6	0.127120
7	0.110160
8	0.118720
9	− 0.068480

被积函数 $x^n\mathrm{e}^{x-1}$ 在积分限(0,1) 区间内都是正值，积分值 E_9 取三位有效数字时的精确结果为 0.0916，但表 1-3 中的 $E_9 = -0.068480$ 却是负值，与 0.0916 相差很大。怎么会出现这种现象呢？可分析如下。

由于在计算 E_1 时有舍入误差约为

$$\varepsilon = 4.412 \times 10^{-7}$$

且考虑以后的计算都不再另有舍入误差。此 ε 对后面各项计算的影响为

$$
\begin{aligned}
E_2 &= 1 - 2(E_1 + \varepsilon) \\
&= 1 - 2E_1 - 2\varepsilon \\
&= 1 - 2E_1 - 2!\varepsilon \\
E_3 &= 1 - 3(1 - 2E_1 - 2!\varepsilon) \\
&= 1 - 3(1 - 2E_1) + 3!\varepsilon \\
E_4 &= 1 - 4[1 - 3(1 - 2E_1) + 3!\varepsilon] \\
&= 1 - 4[1 - 3(1 - 2E_1)] - 4!\varepsilon \\
&\quad\vdots \\
E_9 &= 1 - 9[1 - 8(\cdots)] + 9!\varepsilon
\end{aligned}
$$

这样，算到 E_9 时产生的误差为

$$
9!\varepsilon = 9! \times 4.412 \times 10^{-7} \approx 0.6101
$$

就是一个不小的数值了。

可以改进算法来提高此例的数值稳定性，即将递推公式改写为

$$
E_{n-1} = \frac{1 - E_n}{n}
$$

从后向前递推计算时，E_n 的误差下降为原来的 $\frac{1}{n}$，因此只要 n 取得足够大，误差逐次下降，其影响就会越来越小。

由
$$
E_n = \int_0^1 x^n e^{x-1} dx \lessapprox \int_0^1 x^3 dx = \frac{1}{n+1}
$$

可知：当 $n \to \infty$ 时，$E_n \to 0$。因此，可取 $E_{20} = 0$ 作为初始值进行递推计算。

由于 $E_{20} \approx \frac{1}{21}$，故 $E_{20} = 0$ 的误差约为 $\frac{1}{21}$。在计算 E_{19} 时误差下降到

$$
\frac{1}{21} \times \frac{1}{20} \approx 0.0024
$$

到计算 E_{15} 时，误差已下降到 $\not> 4 \times 10^{-8}$，结果如表 1-4。

表 1-4

k	E_k
20	0.0000000
19	0.0500000
18	0.0500000
17	0.0527778
16	0.0557190
15	0.0590176
14	0.0627322
13	0.0669477
12	0.0717733
11	0.0773523
10	0.0838771
9	0.0916123

这样得到的 $E_9 = 0.0916123$ 已很精确了。可见,经过改进后的新算法具有很好的稳定性。

例 6 对于小的 x 值,计算 $\mathrm{e}^x - 1$。

解 如果用 $\mathrm{e}^x - 1$ 直接进行计算,其稳定性是很差的,因为两个相近数相减会严重丢失有效数字,产生很大误差。因此,得采用合适的算法来保证计算的数值稳定性。可以把 e^x 在 $x = 0$ 点附近展开成幂级数:

$$\mathrm{e}^x = 1 + x + \frac{x^2}{2!} + \frac{x^3}{3!} + \cdots$$

则可得

$$e^x - 1 = x\left(1 + \frac{x}{2!} + \frac{x^2}{3!} + \cdots\right)$$

按上式计算就有很好的数值稳定性。

通过以上这些例子就可以知道算法的数值稳定性对于数值计算的重要性了。如无足够的稳定性，将会导致计算的最终失败。为了防止误差传播和积累带来的危害，提高计算的稳定性，将前面分析所得的各种结果归纳起来，得到数值计算中应注意之点如下：

(1) 应选用数值稳定的计算方法，避开不稳定的算式。

(2) 注意简化计算步骤及公式，设法减少运算次数；选用运算次数少的算式，尤其是乘方幂次要低，乘法和加法的次数要少，以减少舍入误差的积累，同时也可节约计算机的机时。

例如，要计算 x^{255} 的值时，如果 x 逐个相乘要做 254 次乘法，但若改写成

$$x^{255} = x \cdot x^2 \cdot x^4 \cdot x^8 \cdot x^{16} \cdot x^{32} \cdot x^{64} \cdot x^{128}$$

则只要作 14 次乘法运算即可。

又如前面 §1 引言中讲到过的用秦九韶算法计算多项式，也是一个改变计算公式以减少运算次数的极好例子。

(3) 应合理安排运算顺序，防止参与运算的数在数量级相差悬殊时，大数“淹没”小数的现象发生。

多个数相加时，最好从其中绝对值最小的数到绝对值最大的数依次相加；多个数相乘时，最好从其中有效位数最多的数到有效位数最少的数依次相乘。

(4) 应避免两相近数相减，可用变换公式的方法来解决。

(5) 绝对值太小的数不宜作为除数，否则产生的误差过大，甚至会在计算机中造成“溢出”错误。

小　结

误差在数值计算中的危害性是十分明显的。如果不控制误差

的传播和积累，则计算结果的精度就得不到保证，甚至导致计算的失败。

本章阐明了误差理论的基本概念，误差在近似值运算中的传播规律及其估算方法，以及数值稳定性的概念。

按照误差产生的来源不同，有过失误差和非过失误差之分。后者又可分为模型误差、观测误差、截断误差和舍入误差等。

误差的表示法有绝对误差和相对误差两种。

实际上，在计算机中进行的都是有限位数的运算，因此有效数字的概念是非常重要和有用的，它与误差之间有着密切的关联。

利用函数的泰勒展开估算误差是一种误差估计的一般方法。

近似值运算中，误差的传播和积累直接影响到计算结果的精度，因此必须掌握它们的规律性。

本章通过一些例子帮助读者建立和理解有关算法的数值稳定性的概念。为了防止误差传播和积累带来的危害，以提高计算的稳定性，在数值计算中应注意以下几点：

(1) 选用稳定性好的计算公式。

(2) 简化计算步骤和公式，设法减少运算次数。

(3) 合理安排运算顺序，避免大数“淹没”小数；多个数相加时，其绝对值小者先加；多个数相乘时，其有效位数多者先乘。

(4) 避免两相近数相减。

(5) 避免绝对值太小的数作为除数。

习　题　一

1. 下列各数都是对真值进行四舍五入后得到的近似值，试分别写出它们的绝对误差限、相对误差限和有效数字的位数：

(1) $x_1^* = 0.024$　　(2) $x_2^* = 0.4135$

(3) $x_3^* = 57.50$　　(4) $x_4^* = 60000$

(5)$x_5^* = 8 \times 10^5$

2. 如要求 π^{10} 的近似值的相对误差 $\leqslant 0.1\%$，问 π 至少应取几位有效数字？

3. 为了使 $\sqrt{11}$ 的近似值的相对误差 $\leqslant 0.1\%$，问至少应取几位有效数字？

4. 用观测恒星的方法求得某地纬度 $\varphi = 45°0'2''$(读到秒)，问计算 $\sin\varphi$ 将有多大误差？

5. 正方形的边长约为 100cm，问测量时误差最多只能到多少，才能保证面积的误差不超过 1cm^2？

6. 已知 $y = P(x) = x^2 + x - 1150$，$x = \dfrac{100}{3}$，$x^* = 33$。计算 $y = P\left(\dfrac{100}{3}\right)$ 及 $y^* = P(33)$；并求 x^* 和 y^* 的相对误差。

7. 求方程 $x^2 - 40x + 1 = 0$ 的两个根，使它们至少具有四位有效数字（已知 $\sqrt{399} \approx 19.975$）。

8. 设近似数 x^* 的绝对误差为 ε，当分别计算下列两式时，问误差 ε 对计算结果的影响如何？

(1)$y_1 = \dfrac{x^* \pm \varepsilon}{1000}$　　　　(2)$y_2 = \dfrac{x^* \pm \varepsilon}{0.001}$

9. 下列各题怎样计算才合理(即计算结果的精度高)？

(1)$1 - \cos 1°$　（用四位函数表示三角函数值）

(2)$\ln(30 - \sqrt{30^2 - 1})$　（开方用六位函数表）

(3) $\dfrac{1 - \cos x}{\sin x}$　（其中 $|x|$ 充分小）

(4) $\displaystyle\int_N^{N+1} \frac{\mathrm{d}x}{1 + x^2}$　（其中 N 充分大）

10. 在下面计算 y 的公式中，用哪一个公式计算更准确些？为什么？

(1) 已知 $|x| \ll 1$：(a) $y = \dfrac{1}{1 + 2x} - \dfrac{1 - x}{1 + x}$

(b) $y = \dfrac{2x^2}{(1 + 2x)(1 + x)}$

(2) 已知 $|x| \gg 1$：(a) $y = \dfrac{2}{x\left(\sqrt{x + \dfrac{1}{x}} + \sqrt{x - \dfrac{1}{x}}\right)}$

(b) $y=\sqrt{x+\frac{1}{x}}-\sqrt{x-\frac{1}{x}}$

(3) 已知 $|x| \ll 1$：(a) $y=\frac{2\sin^2 x}{x}$

(b) $y=-\frac{1-\cos 2x}{x}$

(4) 已知 $p>0, q>0, p \gg q$：(a) $y=q^2/(p+\sqrt{p^2+q^2})$

(b) $y=-p+\sqrt{p^2+q^2}$

第二章　插值法

§1　引　　言

1.1　插值问题的提法

在生产和科研中出现的函数是多种多样的。常常会遇到这样的情况：在某个实际问题中，虽然可以断定所考虑的函数 $f(x)$ 在区间 $[a,b]$ 上存在且连续，但却难以找到它的解析表达式，只能通过实验和观测得到在有限个点上的函数值（即一张函数表）。显然，要利用这张函数表来分析函数 $f(x)$ 的性态，甚至直接求出其他一些点上的函数值可能是非常困难的。在有些情况下，虽然可以写出函数 $f(x)$ 的解析表达式，但由于结构相当复杂，使用起来很不方便。面对这些情况，总希望根据所得函数表（或结构复杂的解析表达式），构造某个简单函数 $P(x)$ 作为 $f(x)$ 的近似。插值法是解决此类问题的一种比较古老的、然而却是目前常用的方法，它不仅直接广泛地应用于生产实际和科学研究中，而且也是进一步学习数值计算方法的基础。

设函数 $y=f(x)$ 在区间 $[a,b]$ 上连续，且在 $n+1$ 个不同的点 $a\leqslant x_0,x_1,\cdots,x_n\leqslant b$ 上分别取值 $y_0,y_1,\cdots,y_n$。

插值的目的就是要在一个性质优良、便于计算的函数类 Φ 中，求一简单函数 $P(x)$，使

$$P(x_i)=y_i\quad(i=0,1,\cdots,n)\tag{2.1.1}$$

而在其他点 $x\neq x_i$ 上，作为 $f(x)$ 的近似。

通常，称区间 $[a,b]$ 为**插值区间**，称点 $x_0,x_1,\cdots,x_n$ 为**插值节**

点，称式(2.1.1)为**插值条件**，称函数类 Φ 为**插值函数类**，称 $P(x)$ 为函数 $f(x)$ 在节点 $x_0,x_1,\cdots,x_n$ 处的插值函数。求插值函数 $P(x)$ 的方法称为**插值法**。

插值函数类 Φ 的取法不同，所求得的插值函数 $P(x)$ 逼近 $f(x)$ 的效果就不同。它的选择取决于使用上的需要，常用的有代数多项式、三角多项式和有理函数等。当选用代数多项式作为插值函数时，相应的插值问题就称为**多项式插值**。本章讨论的就是这类插值问题。

在多项式插值中，最常见、最基本的问题是：求一次数不超过 n 的代数多项式

$$P_n(x) = a_0 + a_1x + \cdots + a_nx^n \tag{2.1.2}$$

使

$$P_n(x_i) = y_i \quad (i = 0,1,\cdots,n) \tag{2.1.3}$$

其中，$a_0,a_1,\cdots,a_n$ 为实数；x_i,y_i 意义同前。

满足插值条件(2.1.3)式的多项式(2.1.2)，称为函数 $f(x)$ 在节点 $x_i(i=0,1,\cdots,n)$ 处的 n 次**插值多项式**。

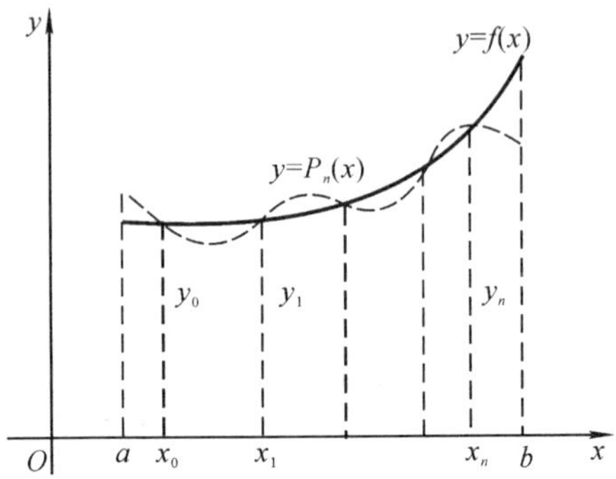

图 2-1

求函数 $f(x)$ 的 n 次插值多项式 $P_n(x)$ 的几何意义，就是通过曲线 $y=f(x)$ 上的 $n+1$ 个点 $(x_i,y_i)(i=0,1,\cdots,n)$，作一条 n 次

代数曲线 $y = P_n(x)$，作为曲线 $y = f(x)$ 的近似，见图 2-1。

1.2 插值多项式的存在惟一性

由插值条件(2.1.3)式知，插值多项式 $P_n(x)$ 的系数 $a_i(i = 0, 1, \cdots, n)$ 满足线性方程组

$$\begin{cases} a_0 + a_1 x_0 + \cdots + a_n x_0^n = y_0 \\ a_0 + a_1 x_1 + \cdots + a_n x_1^n = y_1 \\ \qquad\qquad \vdots \\ a_0 + a_1 x_n + \cdots + a_n x_n^n = y_n \end{cases} \tag{2.1.4}$$

由线性代数知，其系数行列式(记为 V)是 $n+1$ 阶范德蒙(Vandermonde)行列式，且

$$V = \begin{vmatrix} 1 & x_0 & x_0^2 & \cdots & x_0^n \\ 1 & x_1 & x_1^2 & \cdots & x_1^n \\ \vdots & \vdots & \vdots & \cdots & \vdots \\ 1 & x_n & x_n^2 & \cdots & x_n^n \end{vmatrix} = \prod_{i=1}^{n} \prod_{j=0}^{i-1} (x_i - x_j)$$

因 $x_0, x_1, \cdots, x_n$ 是区间 $[a, b]$ 上不同的点，上式右端乘积中的每一个因子 $x_i - x_j \neq 0$，于是 $V \neq 0$，方程组(2.1.4)的解存在且惟一。故有：

定理 1 若节点 $x_0, x_1, \cdots, x_n$ 互不相同，则满足插值条件(2.1.3)式的 n 次插值多项式(2.1.2)存在且惟一。

§2 拉格朗日插值多项式

在上一节里，我们不仅指出了插值多项式的存在惟一性，而且也提供了它的一种求法，即通过解线性方程组(2.1.4)来确定其系数 $a_i(i = 0, 1, \cdots, n)$。但是，这种做法的计算工作量大，不便于实际应用。在这一节和下一节中，将介绍几种简便的求法。

2.1 插值基函数

在求满足插值条件(2.1.3)式的 n 次插值多项式 $P_n(x)$ 之前，

先考虑一个简单的插值问题：对节点 $x_i(i=0,1,\cdots,n)$ 中任一点 $x_k(0\leqslant k\leqslant n)$，作一 n 次多项式 $l_k(x)$，使它在该点上取值为 1，而在其余点 $x_i(i=0,1,\cdots,k-1,k+1,\cdots,n)$ 上取值为零，即

$$l_k(x_i)=\begin{cases}1 & i=k\\0 & i\neq k\end{cases}\tag{2.2.1}$$

条件(2.2.1) 式表明 n 个点 $x_0,x_1,\cdots,x_{k-1},x_{k+1},\cdots,x_n$ 都是 n 次多项式 $l_k(x)$ 的零点，故可设

$$l_k(x)=A_k(x-x_0)(x-x_1)\cdots(x-x_{k-1})(x-x_{k+1})\cdots\cdot(x-x_n)$$

其中，A_k 为待定系数。由条件 $l_k(x_k)=1$ 立即可得

$$A_k=\frac{1}{(x_k-x_0)\cdots(x_k-x_{k-1})(x_k-x_{k+1})\cdots(x_k-x_n)}$$

故

$$l_k(x)=\frac{(x-x_0)\cdots(x-x_{k-1})(x-x_{k+1})\cdots(x-x_n)}{(x_k-x_0)\cdots(x_k-x_{k-1})(x_k-x_{k+1})\cdots(x_k-x_n)}\tag{2.2.2}$$

对应于每一节点 $x_k(k=0,1,\cdots,n)$，都能写出一个满足插值条件(2.2.1) 式的 n 次插值多项式(2.2.2)。这样，由(2.2.2) 式可以写出 $n+1$ 个 n 次插值多项式 $l_0(x),l_1(x),\cdots,l_n(x)$。容易看出，这组多项式仅与节点的取法有关，我们称它们为在 $n+1$ 个节点 $x_0,x_1,\cdots,x_n$ 上的 n 次**基本插值多项式**或 n 次**插值基函数**。

2.2　拉格朗日插值多项式

利用插值基函数立即可以写出满足插值条件(2.1.3) 式的 n 次插值多项式

$$y_0l_0(x)+y_1l_1(x)+\cdots+y_nl_n(x)\tag{2.2.3}$$

事实上，由于每个插值基函数 $l_k(x)(k=0,1,\cdots,n)$ 都是 n 次多项式，故其线性组合(2.2.3) 式必是不高于 n 次的多项式。同时，根据条件(2.2.1) 式容易验证多项式(2.2.3) 在节点 x_i 处的值为

$y_i(i=0,1,\cdots,n)$，因此，它就是待求的 n 次插值多项式 $P_n(x)$。

形如式(2.2.3)的插值多项式称为**拉格朗日(Lagrange)插值多项式**，我们把它记为 $L_n(x)$，即

$$L_n(x) = y_0 l_0(x) + y_1 l_1(x) + \cdots + y_n l_n(x)$$
$$= \sum_{k=0}^{n} y_k \frac{(x-x_0)\cdots(x-x_{k-1})(x-x_{k+1})\cdots(x-x_n)}{(x_k-x_0)\cdots(x_k-x_{k-1})(x_k-x_{k+1})\cdots(x_k-x_n)} \tag{2.2.4}$$

作为常用的特例，令 $n=1$，由式(2.2.4)即得两点插值公式

$$L_1(x) = y_0 \frac{x-x_1}{x_0-x_1} + y_1 \frac{x-x_0}{x_1-x_0} \tag{2.2.5}$$

即

$$L_1(x) = y_0 + \frac{y_1-y_0}{x_1-x_0}(x-x_0) \tag{2.2.6}$$

这是一个线性函数。用线性函数 $L_1(x)$ 近似代替函数 $f(x)$，在几何上就是通过曲线 $y=f(x)$ 上的两点 (x_0,y_0) 和 (x_1,y_1)，作一直线 $y=L_1(x)$ 近似代替曲线 $y=f(x)$(见图 2-2)，故两点插值又名线性插值。

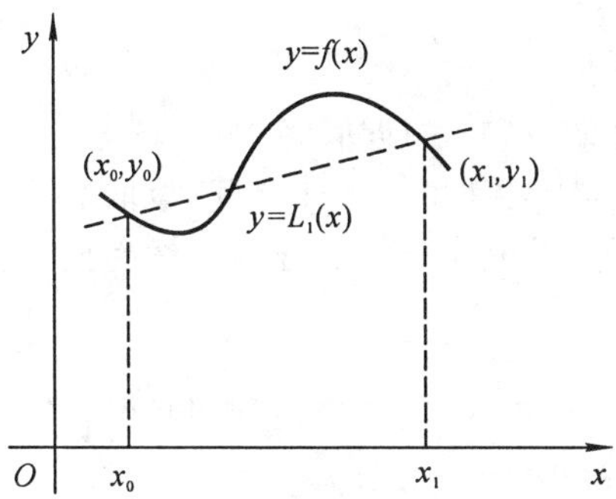

图 2-2

若令 $n=2$，由式(2.2.4)又可得到常用的三点插值公式

$$L_2(x)=y_0\frac{(x-x_1)(x-x_2)}{(x_0-x_1)(x_0-x_2)}+y_1\frac{(x-x_0)(x-x_2)}{(x_1-x_0)(x_1-x_2)}$$
$$+y_2\frac{(x-x_0)(x-x_1)}{(x_2-x_0)(x_2-x_1)} \tag{2.2.7}$$

这是一个二次函数。用二次函数 $L_2(x)$ 近似代替函数 $f(x)$，在几何上就是通过曲线 $y=f(x)$ 上的三点 (x_0,y_0)，(x_1,y_1) 和 (x_2,y_2)，作一抛物线 $y=L_2(x)$ 近似代替曲线 $y=f(x)$（见图 2-3），故三点插值又名二次插值或抛物插值。

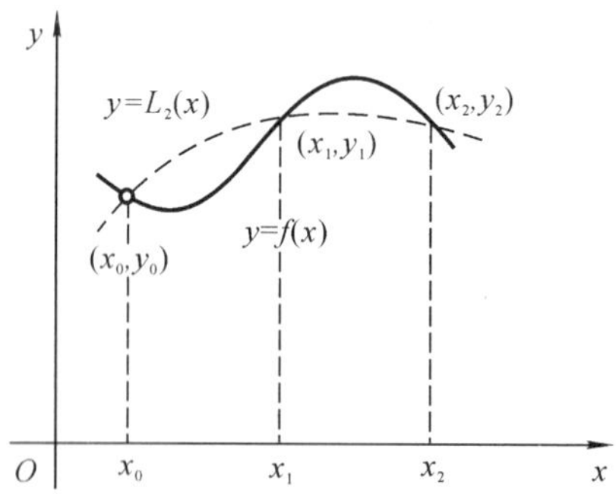

图 2-3

例 1　已知 $\sqrt{100}=10$，$\sqrt{121}=11$，$\sqrt{144}=12$，分别用线性插值和抛物插值求 $\sqrt{115}$ 的近似值。

解　因为 115 在 100 ~ 121 之间，故取节点 $x_0=100$，$x_1=121$，相应地有 $y_0=10$，$y_1=11$。于是由线性插值公式(2.2.5)可得

$$L_1(x)=10\times\frac{x-121}{100-121}+11\times\frac{x-100}{121-100}$$

故用线性插值所求得的近似值为

$$\begin{aligned}\sqrt{115}&\approx L_1(115)\\&=10\times\frac{115-121}{100-121}+11\times\frac{115-100}{121-100}\\&\approx 10.714\end{aligned}$$

仿上，用抛物插值公式(2.2.7)所求得的近似值为

$$\begin{aligned}\sqrt{115} &\approx L_2(115) \\ &= 10 \times \frac{(115-121)(115-144)}{(100-121)(100-144)} \\ &\quad + 11 \times \frac{(115-100)(115-144)}{(121-100)(121-144)} \\ &\quad + 12 \times \frac{(115-100)(115-121)}{(144-100)(144-121)} \\ &\approx 10.723\end{aligned}$$

将所得结果与 $\sqrt{115}$ 的精确值10.7238…相比较，可以看出抛物插值的精确度较好。

为了便于上机计算，我们常将拉格朗日插值多项式(2.2.4)改写成

$$L_n(x) = \sum_{k=0}^{n}\left[y_k \prod_{\substack{j=0\\ j\neq k}}^{n} \left(\frac{x - x_j}{x_k - x_j} \right) \right] \tag{2.2.8}$$

公式(2.2.8)的形式对称、结构紧凑。编制程序时(如图 2-4)，可用二重循环来完成 $L_n(x)$ 值的计算：先通过内循环，即先固定 k，令 j 从 0 到 $n(j\neq k)$ 累乘求得 $l_k(x) = \prod\limits_{\substack{j=0\\ j\neq k}}^{n} \left(\frac{x - x_j}{x_k - x_j} \right)$，然后再通过外循环，即令 k 从 0 到 n 累加得出插值结果 $L_n(x)$。

在图 2-4 中给出了利用式(2.2.8)计算 x 处函数值 $L_n(x)$ 的程序框图。图中的圆圈为循环的终端标志。有些语言规定数组元素的下标值和循环变量的初值必须大于零，此时算式(2.2.8)和框图 2-4 都需作相应的修改(在今后的讨论中，会出现类似的情况)。

2.3 插值余项

在插值区间$[a,b]$上用插值多项式 $P_n(x)$ 近似代替 $f(x)$，除了在插值节点 x_i 上没有误差外，在其他点上一般是存在有误差的(见图 2-1)。若记

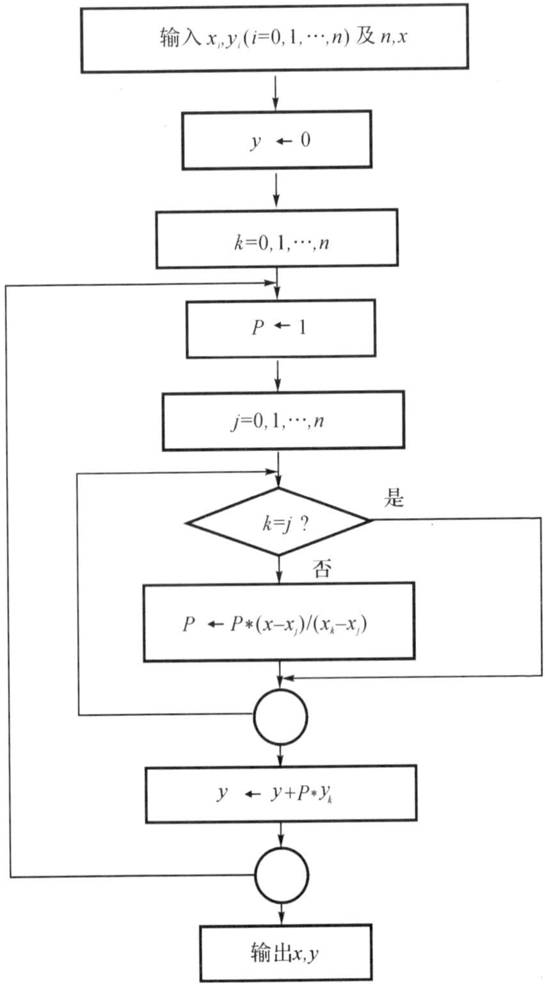

图 2-4

$$R_n(x) = f(x) - P_n(x)$$

则 $R_n(x)$ 就是用 $P_n(x)$ 近似代替 $f(x)$ 时的截断误差。我们称 $R_n(x)$ 为插值多项式 $P_n(x)$ 的**余项**，并且可根据下面的定理来估计它的大小。

定理 2 设 $f(x)$ 在区间 $[a,b]$ 上有直到 $n+1$ 阶导数，$x_0, x_1, \cdots, x_n$ 为 $[a,b]$ 上 $n+1$ 个互异的节点，$P_n(x)$ 为满足条件 $P_n(x_i) = f(x_i)(i=0,1,\cdots,n)$ 的 n 次插值多项式，那么对于任何 $x \in [a,b]$，有

$$R_n(x) = \frac{f^{(n+1)}(\xi)}{(n+1)!}\omega_{n+1}(x) \tag{2.2.9}$$

其中，$\omega_{n+1}(x) = \prod_{i=0}^{n}(x - x_i)$，$\xi \in (a,b)$ 且依赖于 x。

证明[*] 由插值条件 $P_n(x_i) = f(x_i)$ 知 $R_n(x_i) = 0(i=0,1,\cdots,n)$，这表明插值节点都是 $R_n(x)$ 的零点，故可设

$$R_n(x) = K(x)\omega_{n+1}(x) \tag{2.2.10}$$

其中，$K(x)$ 为待定函数。为了求得 $K(x)$，对区间 $[a,b]$ 上异于 x_i 的任意一点 $x \neq x_i$ 作辅助函数

$$F(t) = f(t) - P_n(t) - K(x)\omega_{n+1}(t)$$

不难看出 $F(t)$ 具有如下特点：

(1)$F(x) = F(x_i) = 0(i=0,1,\cdots,n)$。

(2) 在 $[a,b]$ 上有直到 $n+1$ 阶导数，且

$$F^{(n+1)}(t) = f^{(n+1)}(t) - K(x)\cdot(n+1)! \tag{2.2.11}$$

由(1)可知 $F(t)$ 在 $[a,b]$ 上至少有 $n+2$ 个互异的零点。根据罗尔(Rolle)定理，在 $F(t)$ 的两个零点之间 $F'(t)$ 至少有一个零点，故 $F'(t)$ 在 (a,b) 内至少有 $n+1$ 个互异的零点。对 $F'(t)$ 再应用罗尔定理，推得 $F''(t)$ 在 (a,b) 内至少有 n 个互异的零点。继续上述讨论，可推得 $F^{(n+1)}(t)$ 在 (a,b) 内至少有一个零点，若记之为 ξ，则

$$F^{(n+1)}(\xi) = 0$$

于是由(2.2.11)式得

$$f^{(n+1)}(\xi) - K(x)\cdot(n+1)! = 0$$

$$K(x) = f^{(n+1)}(\xi)/(n+1)!$$

将它代入(2.2.10)式即得(2.2.9)式。

对于 $x = x_i$,式(2.2.9)显然成立。

例 2 在例 1 中分别用线性插值和抛物插值计算了 $\sqrt{115}$ 的近似值,试估计它们的截断误差。

解 用线性插值求 $f(x) = \sqrt{x}$ 的近似值,其截断误差由插值余项公式(2.2.9)知

$$R_1(x) = \frac{1}{2}f''(\xi)\omega_2(x)$$

$$= -\frac{1}{8}\xi^{-3/2}(x - x_0)(x - x_1)$$

$$\xi \in [x_0, x_1]$$

现在 $x_0 = 100, x_1 = 121, x = 115$,故

$$|R_1(115)| \leqslant \frac{1}{8} \times |(115 - 100)(115 - 121)| \times \max_{\xi\in[100,121]} \xi^{-3/2}$$

$$= \frac{1}{8} \times 15 \times 6 \times 10^{-3}$$

$$= 0.01125$$

当用抛物插值求 $f(x) = \sqrt{x}$ 的近似值时,其截断误差为

$$R_2(x) = \frac{1}{3!}f'''(\xi)\omega_3(x)$$

$$= \frac{1}{16}\xi^{-5/2}(x - x_0)(x - x_1)(x - x_2)$$

$$\xi \in [x_0, x_2]$$

将 $x_0 = 100, x_1 = 121, x_2 = 144$ 及 $x = 115$ 代入,即得

$$|R_2(115)| \leqslant \frac{1}{16} \times |(115 - 100)(115 - 121)(115 - 144)| \times 10^{-5}$$

$$< 0.0017$$

2.4 插值误差的事后估计法

在许多情况下，要直接应用余项公式(2.2.9)来估计误差是困难的。下面以线性插值为例，介绍另一种估计误差的方法。

设 $x_0 < x < x_1 < x_2$ 且 $f(x_i)(i = 0,1,2)$ 已知，若将用 x_0 和 x_1 两点作线性插值所求得 $y = f(x)$ 的近似值记为 y_1，用 x_0 和 x_2 两点作线性插值所求得 y 的近似值记为 y_2，则由余项公式(2.2.9)知

$$y - y_1 = \frac{1}{2}f''(\xi_1)(x - x_0)(x - x_1) \quad \xi_1 \in [x_0, x_1]$$

$$y - y_2 = \frac{1}{2}f''(\xi_2)(x - x_0)(x - x_2) \quad \xi_2 \in [x_0, x_2]$$

假设 $f''(x)$ 在区间 $[x_0, x_2]$ 内变化不大，将上面两式相除，即得近似式

$$\frac{y - y_1}{y - y_2} \approx \frac{x - x_1}{x - x_2}$$

于是有

$$y \approx y_1 + \frac{x - x_1}{x_2 - x_1}(y_2 - y_1)$$

即

$$y - y_1 \approx \frac{x - x_1}{x_2 - x_1}(y_2 - y_1) \tag{2.2.12}$$

近似式(2.2.12)表明，可以通过两个结果的偏差 $y_2 - y_1$ 来估计插值误差 $y - y_1$。这种直接利用计算结果来估计误差的方法，称为**事后估计法**。

例 3 在例 1 中，曾用 $x_0 = 100$ 和 $x_1 = 121$ 作节点，算得 $\sqrt{115}$ 近似值 $y_1 = 10.714$。按同样方法，用 $x_0 = 100$ 和 $x_2 = 144$ 作节点，可算得 $\sqrt{115}$ 的另一近似值 $y_2 = 10.682$。由式(2.2.12)可估计出插值结果 y_1 的误差为

$$\begin{aligned}\sqrt{115} - y_1 &\approx \frac{115 - 121}{144 - 121} \times (10.682 - 10.714) \\ &= 0.00835\end{aligned}$$

§3　牛顿插值多项式

由线性代数知，任何一个不高于 n 次的多项式，都可以表示成函数 $1, x-x_0, (x-x_0)(x-x_1), \cdots, (x-x_0)(x-x_1)\cdots(x-x_{n-1})$ 的线性组合。也就是说，可以把满足插值条件 $P(x_i)=y_i$ $(i=0,1,\cdots,n)$ 的 n 次插值多项式写成如下形式

$$
\begin{aligned}
&a_0+a_1(x-x_0)+a_2(x-x_0)(x-x_1)+\cdots \\
&\quad +a_n(x-x_0)(x-x_1)\cdots(x-x_{n-1})
\end{aligned}
$$

其中，$a_k(k=0,1,\cdots,n)$ 为待定系数。这种形式的插值多项式称为**牛顿**(Newton) **插值多项式**，我们把它记为 $N_n(x)$，即

$$
\begin{aligned}
N_n(x)=&a_0+a_1(x-x_0)+a_2(x-x_0)(x-x_1) \\
&+\cdots+a_n(x-x_0)(x-x_1)\cdots(x-x_{n-1})
\end{aligned} \tag{2.3.1}
$$

因此，牛顿插值多项式 $N_n(x)$ 是插值多项式 $P_n(x)$ 的另一种表示形式。与拉格朗日插值多项式相比较，它不仅克服了“增加一个节点时整个计算工作必须重新开始”(见例 1) 的缺点，而且可以节省乘、除法运算次数。同时，在牛顿插值多项式中用到的差分与差商等概念，又与数值计算的其他方面有着密切的关系。

3.1　向前差分与牛顿向前插值公式

设函数 $f(x)$ 在等距节点 $x_k=x_0+kh(k=0,1,\cdots,n)$ 处的函数值 $f(x_k)=y_k$ 为已知，其中 h 是正常数，称为**步长**。我们称两个相邻点 x_k 和 x_{k+1} 处函数值之差 $y_{k+1}-y_k$ 为函数 $f(x)$ 在点 x_k 处以 h 为步长的**一阶向前差分**(简称一阶差分)，记作 Δy_k，即

$$
\Delta y_k=y_{k+1}-y_k
$$

于是，函数 $f(x)$ 在各节点处的一阶差分依次为

$$
\Delta y_0=y_1-y_0, \Delta y_1=y_2-y_1, \cdots, \Delta y_{n-1}=y_n-y_{n-1}
$$

又称　阶差分的差分

$$\Delta^2 y_k = \Delta(\Delta y_k) = \Delta y_{k+1} - \Delta y_k$$

为二阶差分。

一般地，定义函数 $f(x)$ 在点 x_k 处的 m 阶差分为

$$\Delta^m y_k = \Delta^{m-1} y_{k+1} - \Delta^{m-1} y_k$$

为了便于计算与应用，通常采用表格形式计算差分，如表 2-1 所示。

表 2-1

x_k	y_k	Δy_k	$\Delta^2 y_k$	$\Delta^3 y_k$	$\Delta^4 y_k$
x_0	y_0				
		Δy_0			
x_1	y_1		$\Delta^2 y_0$		
		Δy_1		$\Delta^3 y_0$	
x_2	y_2		$\Delta^2 y_1$		$\Delta^4 y_0$
		Δy_2		$\Delta^3 y_1$	
x_3	y_3		$\Delta^2 y_2$		
		Δy_3			
x_4	y_4				

在等距节点 $x_k = x_0 + kh(k = 0, 1, \cdots, n)$ 情况下，我们可以利用差分表示牛顿插值多项式(2.3.1)的系数，并将所得公式加以简化。事实上，由插值条件 $N_n(x_0) = y_0$ 立即可得

$$a_0 = y_0$$

再由插值条件 $N_n(x_1) = y_1$ 可得

$$a_1 = \frac{y_1 - y_0}{x_1 - x_0} = \frac{\Delta y_0}{h}$$

由插值条件 $N_n(x_2) = y_2$ 可得

$$a_2 = \frac{y_2 - y_0 - \dfrac{\Delta y_0}{h}(x_2 - x_0)}{(x_2 - x_0)(x_2 - x_1)} = \frac{y_2 - 2y_1 + y_0}{2h \cdot h}$$

$$= \frac{\Delta^2 y_0}{2! \cdot h^2}$$

一般地，由插值条件 $N_n(x_k) = y_k$ 可得

$$a_k = \frac{\Delta^k y_0}{k! \cdot h^k} \qquad (k = 1, 2, \cdots, n)$$

于是，满足插值条件 $N_n(x_i) = y_i$ 的插值多项式为

$$N_n(x) = y_0 + \frac{\Delta y_0}{h}(x - x_0) + \frac{\Delta^2 y_0}{2! \cdot h^2}(x - x_0)(x - x_1)$$

$$+ \cdots + \frac{\Delta^n y_0}{n! \cdot h^n}(x - x_0)(x - x_1)\cdots(x - x_{n-1})$$

令 $x = x_0 + th \ (t > 0)$，并注意到 $x_k = x_0 + kh$，则可简化为

$$N_n(x_0 + th) = y_0 + t\Delta y_0 + \frac{t(t-1)}{2!}\Delta^2 y_0$$

$$+ \cdots + \frac{t(t-1)\cdots(t-n+1)}{n!}\Delta^n y_0 \tag{2.3.2}$$

这个用向前差分表示的插值多项式称为**牛顿向前插值公式**，简称前插公式。它适用于计算表头 x_0 附近的函数值。由插值余项公式(2.2.9)，容易写出前插公式的余项

$$R_n(x_0 + th) = \frac{t(t-1)\cdots(t-n)}{(n+1)!}h^{n+1}f^{(n+1)}(\xi)$$

$$\xi \in (x_0, x_n) \tag{2.3.3}$$

例 4 从给定的正弦函数表(见表 2-2 左边两列)出发计算 sin(0.12)，并估计截断误差。

解 因为 0.12 介于 0.1 与 0.2 之间，故取 $x_0 = 0.1$，此时 $t = \dfrac{x - x_0}{h} = \dfrac{0.12 - 0.1}{0.1} = 0.2$。为求 $\Delta y_0, \Delta^2 y_0, \Delta^3 y_0, \cdots$，构造差分

表 2-2

x	$\sin x$	Δy	$\Delta^2 y$	$\Delta^3 y$
0.1	0.09983			
		0.09884		
0.2	0.19867		−0.00199	
		0.09685		−0.00096
0.3	0.29552		−0.00295	
		0.09390		−0.00094
0.4	0.38942		−0.00389	
		0.09001		−0.00091
0.5	0.47943		−0.00480	
		0.08521		
0.6	0.56464			

表如表 2-2 所示。表中长方形框中各数依次为 $\sin x$ 在 $x_0=0.1$ 处的函数值和各阶差分。若用线性插值求 $\sin(0.12)$ 的近似值，则由前插公式(2.3.2) 立即可得

$$\begin{aligned}\sin(0.12) &\approx N_1(0.12)\\ &= 0.09983+0.2\times 0.09884\\ &= 0.11960\end{aligned}$$

用二次插值得

$$\begin{aligned}\sin(0.12) &\approx N_2(0.12)\\ &= 0.09983+0.2\times 0.09884\\ &\quad +\frac{0.2\times(0.2-1)}{2}\times(-0.00199)\\ &= N_1(0.12)+0.00016\\ &= 0.11976\end{aligned}$$

用三次插值得

$$
\begin{aligned}
\sin(0.12) &\approx N_3(0.12) \\
&= N_2(0.12) + \frac{0.2\times(0.2-1)\times(0.2-2)}{6} \\
&\quad \times(-0.00096) \\
&= 0.11971
\end{aligned}
$$

因 $N_3(0.12)$ 与 $N_2(0.12)$ 很接近，且由差分表 2-2 可以看出，三阶差分接近于常数(即 $\Delta^4 y_0$ 接近于零)，故取 $N_3(0.12) = 0.11971$ 作为 $\sin(0.12)$ 的近似值，此时由余项公式(2.3.3)可知其截断误差

$$
\begin{aligned}
|R_3(0.12)| \leqslant & \left|\frac{0.2\times(0.2-1)\times(0.2-2)\times(0.2-3)}{24}\right| \\
& \times(0.1)^4\times\sin(0.4) < 0.000002
\end{aligned}
$$

3.2　向后差分与牛顿向后插值公式

在等距节点 $x_k = x_0 + kh(k = 0,1,\cdots,n)$ 下，除了上面提到的向前差分外，还可引入向后差分和中心差分，它们的定义和记号分别如下：

$y = f(x)$ 在点 x_k 处以 h 为步长的一阶向后差分和 m 阶向后差分分别为

$$
\begin{aligned}
&\nabla y_k = y_k - y_{k-1} \\
&\nabla^m y_k = \nabla^{m-1} y_k - \nabla^{m-1} y_{k-1} \quad (m = 2,3,\cdots)
\end{aligned}
$$

$y = f(x)$ 在点 x_k 处以 h 为步长的一阶中心差分和 m 阶中心差分分别为

$$
\begin{aligned}
&\delta y_k = y_{k+\frac{1}{2}} - y_{k-\frac{1}{2}} \\
&\delta^m y_k = \delta^{m-1} y_{k+\frac{1}{2}} - \delta^{m-1} y_{k-\frac{1}{2}} \quad (m = 2,3,\cdots)
\end{aligned}
$$

其中，$y_{k+\frac{1}{2}} = f\left(x_k + \frac{h}{2}\right)$，$y_{k-\frac{1}{2}} = f\left(x_k - \frac{h}{2}\right)$。

各阶向后差分与中心差分的计算，可通过构造向后差分表与中心差分表来完成(参见表 2-2)。

利用向后差分，可以简化牛顿插值多项式(2.3.1)，导出与牛顿向前插值公式(2.3.2)类似的公式。事实上，若将节点的排列次序看作 $x_n, x_{n-1}, \cdots, x_0$，那么(2.3.1)式可写成

$$N_n(x) = b_0 + b_1(x - x_n) + b_2(x - x_n)(x - x_{n-1}) + \cdots + b_n(x - x_n)(x - x_{n-1})\cdots(x - x_1)$$

根据插值条件 $N_n(x_i) = y_i (i = n, n-1, \cdots, 1, 0)$，通过导出式(2.3.2)类似的途径，可得到一个用向后差分表示的插值多项式

$$N_n(x_n+th) = y_n + t\nabla y_n + \frac{t(t+1)}{2!}\nabla^2 y_n + \cdots + \frac{t(t+1)\cdots(t+n-1)}{n!}\nabla^n y_n \tag{2.3.4}$$

其中，$t < 0$。插值多项式(2.3.4)称为**牛顿向后插值公式**，简称后插公式。它适用于计算表尾 x_n 附近的函数值。由插值余项公式(2.2.9)，可写出后插公式的余项

$$R_n(x_n + th) = \frac{t(t+1)\cdots(t+n)}{(n+1)!}h^{n+1}f^{(n+1)}(\xi) \quad \xi \in (x_0, x_n) \tag{2.3.5}$$

例 5 已知函数表同例 4，计算 $\sin(0.58)$，并估计截断误差。

解 因为 0.58 位于表尾 $x_5 = 0.6$ 附近，故用后插公式(2.3.4)计算 $\sin(0.58)$ 的近似值。

按理，为了计算函数在 x_5 处的各阶向后差分，应构造向后差分表。但由向前差分与向后差分的定义可以看出，对同一函数表来说，构造出来的向后差分表与向前差分表在数据上完全相同。因此，表 2-2 中用"______"线标出的各数依次给出了 $\sin x$ 在 $x_5 = 0.6$ 处的函数值和各阶向后差分值。

因三阶向后差分接近于常数，故用三次插值进行计算，且 $t = (x - x_5)/h = (0.58 - 0.6)/0.1 = -0.2$，于是由后插公式(2.3.4)得

$$
\begin{aligned}
\sin(0.58) &\approx N_3(0.58) \\
&= 0.56464 + (-0.2) \times 0.08521 \\
&\quad + \frac{(-0.2) \times (-0.2+1)}{2} \times (-0.00480) \\
&\quad + \frac{(-0.2) \times (-0.2+1) \times (-0.2+2)}{6} \\
&\quad \times (-0.00091) \\
&= 0.54802
\end{aligned}
$$

因为在整个计算中，只用到 $x = 0.6, 0.5, 0.4, 0.3$ 四个点上的函数值，故由余项公式(2.3.5)知其截断误差

$$
|R_3(0.58)| \leqslant \left| \frac{-0.2 \times (-0.2+1) \times (-0.2+2) \times (-0.2+3)}{24} \right| \times (0.1)^4 \times \sin(0.6) < 0.000002
$$

3.3　差商与牛顿基本插值多项式

当插值节点非等距分布时，就不能引入差分来简化牛顿插值多项式，此时就要用到差商这个新概念和它的记号。

设函数 $f(x)$ 在一串互异的点 $x_{i0}, x_{i1}, x_{i2}, \cdots$ 上的值依次为 $f(x_{i0}), f(x_{i1}), f(x_{i2}), \cdots$。我们称函数值之差 $f(x_{i1}) - f(x_{i0})$ 与自变量之差 $x_{i1} - x_{i0}$ 的比值

$$
\frac{f(x_{i1}) - f(x_{i0})}{x_{i1} - x_{i0}}
$$

为函数 $f(x)$ 关于点 x_{i0}, x_{i1} 的**一阶差商**(简称一阶差商)，记作 $f[x_{i0}, x_{i1}]$。例如

$$
f[x_0, x_1] = \frac{f(x_1) - f(x_0)}{x_1 - x_0}
$$

$$
f[x_1, x_2] = \frac{f(x_2) - f(x_1)}{x_2 - x_1}
$$

又称一阶差商的差商

$$
\frac{f[x_{i1}, x_{i2}] - f[x_{i0}, x_{i1}]}{x_{i2} - x_{i0}}
$$

为函数 $f(x)$ 关于点 x_{i0}, x_{i1}, x_{i2} 的**二阶差商**(简称二阶差商)，记作

$f[x_{i0},x_{i1},x_{i2}]$。例如

$$f[x_0,x_1,x_2]=\frac{f[x_1,x_2]-f[x_0,x_1]}{x_2-x_0}$$

一般地，可通过函数 $f(x)$ 的 $m-1$ 阶差商定义 $f(x)$ 的 m 阶差商如下：

$$f[x_{i0},x_{i1},\cdots,x_{im}]=\frac{f[x_{i1},\cdots,x_{im}]-f[x_{i0},\cdots,x_{im-1}]}{x_{im}-x_{i0}}$$

和计算差分类似，在计算差商时常采用表格(称为差商表)的形式，如表 2-3 所示。

表 2-3

x_k	$f(x_k)$	一阶差商	二阶差商	三阶差商
x_0	$f(x_0)$			
		$f[x_0,x_1]$		
x_1	$f(x_1)$		$f[x_0,x_1,x_2]$	
		$f[x_1,x_2]$		$f[x_0,x_1,x_2,x_3]$
x_2	$f(x_2)$		$f[x_1,x_2,x_3]$	
		$f[x_2,x_3]$		
x_3	$f(x_3)$			

差商具有下列重要性质(证明略)：

(1)函数 $f(x)$ 的 m 阶差商 $f[x_0,x_1,\cdots,x_m]$可由函数值 $f(x_0),f(x_1),\cdots,f(x_m)$的线性组合表示，且

$$f[x_0,x_1,\cdots,x_m]$$
$$=\sum_{i=0}^{m}\frac{f(x_i)}{(x_i-x_0)\cdots(x_i-x_{i-1})(x_i-x_{i+1})\cdots(x_i-x_m)}$$

(2)差商具有对称性，即任意调换节点的次序，不会影响差商

的值。例如，$f[x_0,x_1,x_2]=f[x_1,x_0,x_2]=f[x_1,x_2,x_0]=\cdots$。

(3)当 $f^{(m)}(x)$ 在包含节点 $x_{ij}(j=0,1,\cdots,m)$ 的某个区间上存在时，在 $x_{i0},x_{i1},\cdots,x_{im}$ 之间必有一点 ξ，使

$$f[x_{i0},x_{i1},x_{im}]=\frac{f^{(m)}(\xi)}{m!}$$

(4)在等距节点 $x_k=x_0+kh(k=0,1,\cdots,n)$ 情况下，可同时引入 $m(m\leqslant n)$ 阶差分与差商，且有下面关系：

$$f[x_0,x_1,\cdots,x_m]=\frac{\Delta^m y_0}{m!\cdot h^m}$$

$$f[x_n,x_{n-1},\cdots,x_{n-m}]=\frac{\nabla^m y_n}{m!\cdot h^m}$$

引入差商的概念与记号后，可以利用差商表示牛顿插值多项式(2.3.1)的系数。事实上，从插值条件出发，可以像确定前插公式中的系数那样，逐步地确定式(2.3.1)中的系数

$$\begin{cases}a_0=f(x_0)\\ a_k=f[x_0,x_1,\cdots,x_k] \quad (k=1,2,\cdots,n)\end{cases}$$

故满足插值条件 $N_n(x_i)=y_i(i=0,1,\cdots,n)$ 的 n 次插值多项式为

$$\begin{aligned}N_n(x)=&f(x_0)+f[x_0,x_1](x-x_0)\\&+f[x_0,x_1,x_2](x-x_0)(x-x_1)+\cdots\\&+f[x_0,x_1,\cdots,x_n](x-x_0)(x-x_1)\cdots(x-x_{n-1})\end{aligned} \tag{2.3.6}$$

这个用差商表示的插值多项式，称为**牛顿基本插值多项式**，常被用来计算非等距点上的函数值。

例 6 试用牛顿基本插值多项式按例 1 要求重新计算 $\sqrt{115}$ 的近似值。

解 先构造差商表如表 2-4 所示。由表可以看出牛顿基本插值多项式(2.3.6)中各系数依次为

表 2-4

x	$\sqrt{x}$	一阶差商	二阶差商
100	10		
		0.047619	
121	11		−0.000094
		0.043478	
144	12		

$$f(x_0)=10$$
$$f[x_0,x_1]=0.047619$$
$$f[x_0,x_1,x_2]=-0.000094$$

故用线性插值所求得的近似值为

$$\begin{aligned}\sqrt{115}&\approx N_1(115)\\&=10+0.047619\times(115-100)\\&=10.7143\end{aligned}$$

用抛物插值所求得的近似值为

$$\begin{aligned}\sqrt{115}&\approx N_2(115)\\&=N_1(115)+(-0.000094)\\&\quad\times(115-100)\times(115-121)\\&=10.7228\end{aligned}$$

所得结果与例 1 相一致。

比较例 1 和例 6 的计算过程可以看出，与拉格朗日插值多项式相比较，牛顿插值多项式的优点是明显的。

最后指出，由插值多项式的存在惟一性定理知，满足同一组插值条件的拉格朗日插值多项式(2.2.4)与牛顿基本插值多项式(2.3.6)实际上是同一个多项式，因此，余项公式(2.2.9)也适用于牛顿插值。但是，在实际计算时，有时也用差商表示的余项公式

$$R_n(x)=f[x_0,x_1,\cdots,x_n,x]\omega_{n+1}(x) \tag{2.3.7}$$

来估计截断误差。余项公式(2.3.7)的证明可以在许多数值分析书中找到，此处从略。但需要说明的是，式中的 $n+1$ 阶差商 $f[x_0,x_1,\cdots,x_n,x]$ 与 $f(x)$ 的值(它正是我们要计算的)有关，故不可能准确地计算出 $f[x_0,x_1,\cdots,x_n,x]$ 的精确值，只能对它作出一种估计。例如，当四阶差商变化不大时，可用 $f[x_0,x_1,x_2,x_3,x_4]$ 近似代替 $f[x_0,x_1,x_2,x_3,x]$。

§4 分段低次插值

例 2 和例 4 表明，适当地提高插值多项式的次数，有可能提高计算结果的准确程度。但是决不可由此得出结论，认为插值多项式的次数越高越好。

例如，我们对函数

$$f(x)=\frac{1}{1+25x^2} \qquad (-1\leqslant x\leqslant 1)$$

先以 $x_i=-1+\frac{2}{5}i\,(i=0,1,\cdots,5)$ 为节点作 5 次插值多项式 $P_5(x)$，再以 $x_i=-1+\frac{1}{5}i\,(i=0,1,\cdots,10)$ 为节点作 10 次插值多项式 $P_{10}(x)$，并将曲线 $y=\frac{1}{1+25x^2}$，$y=P_5(x)$ 及 $y=P_{10}(x)\,(x\in[-1,1])$ 描绘在同一坐标系中，如图 2-5 所示。

由图 2-5 可以看出，虽然在局部范围内，例如在区间 $[-0.2,0.2]$ 中，$P_{10}(x)$ 比 $P_5(x)$ 较好地逼近 $f(x)$，但从整体来看，$P_{10}(x)$ 并非处处都比 $P_5(x)$ 更好地逼近 $f(x)$，尤其是在区间 $[-1,1]$ 的端点附近。进一步的分析表明，当 n 增大时，该函数在等距节点下的高次插值多项式 $P_n(x)$ 在 $[-1,1]$ 两端会发生激烈的振荡。这种现象(称为龙格(Runge)现象)表明，在大范围内使用高次插值，逼近的效果可能是不理想的。

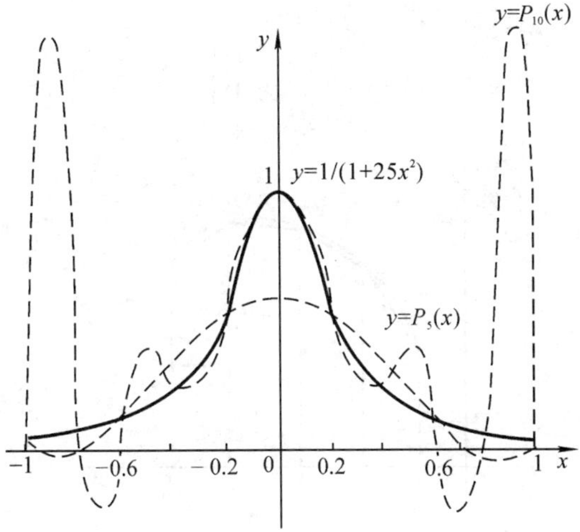

图 2-5

另一方面，插值误差除来自截断误差外，还来自初始数据 $y_i = f(x_i)$ 的误差和计算过程中的舍入误差。插值次数越高，计算工作量越大，积累误差也可能越大。

因此，我们很少采用高次插值。在实际计算中，常常用分段低次插值进行计算，即把整个插值区间分成若干个小区间，在每个小区间上进行低次插值。

例如，当给定了 $n+1$ 个点 $x_0 < x_1 < \cdots < x_n$ 上的函数值 $y_0, y_1, \cdots, y_n$ 后，若要计算点 $x \neq x_i$ 处函数值 $f(x)$ 的近似值。可先选取两个节点 x_{i-1} 与 x_i，使 $x \in [x_{i-1}, x_i]$，然后在小区间 $[x_{i-1}, x_i]$ 上作线性插值，即得

$$f(x) \approx P_1(x) = y_{i-1}\frac{x - x_i}{x_{i-1} - x_i} + y_i\frac{x - x_{i-1}}{x_i - x_{i-1}} \tag{2.4.1}$$

这种分段低次插值叫**分段线性插值**。在几何上就是用折线代替曲线，如图 2-6 所示。故分段线性插值又称**折线插值**。

类似地，为求 $f(x)$ 的近似值，也可选取距点 x 最近的三个节点 x_{i-1}, x_i, x_{i+1} 进行二次插值，即取

$$f(x) \approx P_2(x) = \sum_{k=i-1}^{i+1} \left[y_k \prod_{\substack{j=i-1 \\ j \neq k}}^{i+1} \left(\frac{x - x_j}{x_k - x_j} \right) \right] \qquad (2.4.2)$$

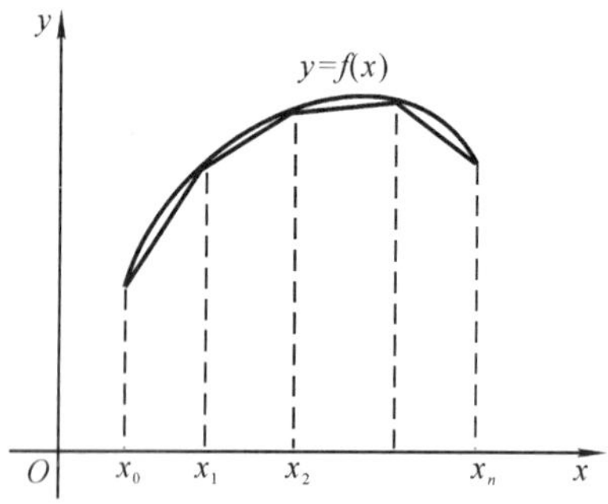

图 2-6

这种分段低次插值叫**分段二次插值**。在几何上就是用分段抛物代替曲线 $y = f(x)$，故分段二次插值又称**分段抛物插值**。为了保证 x_{i-1}, x_i, x_{i+1} 是距点 x 较近的三个节点，式(2.4.2)中的 i 可以通过下面方法确定：

$$i = \begin{cases} 1 & \text{当 } x_0 \leqslant x < \frac{1}{2}(x_1 + x_2) \text{ 时} \\ j & \text{当 } \frac{1}{2}(x_{j-1} + x_j) \leqslant x < \frac{1}{2}(x_j + x_{j+1}) \text{ 时} \\ n - 1 & \text{当 } \frac{1}{2}(x_{n-2} + x_{n-1}) \leqslant x \leqslant x_n \text{ 时} \end{cases}$$

相应的程序框图见图 2-7。

§5 三次样条插值

分段低次插值虽然具有计算简单、稳定性好、收敛性有保证且

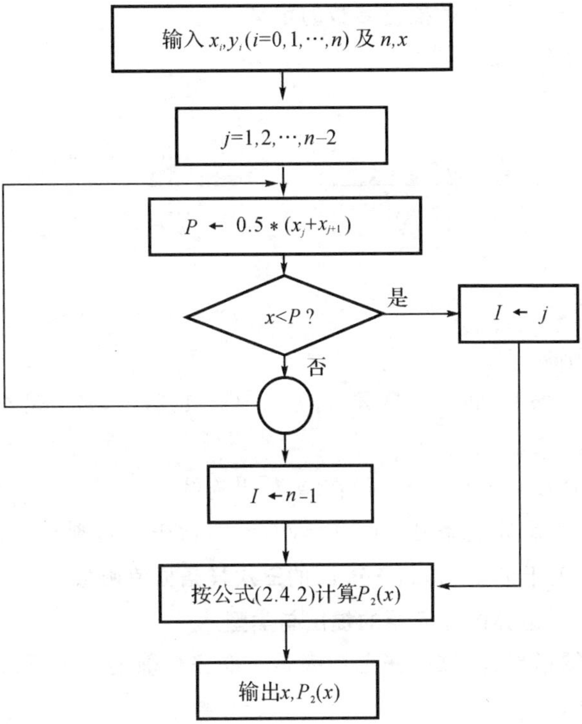

图 2-7

易在电子计算机上实现等优点，但它只能保证各小段曲线在连接点上的连续性，却不能保证整条曲线的光滑性（如图 2-6 中的折线），这就不能满足某些工程技术上的要求。从 20 世纪 60 年代开始，首先由于航空、造船等工程设计的需要而发展起来的所谓样条(spline)插值方法，既保留了分段低次插值多项式的各种优点，又提高了插值函数的光滑性。今天，样条插值方法已成为数值逼近的一个极其重要的分支，在许多领域里得到越来越广泛的应用。

本节介绍应用最广且具有二阶连续导数的三次样条插值函数。

5.1 三次样条插值函数的定义

对于给定的函数表

x	x_0	x_1	…	x_n
$f(x)$	y_0	y_1	…	y_n

$$(a=x_0<x_1<\cdots<x_n=b)$$

若函数 $S(x)$满足：

(1)$S(x)$在每个子区间$[x_{i-1},x_i](i=1,2,\cdots,n)$上是不高于三次的多项式。

(2)$S(x),S'(x),S''(x)$在$[a,b]$上连续。

(3)满足插值条件 $S(x_i)=y_i(i=0,1,\cdots,n)$，则称 $S(x)$为函数 $f(x)$关于节点 $x_0,x_1,\cdots,x_n$ 的**三次样条插值函数**。

5.2 边界条件问题的提出与类型

必须指出，单靠一张函数表是不能完全确定一个三次样条插值函数的。

事实上，由条件(1)知，三次样条插值函数 $S(x)$是一个分段三次多项式，若用 $S_i(x)$表示它在第 i 个子区间$[x_{i-1},x_i]$上的表达式，则 $S_i(x)$形如

$$S_i(x)=a_{i0}+a_{i1}x+a_{i2}x^2+a_{i3}x^3 \quad x\in[x_{i-1},x_i]$$

这里有四个待定系数 $a_{ij}(j=0,1,2,3)$。子区间共有 n 个，要确定 $S(x)$需要确定 $4n$ 个待定系数。

另一方面，要求分段三次多项式 $S(x)$及其导数 $S'(x)$和 $S''(x)$在整个插值区间$[a,b]$上连续，只要它们在各个子区间的连接点 $x_1,x_2,\cdots,x_{n-1}$上连续即可。故由条件(2)和条件(3)可得待定系数应满足的 $4n-2$ 个方程

$$\begin{cases} S(x_i-0)=S(x_i+0) & (i=1,2,\cdots,n-1) \\ S'(x_i-0)=S'(x_i+0) & (i=1,2,\cdots,n-1) \\ S''(x_i-0)=S''(x_i+0) & (i=1,2,\cdots,n-1) \\ S(x_i)=y_i & (i=0,1,\cdots,n) \end{cases} \tag{2.5.1}$$

由此可以看出,要确定 $4n$ 个待定系数还缺少两个条件。这两个条件通常在插值区间$[a,b]$的边界点 a,b 处给出,称为边界条件。

边界条件的类型很多,常见的有:

(1)给定一阶导数值 $S'(x_0)=y_0'$,$S'(x_n)=y_n'$。

(2)给定二阶导数值 $S''(x_0)=y_0''$,$S''(x_n)=y_n''$(作为特例,$S''(x_0)=S''(x_n)=0$ 称为**自然边界条件**。满足自然边界条件的三次样条插值函数称为**自然样条插值函数**)。

(3)当 $y=f(x)$是周期为 $b-a$ 的函数时,要求 $S(x)$及其导数都是以 $b-a$ 为周期的函数,相应的边界条件为

$$S'(x_0+0)=S'(x_n-0)\ ,\ S''(x_0+0)=S''(x_n-0)$$

(由 $f(x)$的周期性知 $y_0=y_n$,从而必有 $S(x_0+0)=S(x_n-0)$,故不必再提出此要求)。

5.3 三次样条插值函数的求法

虽然可以利用方程组(2.5.1)和边界条件求出所有待定系数 $a_{ij}(i=1,2,\cdots,n;j=0,1,2,3)$,从而得到三次样条插值函数 $S(x)$ 在各子区间$[x_{i-1},x_i]$的表达式 $S_i(x)(i=1,2,\cdots,n)$,但是,这种做法的计算工作量大,不便于实际应用。下面介绍一种简便的求法。

设在节点 x_i 处 $S(x)$的二阶导数为

$$S''(x_i)=M_i \quad (i=0,1,\cdots,n)$$

因为在子区间$[x_{i-1},x_i]$上 $S(x)=S_i(x)$是不高于三次的多项式,其二阶导数 $S''(x)$必是线性函数(或常数)。于是,有

$$S_i''(x)=M_{i-1}\frac{x-x_i}{x_{i-1}-x_i}+M_i\frac{x-x_{i-1}}{x_i-x_{i-1}}\qquad x\in[x_{i-1},x_i]$$

记 $h_i=x_i-x_{i-1}$，则有

$$S_i''(x)=M_{i-1}\frac{x_i-x}{h_i}+M_i\frac{x-x_{i-1}}{h_i}$$

连续积分两次得

$$S_i(x)=M_{i-1}\frac{(x_i-x)^3}{6h_i}+M_i\frac{(x-x_{i-1})^3}{6h_i}+A_i(x-x_{i-1})+B_i \tag{2.5.2}$$

其中，A_i 和 B_i 为积分常数。利用插值条件

$$S_i(x_{i-1})=y_{i-1}\quad 和\quad S_i(x_i)=y_i$$

易得

$$A_i=\frac{y_i-y_{i-1}}{h_i}-\frac{h_i}{6}(M_i-M_{i-1})$$

$$B_i=y_{i-1}-\frac{1}{6}M_{i-1}h_i^2$$

将它们代入式(2.5.2)，加以整理后即得

$$S_i(x)=M_{i-1}\frac{(x_i-x)^3}{6h_i}+M_i\frac{(x-x_{i-1})^3}{6h_i}+\left(y_{i-1}-\frac{M_{i-1}}{6}h_i^2\right)\frac{x_i-x}{h_i}+\left(y_i-\frac{M_i}{6}h_i^2\right)\frac{x-x_{i-1}}{h_i}$$
$$(x\in[x_{i-1},x_i];i=1,2,\cdots,n) \tag{2.5.3}$$

综合以上讨论可知，只要确定 $M_0,M_1,\cdots,M_n$ 这 $n+1$ 个值，就可定出三次样条插值函数 $S(x)$。

为了求出 $M_i(i=0,1,\cdots,n)$，我们利用一阶导数在子区间连接点上连续的条件

$$S'(x_i-0)=S'(x_i+0)$$

即

$$S_i'(x_i-0)=S_{i+1}'(x_i+0) \tag{2.5.4}$$

由式(2.5.3)可得

$$S_i'(x)=-M_{i-1}\frac{(x_i-x)^2}{2h_i}+M_i\frac{(x-x_{i-1})^2}{2h_i}+\frac{y_i-y_{i-1}}{h_i}-\frac{h_i}{6}(M_i-M_{i-1}) \tag{2.5.5}$$

故

$$S_i'(x_i-0)=\frac{y_i-y_{i-1}}{h_i}+\frac{h_i}{6}M_{i-1}+\frac{h_i}{3}M_i \tag{2.5.6}$$

将式(2.5.5)中的 i 改为 $i+1$,即得 $S'(x)$ 在子区间 $[x_i,x_{i+1}]$ 上的表达式 $S_{i+1}'(x)$,并由此得

$$S_{i+1}'(x_i+0)=\frac{y_{i+1}-y_i}{h_{i+1}}-\frac{h_{i+1}}{3}M_i-\frac{h_{i+1}}{6}M_{i+1} \tag{2.5.7}$$

将式(2.5.6)和式(2.5.7)代入式(2.5.4),整理后得

$$\frac{h_i}{6}M_{i-1}+\frac{h_i+h_{i+1}}{3}M_i+\frac{h_{i+1}}{6}M_{i+1}=\frac{y_{i+1}-y_i}{h_{i+1}}-\frac{y_i-y_{i-1}}{h_i}$$

上式两边同乘以 $\frac{6}{h_i+h_{i+1}}$,即得方程

$$\frac{h_i}{h_i+h_{i+1}}M_{i-1}+2M_i+\frac{h_{i+1}}{h_i+h_{i+1}}M_{i+1}=\frac{6}{h_i+h_{i+1}}\left(\frac{y_{i+1}-y_i}{h_{i+1}}-\frac{y_i-y_{i-1}}{h_i}\right)\quad(i=1,2,\cdots,n-1)$$

若记

$$\left.\begin{aligned}\mu_i&=\frac{h_i}{h_i+h_{i+1}}\\ \lambda_i&=\frac{h_{i+1}}{h_i+h_{i+1}}=1-\mu_i\\ g_i&=\frac{6}{h_i+h_{i+1}}(f[x_i,x_{i+1}]-f[x_{i-1},x_i])\end{aligned}\right\}\quad(i=1,2,\cdots,n-1) \tag{2.5.8}$$

则所得方程可简写成

$$\mu_i M_{i-1}+2M_i+\lambda_i M_{i+1}=g_i \quad (i=1,2,\cdots,n-1)$$

即

$$\left.\begin{aligned} \mu_1 M_0+2M_1+\lambda_1 M_2 \qquad &= g_1 \\ \mu_2 M_1+2M_2+\lambda_2 M_3 \qquad &= g_2 \\ \vdots \qquad \qquad & \\ \mu_{n-1} M_{n-2}+2M_{n-1}+\lambda_{n-1} M_n &= g_{n-1} \end{aligned}\right\} \tag{2.5.9}$$

这是一个含有 $n+1$ 个未知数、$n-1$ 个方程的线性方程组。要确定 M_i 的值，还需用到边界条件。

在第(1)种边界条件下，由于 $S'(x_0)=y_0'$ 和 $S'(x_n)=y_n'$ 已知，我们可以得到包含有 M_i 的两个线性方程。实际上，由式(2.5.5)知，$S(x)$ 在子区间 $[x_0,x_1]$ 上的导数为

$$S_1'(x)=-M_0\frac{(x_1-x)^2}{2h_1}+M_1\frac{(x-x_0)^2}{2h_1}+\frac{y_1-y_0}{h_1}-\frac{h_1}{6}(M_1-M_0)$$

故由条件 $S'(x_0)=y_0'$ 立即可得

$$y_0'=-M_0\frac{h_1}{2}+\frac{y_1-y_0}{h_1}-\frac{h_1}{6}(M_1-M_0)$$

即

$$2M_0+M_1=\frac{6}{h_1}\left(\frac{y_1-y_0}{h_1}-y_0'\right) \tag{2.5.10}$$

同理，由条件 $S'(x_n)=y_n'$ 可得

$$M_{n-1}+2M_n=\frac{6}{h_n}\left(y_n'-\frac{y_n-y_{n-1}}{h_n}\right) \tag{2.5.11}$$

将式(2.5.9)和式(2.5.10)以及式(2.5.11)合在一起，即得确定 $M_0,M_1,\cdots,M_n$ 的线性方程组

$$\begin{bmatrix} 2 & 1 & & & \\ \mu_1 & 2 & \lambda_1 & & \\ & \ddots & \ddots & \ddots & \\ & & \mu_{n-1} & 2 & \lambda_{n-1} \\ & & & 1 & 2 \end{bmatrix}\begin{bmatrix} M_0 \\ M_1 \\ \vdots \\ M_{n-1} \\ M_n \end{bmatrix}=\begin{bmatrix} g_0 \\ g_1 \\ \vdots \\ g_{n-1} \\ g_n \end{bmatrix} \tag{2.5.12}$$

其中

$$\left.\begin{aligned} g_0 &= \frac{6}{h_1}(f[x_0,x_1]-y_0') \\ g_n &= \frac{6}{h_n}(y_n'-f[x_{n-1},x_n]) \end{aligned}\right\} \tag{2.5.13}$$

在第(2)种边界条件下，由于 $M_0=S''(x_0)=y_0''$ 和 $M_n=S''(x_n)=y_n''$ 已知，在方程组(2.5.9)中实际上只包含有 $n-1$ 个未知数 $M_1,M_2,\cdots,M_{n-1}$，并且可以改写成

$$\begin{bmatrix} 2 & \lambda_1 & & & \\ \mu_2 & 2 & \lambda_2 & & \\ & \ddots & \ddots & \ddots & \\ & & \mu_{n-2} & 2 & \lambda_{n-2} \\ & & & \mu_{n-1} & 2 \end{bmatrix} \begin{bmatrix} M_1 \\ M_2 \\ \vdots \\ M_{n-2} \\ M_{n-1} \end{bmatrix} = \begin{bmatrix} g_1-\mu_1 y_0'' \\ g_2 \\ \vdots \\ g_{n-2} \\ g_{n-1}-\lambda_{n-1} y_n'' \end{bmatrix} \tag{2.5.14}$$

在第(3)种边界条件下，由 $S''(x_0+0)=S''(x_n-0)$ 直接可得

$$M_0=M_n \tag{2.5.15}$$

由条件 $S'(x_0+0)=S'(x_n-0)$ 可得

$$\begin{aligned} &-M_0\frac{h_1}{2}+\frac{y_1-y_0}{h_1}-\frac{h_1}{6}(M_1-M_0) \\ &\qquad = M_n\frac{h_n}{2}+\frac{y_n-y_{n-1}}{h_n}-\frac{h_n}{6}(M_n-M_{n-1}) \end{aligned}$$

注意到 $y_0=y_n$ 和 $M_0=M_n$，将上式整理后得方程

$$\begin{aligned} &\frac{h_1}{h_1+h_n}M_1+\frac{h_n}{h_1+h_n}M_{n-1}+2M_n \\ &\qquad = \frac{6}{h_1+h_n}\left(\frac{y_1-y_0}{h_1}-\frac{y_n-y_{n-1}}{h_n}\right) \end{aligned}$$

若记

$$\mu_n=\frac{h_n}{h_1+h_n}$$

$$\lambda_n=\frac{h_1}{h_1+h_n}=1-\mu_n$$

$$g_n=\frac{6}{h_1+h_n}(f[x_0,x_1]-f[x_{n-1},x_n])$$

则所得方程可简写成

$$\lambda_n M_1+\mu_n M_{n-1}+2M_n=g_n \tag{2.5.16}$$

将式(2.5.9),(2.5.15),(2.5.16)合在一起,即得确定 $M_1,M_2,\cdots,M_n$ 的线性方程组

$$\begin{bmatrix} 2 & \lambda_1 & & & \mu_1 \\ \mu_2 & 2 & \lambda_2 & & \\ & \ddots & \ddots & \ddots & \\ & & \mu_{n-1} & 2 & \lambda_{n-1} \\ \lambda_n & & & \mu_n & 2 \end{bmatrix}\begin{bmatrix} M_1 \\ M_2 \\ \vdots \\ M_{n-1} \\ M_n \end{bmatrix}=\begin{bmatrix} g_1 \\ g_2 \\ \vdots \\ g_{n-1} \\ g_n \end{bmatrix} \tag{2.5.17}$$

利用线性代数知识,可以证明方程组(2.5.12),(2.5.14)及(2.5.17)的系数矩阵都是非奇异的,从而都有惟一确定的解。

针对不同的边界条件,解相应的方程组(2.5.12)或(2.5.14)或(2.5.17),求出 $M_0,M_1,\cdots,M_n$ 的值,将它们代入式(2.5.3),就可以得到 $S(x)$ 在各子区间上的表达式。

综合以上分析,有

定理 3 对于给定的函数表

x	x_0	x_1	$\cdots$	x_n
$y=f(x)$	y_0	y_1	$\cdots$	y_n

$$(a=x_0<x_1<\cdots<x_n=b)$$

满足第(1)或第(2)或第(3)种边界条件的三次样条插值函数 $S(x)$ 是存在且惟一的。

三次样条插值函数 $S(x)$ 的具体求解过程,在下面例子中给出了详细说明。

例 7 已知函数 $y=f(x)$ 的函数值如下:

x	-1.5	0	1	2
y	0.125	-1	1	9

在区间$[-1.5,-2]$上求三次样条插值函数$S(x)$，使它满足边界条件$S'(-1.5)=0.75, S'(2)=14$。

解 先根据给定数据和边界条件算出μ_i, λ_i与g_i，写出确定M_i的线性方程组。在本例中，给出的是第(1)种边界条件，确定M_i $(i=0,1,2,3)$的线性方程组形如式(2.5.12)。由所给函数表知

$$h_1=1.5 \quad h_2=1 \quad h_3=1$$

$$f[x_0,x_1]=-0.75 \quad f[x_1,x_2]=2 \quad f[x_2,x_3]=8$$

于是，由μ_i, λ_i与$g_i(i=1,2,\cdots,n-1)$的算式(2.5.8)知

$$\mu_1=0.6 \quad \mu_2=0.5$$

$$\lambda_1=0.4 \quad \lambda_2=0.5$$

$$g_1=6.6 \quad g_2=18$$

由第(1)边界条件下g_0与g_n的计算公式(2.5.13)知

$$g_0=\frac{6}{h_1}(f[x_0,x_1]-y_0')=-6$$

$$g_3=\frac{6}{h_3}(y_3'-f[x_2,x_3])=36$$

故确定M_0, M_1, M_2与M_3的方程组为

$$\begin{bmatrix} 2 & 1 & 0 & 0 \\ 0.6 & 2 & 0.4 & 0 \\ 0 & 0.5 & 2 & 0.5 \\ 0 & 0 & 1 & 2 \end{bmatrix} \begin{bmatrix} M_0 \\ M_1 \\ M_2 \\ M_3 \end{bmatrix} = \begin{bmatrix} -6 \\ 6.6 \\ 18 \\ 36 \end{bmatrix} \qquad ①$$

然后解所得方程组，得到$S''(x)$在各节点x_i上的值M_i。在本例中，解①式得

$$M_0=-5\ ,\ M_1=4\ ,\ M_2=4\ ,\ M_3=16$$

最后将所得M_i代入式(2.5.3)，即得$S(x)$在各子区间上的表

达式 $S_i(x)(i=1,2,\cdots,n)$。由式(2.5.3)知,$S(x)$在$[x_0,x_1]$上的表达式为

$$S_1(x)=M_0\frac{(x_1-x)^3}{6h_1}+M_1\frac{(x-x_0)^3}{6h_1}$$
$$+\left(y_0-\frac{M_0}{6}h_1{}^2\right)\frac{x_1-x}{h_1}+\left(y_1-\frac{M_1}{6}h_1{}^2\right)\frac{x-x_0}{h_1}$$

在本例中,将 $x_0=-1.5,x_1=0,y_0=0.125,y_1=-1,M_0=-5,M_1=4$ 代入,整理后得

$$S_1(x)=x^3+2x^2-1 \quad x\in[-1.5,0]$$

同理可得

$$S_2(x)=2x^2-1 \quad x\in[0,1]$$
$$S_3(x)=2x^3-4x^2+6x-3 \quad x\in[1,2]$$

故所求三次样条插值函数为

$$S(x)=\begin{cases}x^3+2x^2-1 & (-1.5\leqslant x<0)\\ 2x^2-1 & (0\leqslant x<1)\\ 2x^3-4x^2+6x-3 & (1\leqslant x\leqslant 2)\end{cases}$$

在第(1)种边界条件下,计算三次样条插值函数 $S(x)$在点 x 处函数值的程序框图,如图 2-8 所示。在第六章中介绍的许多方法,都可用来求解方程组(2.5.12),但是,由于其系数矩阵是严格对角占优势(即主对角线上元素的绝对值都严格地大于同一行其余元素的绝对值之和)的三对角线型矩阵,故用第六章中介绍的追赶法求解更佳。

上述求三次样条插值函数的方法,其基本思路和特点是:先利用一阶导数 $S'(x)$在内节点 $x_i(i=1,2,\cdots,n-1)$上的连续性以及边界条件,列出确定二阶导数 $M_i=S''(x_i)(i=0,1,\cdots,n)$的线性方程组(在力学上称为三弯矩方程组),并由此解出 M_i,然后用 M_i 来表达 $S(x)$。

实际上,还可以通过别的途径来求取三次样条插值函数。例如,可以先利用二阶导数在内节点上的连续性以及边界条件,列出

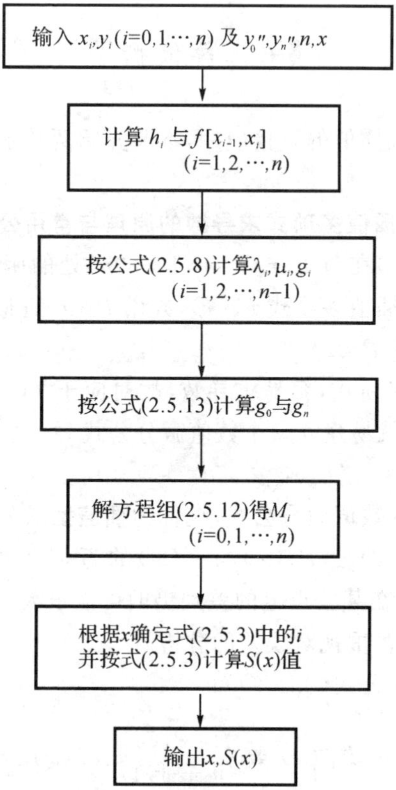

图 2-8

确定一阶导数 $m_i=S'(x_i)(i=0,1,\cdots,n)$的线性方程组(在力学上称为三转角方程组),并由此解出 m_i,然后用 m_i 来表达 $S(x)$。在有些情况下,这种表达方法与前者相比较,使用起来更方便。需要了解的读者,可以查阅参考文献[1]。

用三次样条插值函数 $S(x)$逼近被插值函数 $f(x)$的效果,可参考下节的例 8。

§6 数值微分

作为多项式插值的直接应用，本节介绍两种求函数 $f(x)$ 导数近似值的方法。

6.1 利用插值多项式求导数的原理与常用公式

若函数 $f(x)$ 在节点 $x_i(i=0,1,\cdots,n)$ 处的函数值已知，就可作 $f(x)$ 的 n 次插值多项式 $P_n(x)$，并用 $P_n(x)$ 近似代替 $f(x)$，即

$$f(x)\approx P_n(x)$$

由于 $P_n(x)$ 是多项式，容易求导数，故对应于 $f(x)$ 的每一个插值多项式 $P_n(x)$，就易建立一个数值微分公式

$$f'(x)\approx P_n'(x) \tag{2.6.1}$$

这样建立起来的数值微分公式，统称为**插值型微分公式**。

必须注意，即使 $P_n(x)$ 与 $f(x)$ 的近似程度非常好，导数 $P_n'(x)$ 与 $f'(x)$ 在某些点上的差别仍旧可能很大。因而，在应用数值微分公式时，要重视对误差的分析。

由插值余项公式(2.2.9)知

$$f'(x)-P_n'(x)=\frac{f^{(n+1)}(\xi)}{(n+1)!}\omega_{n+1}'(x)+\frac{\omega_{n+1}(x)}{(n+1)!}\frac{\mathrm{d}}{\mathrm{d}x}\left[f^{(n+1)}(\xi)\right] \tag{2.6.2}$$

由于式中 ξ 是 x 的未知函数，故 $x\neq x_i$ 时，无法利用上式对误差 $f'(x)-P_n'(x)$ 作出估计。但是，如果我们限定求某个节点 x_i 处的导数值，那么式(2.6.2)右端第二项之值应为零，此时有

$$f'(x_i)-P_n'(x_i)=\frac{f^{(n+1)}(\xi)}{(n+1)!}\omega_{n+1}'(x_i)$$

若将它写成带余项的数值微分公式，即

$$f'(x_i)=P_n'(x_i)+\frac{f^{(n+1)}(\xi)}{(n+1)!}\omega_{n+1}'(x_i) \tag{2.6.3}$$

其中，ξ 在 $x_0,x_1,\cdots,x_n$ 之间。该式右端由两部分，即导数 $f'(x_i)$的近似值和相应的截断误差组成。

作为特例，当 $n=1$ 时，插值节点为 x_0,x_1，若记 $h=x_1-x_0$，则由式(2.6.3)得带余项的两点公式

$$\left.\begin{aligned}f'(x_0)&=\frac{f(x_1)-f(x_0)}{h}-\frac{h}{2}f''(\xi)\\ f'(x_1)&=\frac{f(x_1)-f(x_0)}{h}+\frac{h}{2}f''(\xi)\end{aligned}\right\} \tag{2.6.4}$$

$$\xi\in[x_0,x_1]$$

前一公式的实质是用 $f(x)$在 x_0 处的向前差商(分子是向前差分的差商)作为 $f'(x_0)$的近似值，后一公式则是用 $f(x)$在 x_1 处的向后差商(分子是向后差分的差商)作为 $f'(x_1)$的近似值。

当 $n=2$ 且节点为 $x_k=x_0+kh(k=0,1,2)$时，由式(2.6.3)可得带余项的三点公式

$$\begin{cases}f'(x_0)=\dfrac{1}{2h}[-3f(x_0)+4f(x_1)-f(x_2)]+\dfrac{h^2}{3}f'''(\xi)\\ f'(x_1)=\dfrac{1}{2h}[-f(x_0)+f(x_2)]-\dfrac{h^2}{6}f'''(\xi)\\ f'(x_2)=\dfrac{1}{2h}[f(x_0)-4f(x_1)+3f(x_2)]+\dfrac{h^2}{3}f'''(\xi)\end{cases}$$

$$\xi\in[x_0,x_2] \tag{2.6.5}$$

中间一个公式的实质是用 $f(x)$在 x_1 处的中心差商作为 $f'(x_1)$的近似值，与前、后两公式相比较，其优越性是显然的。

用插值多项式 $P_n(x)$作为 $f(x)$的近似函数，还可用来建立高阶的数值微分公式，例如，带余项的二阶三点公式

$$\left.\begin{aligned}
f''(x_0) &= \frac{1}{h^2}[f(x_0)-2f(x_1)+f(x_2)] \\
&\quad + \left[-hf'''(\xi_1)+\frac{h^2}{6}f^{(4)}(\xi_2)\right] \\
f''(x_1) &= \frac{1}{h^2}[f(x_0)-2f(x_1)+f(x_2)] \\
&\quad - \frac{h^2}{12}f^{(4)}(\xi) \\
f''(x_2) &= \frac{1}{h^2}[f(x_0)-2f(x_1)+f(x_2)] \\
&\quad + \left[hf'''(\xi_1)-\frac{h^2}{6}f^{(4)}(\xi_2)\right]
\end{aligned}\right\} \tag{2.6.6}$$

6.2 利用三次样条插值函数求导数的原理与公式

由§5知，对于给定函数表

x	x_0	x_1	$\cdots$	x_n
$y=f(x)$	y_0	y_1	$\cdots$	y_n

$$(a=x_0<x_1<\cdots<x_n=b)$$

和适当的边界条件，我们可以写出三次样条插值函数 $S(x)$，并用 $S(x)$ 近似代替 $f(x)$，即

$$f(x)\approx S(x) \qquad x\in[a,b]$$

由于 $S(x)$ 是一个分段三次多项式，在各子区间 $[x_{i-1},x_i]$ $(i=1,2,\cdots,n)$ 上容易求出导数，故可建立数值微分公式

$$\begin{aligned}
f'(x) &\approx S_i'(x) \\
&= \frac{1}{2h_i}[M_i(x-x_{i-1})^2-M_{i-1}(x_i-x)^2] \\
&\quad + f[x_{i-1},x_i]+\frac{h_i}{6}(M_{i-1}-M_i)
\end{aligned} \tag{2.6.7}$$

$$f''(x) \approx S_i''(x) = \frac{1}{h_i}[M_i(x-x_{i-1}) + M_{i-1}(x_i - x)]$$
$$(x \in [x_{i-1}, x_i], i = 1, 2, \cdots, n) \tag{2.6.8}$$

例 8 利用函数 $f(x)=\frac{1}{1+25x^2}$在节点 $x_i=-1+0.1i(i=0,1,\cdots,20)$上的函数值和边界条件

$$S'(-1)=0.0740 \quad , \quad S'(1)=-0.0740$$

构造三次样条插值函数 $S(x)$,并用它来计算 $f(x)$和 $f'(x)$在下列点

$$x_k=-1+0.02k \quad (k=0,1,2,\cdots,100)$$

处的近似值。部分计算结果如表 2-5 所示。

表 2-5

x	近似值		准确值	
	$S(x)$	$S'(x)$	$f(x)$	$f'(x)$
−1.00	0.03846	0.0740	0.03846	0.07396
−0.92	0.04513	0.09369	0.04513	0.09367
−0.84	0.05365	0.1209	0.05365	0.1209
−0.76	0.06476	0.1594	0.06477	0.1594
−0.68	0.07961	0.2152	0.07962	0.2155
−0.60	0.1000	0.3000	0.1000	0.3000
−0.52	0.1289	0.4319	0.1289	0.4318
−0.44	0.1711	0.6457	0.1712	0.6451
−0.36	0.2359	1.003	0.2358	1.001
−0.28	0.3375	1.579	0.3378	1.598
−0.20	0.5000	2.563	0.5000	2.500
−0.12	0.7372	3.157	0.7353	3.244
−0.04	0.9594	1.885	0.9615	1.849

由表 2-5 可以看出,利用三次样条插值函数 $f(x)$ 及其导数来逼近被插值函数 $f(x)$ 及其导数,其效果是相当好的。

小　　结

插值法是一个古老而实用的数值方法。它不仅是数值微分、数值积分、函数逼近以及微分方程数值解等数值分析的基础,而且在许多实际问题中,也有直接的应用。

本节只简要介绍了有关插值法的一些基本概念、多项式插值的基础理论和几个常用的插值方法,例如拉格朗日插值公式、牛顿基本插值公式和仅适用于等距节点下的牛顿向前(后)插值公式,以及应用最广且有二阶连续导数的三次样条插值。作为一种直接应用,也介绍了利用插值法求导数的基本原理和常用公式。

实际上,插值法的内容,包括插值函数类的选择,公式的构造与应用,误差的估计,以及收敛性、稳定性的讨论等,都是十分丰富的。因限于学时,本书未作更深入的讨论。需要进一步了解的读者,可查阅参考文献[1],[2]。

习　题　二

1. 已知函数表如下:

x	10	11	12	13
$\ln x$	2.3026	2.3979	2.4849	2.5649

试分别用线性插值与二次插值计算 ln11.75 的近似值,并估计截断误差。

2. 设 $x_0, x_1, \cdots, x_n$ 为任意给定的 $n+1$ 个互不相同的节点,证明:

(1)若 $f(x)$ 为不高于 n 次的多项式,则 $f(x)$ 关于这组节点的 n 次插值多项式就是它自己;

(2)若 $l_k(x)(k=0,1,\cdots,n)$ 是关于这组节点的 n 次基本插值多项式，则有恒等式

$$\sum_{k=0}^{n} x_k{}^m l_k(x) \equiv x^m \qquad (m = 0,1,\cdots,n)$$

3. 已知函数表如下：

x	0.0	0.2	0.4	0.6	0.8
e^x	1.0000	1.2214	1.4918	1.8221	2.2255

(1)分别用三点与四点前插公式计算 $e^{0.12}$ 的近似值，并估计截断误差；

(2)构造差商表，并分别用三点与四点牛顿基本插值公式计算 $e^{0.12}$ 的近似值。

4. 今要在区间$[-4,4]$上构造 $f(x)=e^x$ 在等距节点下的函数表，问怎样选取函数表的步长，才能保证用二次插值求 e^x 的近似值时，截断误差不超过 10^{-6}？

5. 对于给定的插值条件：

x	0	1	2	3
y	0	0	0	0

试分别求出满足下列边界条件的三次样条插值函数：

(1)$S''(0)=1, S''(3)=0$；

(2)$S'(0)=1, S'(3)=0$。

第三章 曲线拟合的最小二乘法

§1 引 言

在科学实验和生产实践中，经常要从一组实验数据$(x_i,y_i)$$(i=1,2,\cdots,m)$出发，寻求函数$y=f(x)$的一个近似表达式$y=\varphi(x)$（称为经验公式）。从几何上看，就是希望根据给定的$m$个点$(x_i,y_i)$，求曲线$y=f(x)$的一条近似曲线$y=\varphi(x)$。因此，这是一个曲线拟合的问题。

多项式插值虽然在一定程度上解决了由函数表求函数的近似表达式问题，但用它来解决这里提出的问题，是有明显缺陷的。

首先，由实验提供的数据通常带有测试误差。如果要求近似曲线$y=\varphi(x)$严格地通过所给的每个数据点(x_i,y_i)，就会使曲线保留着原有的测试误差。当个别数据的误差较大时，插值效果显然是不理想的。

其次，由实验提供的数据往往较多（即m较大），用插值法得到的近似表达式，明显地缺乏实用价值。

因此，怎样从给定的一组实验数据出发，在某个函数类Φ中寻求一个"最好"的函数$\varphi(x)$来拟合这组数据，是一个值得讨论的课题。

随着拟合效果"好"、"坏"标准的不同，解决此类问题的方法也就不同。在这一章里，我们介绍一种最常用的曲线拟合方法，即最小二乘法。

限于学时，本章将着重讨论线性最小二乘问题。

§2 什么是最小二乘法

如前所述，在一般情况下，我们不能要求近似曲线 $y=f(x)$ 严格地通过所有数据点 (x_i,y_i)，亦即不能要求拟合函数在 x_i 处的偏差(亦称残差)

$$\delta_i=\varphi(x_i)-y_i \quad (i=1,2,\cdots,m)$$

都严格地等于零。但是，为了使近似曲线能尽量反映所给数据点的变化趋势，要求 $|\delta_i|$ 都较小还是需要的。达到这一目标的途径很多，常见的有：

(1) 选取 $\varphi(x)$，使偏差绝对值之和最小，即

$$\sum_{i=1}^{m}|\delta_i| = \sum_{i=1}^{m}|\varphi(x_i)-y_i| = \min \tag{3.2.1}$$

(2) 选取 $\varphi(x)$，使偏差最大绝对值最小，即

$$\max_{1\leqslant i\leqslant m}|\delta_i| = \max_{1\leqslant i\leqslant m}|\varphi(x_i)-y_i| = \min \tag{3.2.2}$$

(3) 选取 $\varphi(x)$，使偏差平方和最小，即

$$\sum_{i=1}^{m}\delta_i^2 = \sum_{i=1}^{m}[\varphi(x_i)-y_i]^2 = \min \tag{3.2.3}$$

为了便于计算、分析与应用，我们较多地根据"使偏差平方和最小"的原则(称为最小二乘原则)来选取拟合曲线 $y=\varphi(x)$。

按最小二乘原则选择拟合曲线的方法，称为**最小二乘法**。

作为本章要着重讨论的线性最小二乘问题，其基本提法是：对于给定数据表

x	x_1	x_2	$\cdots$	x_m
y	y_1	y_2	$\cdots$	y_m

要求在某个函数类 $\Phi=\{\varphi_0(x),\varphi_1(x),\cdots,\varphi_n(x)\}(n<m)$ 中寻求一个函数

$$\varphi^*(x)=a_0^*\varphi_0(x)+a_1^*\varphi_1(x)+\cdots+a_n^*\varphi_n(x) \tag{3.2.4}$$

使 $\varphi^*(x)$ 满足条件

$$\sum_{i=1}^{m}[\varphi^*(x_i)-y_i]^2=\min_{\varphi(x)\in\Phi}\sum_{i=1}^{m}[\varphi(x_i)-y_i]^2 \tag{3.2.5}$$

式中，$\varphi(x)=a_0\varphi_0(x)+a_1\varphi_1(x)+\cdots+a_n\varphi_n(x)$ 是函数类 Φ 中任一函数。

满足关系式(3.2.5)的函数 $\varphi^*(x)$，称为上述最小二乘问题的**最小二乘解**。

由上可知，用最小二乘法解决实际问题包含两个基本环节：先根据所给数据点的变化趋势与问题的实际背景确定函数类 Φ，即确定 $\varphi(x)$ 所具有的形式；然后按最小二乘原则（式(3.2.3)）求得最小二乘解 $\varphi^*(x)$，即确定其系数 $a_k^*(k=0,1,\cdots,n)$。

§3　最小二乘解的求法

由最小二乘解（式(3.2.4)）应满足的条件(3.2.5)式知，点 $(a_0^*,a_1^*,\cdots,a_n^*)$ 是多元函数

$$S(a_0,a_1,\cdots,a_n)=\sum_{i=1}^{m}\left[\sum_{k=0}^{n}a_k\varphi_k(x_i)-y_i\right]^2$$

的极小点，从而 $a_0^*,a_1^*,\cdots,a_n^*$ 满足方程组

$$\frac{\partial S}{\partial a_k}=0\qquad(k=0,1,\cdots,n)$$

即

$$\sum_{i=1}^{m}\varphi_k(x_i)[a_0\varphi_0(x_i)+a_1\varphi_1(x_i)+\cdots+a_n\varphi_n(x_i)-y_i]=0$$

亦即

$$a_0\sum_{i=1}^{m}\varphi_k(x_i)\varphi_0(x_i)+a_1\sum_{i=1}^{m}\varphi_k(x_i)\varphi_1(x_i)+\cdots$$

$$+a_n\sum_{i=1}^{m}\varphi_k(x_i)\varphi_n(x_i)=\sum_{i=1}^{m}\varphi_k(x_i)y_i$$

若对任意函数 $h(x)$ 和 $g(x)$，引入记号

$$(h,g)=\sum_{i=1}^{m}h(x_i)g(x_i) \tag{3.3.1}$$

则上述方程组可以表示成

$$a_0(\varphi_k,\varphi_0)+a_1(\varphi_k,\varphi_1)+\cdots+a_n(\varphi_k,\varphi_n)=(\varphi_k,f)$$
$$(k=0,1,\cdots,n)$$

写成矩阵形式即

$$\begin{bmatrix}(\varphi_0,\varphi_0) & (\varphi_0,\varphi_1) & \cdots & (\varphi_0,\varphi_n)\\(\varphi_1,\varphi_0) & (\varphi_1,\varphi_1) & \cdots & (\varphi_1,\varphi_n)\\\vdots & \vdots & \cdots & \vdots\\(\varphi_n,\varphi_0) & (\varphi_n,\varphi_1) & \cdots & (\varphi_n,\varphi_n)\end{bmatrix}\begin{bmatrix}a_0\\a_1\\\vdots\\a_n\end{bmatrix}=\begin{bmatrix}(\varphi_0,f)\\(\varphi_1,f)\\\vdots\\(\varphi_n,f)\end{bmatrix} \tag{3.3.2}$$

方程组(3.3.2)称为**法方程组**。当 $\varphi_0(x),\varphi_1(x),\cdots,\varphi_n(x)$ 线性无关时，可以证明它存在有惟一解

$$a_0=a_0^*,a_1=a_1^*,\cdots,a_n=a_n^*$$

并且相应的函数式(3.2.4)就是满足条件(3.2.5)式的最小的二乘解。

综上分析可得：

定理 1 对于给定的一组实验数据 (x_i,y_i)（x_i 互异；$i=1,2,\cdots,m$），在函数类 $\Phi=\{\varphi_0(x),\varphi_1(x),\cdots,\varphi_n(x)\}$（$n<m$ 且 $\varphi_0(x),\varphi_1(x),\cdots,\varphi_n(x)$ 线性无关）中，存在惟一的函数

$$\varphi^*(x)=a_0^*\varphi_0(x)+a_1^*\varphi_1(x)+\cdots+a_n^*\varphi_n(x)$$

使得关系式(3.2.5)成立，并且其系数 a_k^*（$k=0,1,\cdots,n$）可以通过解法方程组(3.3.2)得到。

作为曲线拟合的一种常用的情况，若讨论的是代数多项式拟合，即取

$$\varphi_0(x)=1,\varphi_1(x)=x,\cdots,\varphi_n(x)=x^n$$

则由式(3.3.1)知

$$(\varphi_j,\varphi_k)=\sum_{i=1}^{m}x_i^{\,j}x_i^{\,k}=\sum_{i=1}^{m}x_i^{\,j+k}\qquad(j,k=0,1,\cdots,n)$$

$$(\varphi_k,f)=\sum_{i=1}^{m}x_i^{\,k}y_i\qquad(k=0,1,\cdots,n)$$

故相应的法方程组为

$$\begin{bmatrix} m & \sum_{i=1}^{m}x_i & \cdots & \sum_{i=1}^{m}x_i^{\,n} \\ \sum_{i=1}^{m}x_i & \sum_{i=1}^{m}x_i^{\,2} & \cdots & \sum_{i=1}^{m}x_i^{\,n+1} \\ \vdots & \vdots & \cdots & \vdots \\ \sum_{i=1}^{m}x_i^{\,n} & \sum_{i=1}^{m}x_i^{\,n+1} & \cdots & \sum_{i=1}^{m}x_i^{\,2n} \end{bmatrix}\begin{bmatrix} a_0 \\ a_1 \\ \vdots \\ a_n \end{bmatrix}=\begin{bmatrix} \sum_{i=1}^{m}y_i \\ \sum_{i=1}^{m}x_iy_i \\ \vdots \\ \sum_{i=1}^{m}x_i^{\,n}y_i \end{bmatrix}\tag{3.3.3}$$

下面，我们通过两个具体例子来说明用最小二乘法解决实际问题的具体步骤与某些技巧。

例 1 某种铝合金的含铝量为 $x(\%)$，其熔解温度为 $y(℃)$，由实验测得 x 与 y 的数据如表 3-1 左边三列。试用最小二乘法建立 x 与 y 之间的经验公式。

解 根据前面讨论，解决问题的过程如下：

(1) 将表中给出的数据点 $(x_i,y_i)(i=1,2,\cdots,6)$ 描绘在坐标纸上，如图 3-1 所示。

表 3-1

i	x_i	y_i	x_i^2	x_iy_i
1	36.9	181	1361.61	6678.9
2	46.7	197	2180.89	9199.9
3	63.7	235	4057.69	14969.5
4	77.8	270	6052.84	21006.0
5	84.0	283	7056.00	23772.0
6	87.5	292	7656.25	25550.0
$\sum$	396.6	1458	28365.28	101176.3

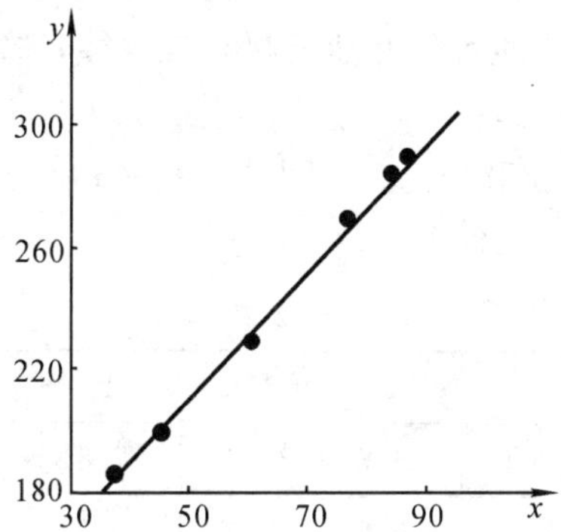

图 3-1

(2) 确定拟合曲线的形式。由图 3-1 可以看出，六个点位于一条直线的附近，故可以先用线性函数（直线）来拟合这组实验数据，即令

$$\varphi(x) = a + bx \qquad ①$$

其中，a，b 为待定常数。

(3) 建立法方程组。由于问题归结为一次多项式拟合问题，故

由 ① 式知，相应的法方程组形如

$$\begin{bmatrix} 6 & \sum_{i=1}^{6} x_i \\ \sum_{i=1}^{6} x_i & \sum_{i=1}^{6} x_i^2 \end{bmatrix} \begin{bmatrix} a \\ b \end{bmatrix} = \begin{bmatrix} \sum_{i=1}^{6} y_i \\ \sum_{i=1}^{6} x_i y_i \end{bmatrix}$$

经过计算(见表 3-1)，即得确定待定数 a,b 的法方程组

$$\begin{cases} 6a + 396.9b = 1458 \\ 396.6a + 28365.28b = 101176.3 \end{cases} \qquad ②$$

(4) 解法方程组 ② 得

$$a = 95.3524, \quad b = 2.2337$$

将所得的结果代入 ① 式即得经验公式

$$y = 95.3524 + 2.2337x \qquad ③$$

所得经验公式能否较好地反映客观规律，还需通过实践来检验。由 ③ 式算出的函数值(称为拟合值)

$$\tilde{y}_i = 95.3524 + 2.2337x_i \quad (i = 1,2,\cdots,m)$$

与实测值之间有一定偏差。

表 3-2

i	1	2	3	4	5	6
x_i	36.9	46.7	63.7	77.8	84.0	87.5
$\tilde{y}_i$	177.78	199.67	237.64	269.13	282.98	290.80
y_i	181	197	235	270	283	292
$\delta_i = \tilde{y}_i - y_i$	−3.22	2.67	2.64	−0.87	−0.02	−1.20
δ_i^2	10.37	7.13	6.97	0.76	0.0004	1.44
$\sum \delta_i^2$	26.6704					

由表 3-2 可以看出，偏差的平方和 $\sum_{i=1}^{6} \delta_i^2 = 26.6704$，其平方根

(称为均方误差)$\sqrt{\sum \delta_i^2} = 5.164$ 在一定程度上反映了所得经验公式的好坏。同时,由表 3-2 还可以看出,最大偏差 $\max\limits_{1 \leqslant i \leqslant 6} |\delta_i| = 3.22$。如果认为这样的误差都允许的话,我们就可以用经验公式 ③ 来计算含铝量在36.9% ~ 87.5% 之间的熔解温度。否则,就要用改变函数类型或者增加实验数据等办法来建立新的经验公式。

例 2 在某化学反应里,测得生成物浓度 y(%) 与时间 t(min) 的数据见表 3-3,试用最小二乘法建立 t 与 y 之间的经验公式。

表 3-3

t	1	2	3	4	5	6	7	8
y	4.00	6.40	8.00	8.80	9.22	9.50	9.70	9.86
t	9	10	11	12	13	14	15	16
y	10.00	10.20	10.32	10.42	10.50	10.55	10.58	10.60

解 将已知数据点 $(t_i, y_i)(i = 1, 2, \cdots, 16)$ 描绘在坐标纸上,见图 3-2。由图 3-2 及问题的物理背景可以看出,拟合曲线 $y = \varphi(t)$ 应具有下列特点:

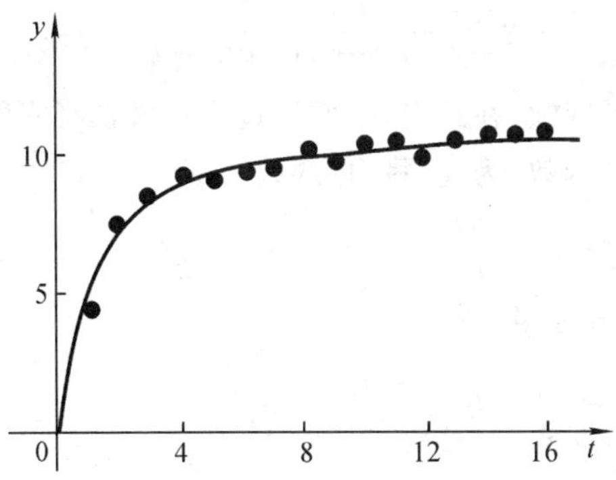

图 3-2

(1) 曲线随着 t 的增加而上升，但上升速度由快到慢。

(2) 当 $t=0$，反应尚未开始，即 $y=0$；当 $t\to\infty$ 时，y 趋于某一常数。故曲线应通过原点(或者当 $t\to 0$ 时以原点为极限点)，且有一水平渐近线。

具有上述特点的曲线很多。选用不同的数学模型，可以获得不同的拟合曲线与经验公式。

下面提供两种方案。

方案 1　设想 $y=\varphi(t)$ 是双曲线型的，并且具有下面的形式

$$y=\frac{t}{at+b} \qquad ①$$

此时，若直接按最小二乘原则去确定参数 a 和 b，则问题归结为求二元函数

$$S(a,b)=\sum_{i=1}^{16}\left(\frac{t_i}{at_i+b}-y_i\right)^2 \qquad ②$$

的极小点，这将导致求解非线性方程组

$$\begin{cases}\dfrac{\partial S}{\partial a}=-2\displaystyle\sum_{i=1}^{16}\frac{t_i^2}{(at_i+b)^2}\left(\frac{t_i}{at_i+b}-y_i\right)=0\\ \dfrac{\partial S}{\partial b}=-2\displaystyle\sum_{i=1}^{16}\frac{t_i}{(at_i+b)^2}\left(\frac{t_i}{at_i+b}-y_i\right)=0\end{cases}$$

给计算带来了麻烦。在这里，我们通过变量替换将它转化为关于待定参数的线性函数。为此，将 ① 式改写成

$$\frac{1}{y}=a+\frac{b}{t}$$

于是，若引入新变量

$$y^{(1)}=\frac{1}{y},\ t^{(1)}=\frac{1}{t}$$

则 ① 式就是

$$y^{(1)}=a+bt^{(1)}$$

同时，由题中所给数据表 3-3 可以算出新的数据表(为节约篇幅，

在表 3-4 中仅列出部分数据）。这样，问题就归结为：根据数据表 3-4，求形如 $y^{(1)}=a+bt^{(1)}$ 的最小二乘解。

表 3-4

i	1	2	3	…	16
$t_i^{(1)}=\dfrac{1}{t_i}$	1.00000	0.50000	0.33333	…	0.06250
$y_i^{(1)}=\dfrac{1}{y_i}$	0.25000	0.15625	0.12500	…	0.09434

参照例 1 的做法，解法方程组

$$\begin{bmatrix} 16 & \sum_{i=1}^{16} t_i^{(1)} \\ \sum_{i=1}^{16} t_i^{(1)} & \sum_{i=1}^{16} (t_i^{(1)})^2 \end{bmatrix} \begin{bmatrix} a \\ b \end{bmatrix} = \begin{bmatrix} \sum_{i=1}^{16} y_i^{(1)} \\ \sum_{i=1}^{16} t_i^{(1)} y_i^{(1)} \end{bmatrix}$$

即得

$$a=80.6621\ ,\ b=161.6822$$

代入 ① 式，得经验公式

$$y=\frac{t}{80.6621t+161.6822} \qquad ③$$

方案 2　设想 $y=\varphi(t)$ 具有指数形式

$$y=ae^{b/t}\quad (a>0,b<0) \qquad ④$$

为了在求取参数 a 和 b 时，避免求解一个非线性方程组，对上式两边取对数

$$\ln y=\ln a+\frac{b}{t}$$

此时若引入新变量

$$y^{(2)}=\ln y\ ,\ t^{(2)}=\frac{1}{t}$$

表 3-5

i	1	2	3	…	16
$t_i^{(2)} = \frac{1}{t_i}$	1.00000	0.50000	0.33333	…	0.06250
$y_i^{(2)} = \ln y_i$	1.38629	1.85630	2.07944	…	2.36085

并记 $A = \ln a, B = b$,则上式就是

$$y^{(2)} = A + Bt^{(2)}$$

又由数据表 3-3 可算出新的数据表 3-5。于是将问题归结为:根据数据表 3-5,求形如 $y^{(2)} = A + Bt^{(2)}$ 的最小二乘解。参照方案 1,写出相应的法方程组并解之,即得

$$A = -4.4807 \ , \ B = -1.0567$$

于是

$$a = e^A = 0.011325 \ , \ b = B = -1.0567$$

故得另一个经验公式

$$y = 0.011325e^{-\frac{1.0567}{t}} \qquad ⑤$$

我们把两个不同的经验公式 ③ 和 ⑤ 进行了比较(见表 3-6),从均方误差与最大偏差这两个不同的角度看,后者均优于前者。因此,在解决实际问题时,常常要经过反复分析,多次选择、计算与比较,才能获得较好的数学模型。

表 3-6

经验公式	均方误差	最大偏差
③ 式	1.19×10^{-3}	0.568×10^{-3}
⑤ 式	0.34×10^{-3}	0.277×10^{-3}

最后,我们以常用的多项式拟合为例,说明最小二乘法在电子

计算机上实现的步骤。

设有一组实验数据$(x_i, y_i)(i = 1, 2, \cdots, m)$，今要用最小二乘法求一个$n(n < m)$次多项式曲线

$$\varphi_n(x) = a_0 + a_1 x + \cdots + a_n x^n$$

来拟合这组数据。

显然，求$\varphi_n(x)$的实质就是要确定其系数$a_i(i = 0, 1, \cdots, n)$。由前面讨论知，问题可归结为建立和求解法方程组(3.3.3)。

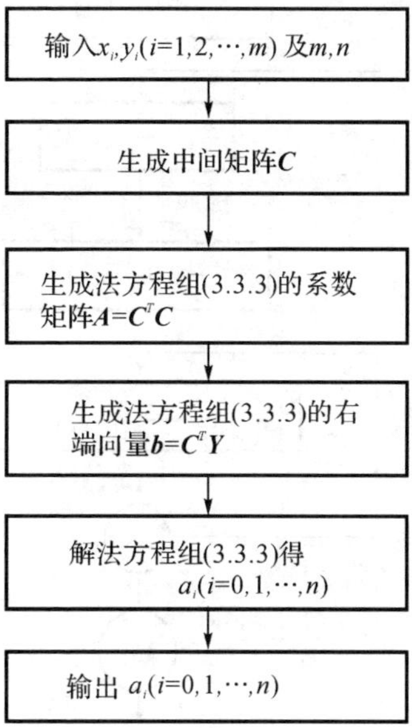

图 3-3

为了便于编制程序并减少计算工作量，引入矩阵

$$\boldsymbol{C} = \begin{bmatrix} 1 & x_1 & x_1^{\ 2} & \cdots & x_1^{\ n} \\ 1 & x_2 & x_2^{\ 2} & \cdots & x_2^{\ n} \\ \vdots & \vdots & \vdots & \cdots & \vdots \\ 1 & x_m & x_m^{\ 2} & \cdots & x_m^{\ n} \end{bmatrix}, \boldsymbol{Y} = \begin{bmatrix} y_1 \\ y_2 \\ \vdots \\ y_m \end{bmatrix}$$

则法方程组(3.3.3)的系数矩阵(用 $\boldsymbol{A}$ 表示)和右端向量(用 $\boldsymbol{b}$ 表示)分别为

$$\boldsymbol{A}=\boldsymbol{C}^T\boldsymbol{C}\ ,\ \boldsymbol{b}=\boldsymbol{C}^T\boldsymbol{Y}$$

相应的程序框图如图 3-3 所示,其中中间矩阵 $\boldsymbol{C}$ 的生成方法见框图 3-4。

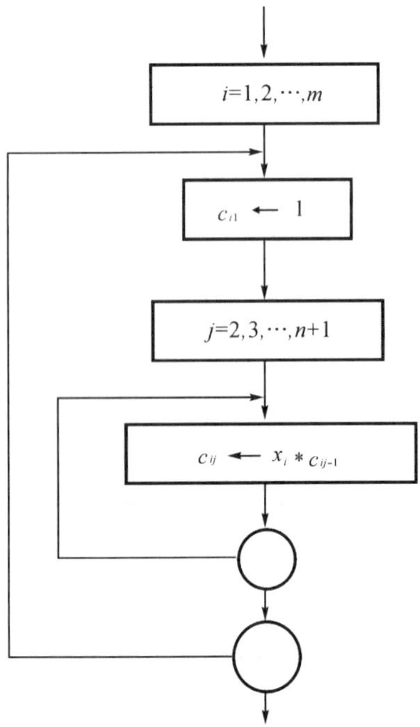

图 3-4

§4 加权最小二乘法

在实际问题中测得的所有实验数据,并不总是等精度、等地位的。显然,对于精度较高或地位较重要(这应根据具体情况来判定)

的那些数据(x_i,y_i)，应当给予较大的权。在这种情况下，求给定数据的拟合曲线，就要采用加权最小二乘法。

用加权最小二乘法进行曲线拟合的要求与原则是：对于给定的一组实验数据$(x_i,y_i)(i=1,2,\cdots,m)$，要求在某个函数类$\Phi=\{\varphi_0(x),\varphi_1(x),\cdots,\varphi_n(x)\}(n<m)$中，寻求一个函数

$$\varphi^*(x)=a_0^*\varphi_0(x)+a_1^*\varphi_1(x)+\cdots+a_n^*\varphi_n(x)$$

使

$$\sum_{i=1}^{m}W_i[\varphi^*(x_i)-y_i]^2=\min_{\varphi(x)\in\Phi}\sum_{i=1}^{m}W_i[\varphi(x_i)-y_i]^2$$

其中，$\varphi(x)=a_0\varphi_0(x)+a_1\varphi_1(x)+\cdots+a_n\varphi_n(x)$为函数类$\Phi$中任一函数；$W_i(i=1,2,\cdots,m)$是一列正数，称为权，它的大小反映了数据$(x_i,y_i)$地位的强弱。

显然，求$\varphi^*(x)$的问题可归结为求多元函数

$$S(a_0,a_1,\cdots,a_n)=\sum_{i=1}^{m}W_i\Big[\sum_{k=0}^{n}a_k\varphi_k(x_i)-y_i\Big]^2$$

的极小点$(a_0^*,a_1^*,\cdots,a_n^*)$。采用本章§3类似的方法，仍可得法方程组(3.3.2)，但其中

$$(\varphi_k,\varphi_j)=\sum_{i=1}^{m}W_i\varphi_k(x_i)\varphi_j(x_i)\quad(k,j=0,1,\cdots,n)$$

$$(\varphi_k,f)=\sum_{i=1}^{m}W_i\varphi_k(x_i)y_i\qquad(k=0,1,\cdots,n)$$

作为特例，如果选用的拟合曲线为

$$\varphi_n(x)=a_0+a_1x+\cdots+a_nx^n$$

那么，相应的法方程组为

$$\begin{bmatrix} \sum_{i=1}^{m} W_i & \sum_{i=1}^{m} W_i x_i & \cdots & \sum_{i=1}^{m} W_i x_i^n \\ \sum_{i=1}^{m} W_i x_i & \sum_{i=1}^{m} W_i x_i^2 & \cdots & \sum_{i=1}^{m} W_i x_i^{n+1} \\ \vdots & \vdots & \cdots & \vdots \\ \sum_{i=1}^{m} W_i x_i^n & \sum_{i=1}^{m} W_i x_i^{n+1} & \cdots & \sum_{i=1}^{m} W_i x_i^{2n} \end{bmatrix} \begin{bmatrix} a_0 \\ a_1 \\ \vdots \\ a_n \end{bmatrix} = \begin{bmatrix} \sum_{i=1}^{m} W_i y_i \\ \sum_{i=1}^{m} W_i x_i y_i \\ \vdots \\ \sum_{i=1}^{m} W_i x_i^n y_i \end{bmatrix} \tag{3.4.1}$$

例 3 已知一组实验数据(x_i, y_i)及权 W_i 如表 3-7 所示。若 x 与 y 之间有线性关系 $y = a + bx$，试用最小二乘法确定系数 a 和 b。

表 3-7

i	1	2	3	4
W_i	14	27	12	1
x_i	2	4	6	8
y_i	2	11	28	40

解 因为拟合曲线为一次多项式曲线(直线)$\varphi_1(x) = a + bx$，故相应的法方程组形如式(3.4.1)。将表中各已知数据代入即得法方程组

$$\begin{cases} 54a + 216b = 701 \\ 216a + 984b = 3580 \end{cases}$$

解之得

$$a = -12.885 \text{ , } b = 6.467$$

§5　利用正交函数作最小二乘拟合*

在前几节中，我们虽然从原则上解决了最小二乘意义下的曲线拟合问题，但在实际计算中，由于当 n 较大，例如当 $n \geqslant 7$ 时，法方程组往往是病态的，因而给求解工作带来了一定困难。近年来，产生了许多解决这一困难的新方法。本节将简要介绍利用正交函数作最小二乘拟合的基本原理，以及利用正交多项式作多项式拟合的一种行之有效的方法。

5.1　利用正交函数作最小二乘拟合的原理

对于点集 $\{x_i\}$ 和权 $\{W_i\}(i = 1,2,\cdots,m)$，若一组函数 $\varphi_0(x)$，$\varphi_1(x),\cdots,\varphi_n(x)\ (n < m)$ 满足条件

$$(\varphi_k,\varphi_j) = \sum_{i=1}^{m} W_i \varphi_k(x_i)\varphi_j(x_i) = \begin{cases} 0 & (k \neq j) \\ A_k > 0 & (k = j) \end{cases} \qquad (k,j = 0,1,\cdots,n) \tag{3.5.1}$$

则称 $\varphi_0(x),\varphi_1(x),\cdots,\varphi_n(x)$ 是关于点集 $\{x_i\}$ 带权 $\{W_i\}$ 的**正交函数族**。特别，当 $\varphi_k(x)(k = 0,1,\cdots,n)$ 都是多项式时，就称 $\varphi_0(x)$，$\varphi_1(x),\cdots,\varphi_n(x)$ 是关于点集 $\{x_i\}$ 带权 $\{W_i\}$ 的一组**正交多项式**。

如果在提到正交函数族或正交多项式时，没有提到权 W_i，就意味着权 $W_i \equiv 1(i = 1,2,\cdots,m)$。

容易看出，在前几节提到的最小二乘拟合问题中，若所考虑的函数类 $\Phi = \{\varphi_0(x),\varphi_1(x),\cdots,\varphi_n(x)\}$ 中的基函数 $\varphi_0(x),\varphi_1(x)$，$\cdots,\varphi_n(x)$ 是关于给定点集 $\{x_i\}$ 和权 $\{W_i\}(i = 1,2,\cdots,m)$ 的正交函数族，则由条件(3.5.1)式知，在法方程组(3.3.2)的系数矩阵

中，非对角线上元素$(\varphi_k,\varphi_j)=0(k\neq j)$，此时法方程组简化为

$$\begin{bmatrix}(\varphi_0,\varphi_0) & & & \\ & (\varphi_1,\varphi_1) & & \\ & & \ddots & \\ & & & (\varphi_n,\varphi_n)\end{bmatrix}\begin{bmatrix}a_0\\ a_1\\ \vdots\\ a_n\end{bmatrix}=\begin{bmatrix}(\varphi_0,f)\\ (\varphi_1,f)\\ \vdots\\ (\varphi_n,f)\end{bmatrix} \tag{3.5.2}$$

只要由此解出

$$a_k=a_k^* \qquad (k=0,1,\cdots,n)$$

就可得到最小二乘解

$$\varphi^*(x)=a_0^*\varphi_0(x)+a_1^*\varphi_1(x)+\cdots+a_n^*\varphi_n(x) \tag{3.5.3}$$

由条件(3.5.1)式知$(\varphi_k,\varphi_k)\neq 0(k=0,1,\cdots,n)$，故解方程组(3.5.2)是毫无困难的，且易看出

$$a_k^*=\frac{(\varphi_k,f)}{(\varphi_k,\varphi_k)}=\frac{\sum_{i=1}^{m}W_i\varphi_k(x_i)y_i}{\sum_{i=1}^{m}W_i[\varphi_k(x_i)]^2} \quad (k=0,1,\cdots,n) \tag{3.5.4}$$

这样，就避免了求解一个病态方程组。

5.2 利用正交多项式作多项式拟合

由上可见，若函数类Φ的基函数$\varphi_0(x),\varphi_1(x),\cdots,\varphi_n(x)$是关于给定点集$\{x_i\}$和权$\{W_i\}$的正交函数族，我们就可以直接由(3.5.4)式算出待定参数a_k^*，进而写出最小二乘解(3.5.3)式。因此，问题归结为对给定的函数类Φ，寻求一组由正交函数族组成的基函数的问题。

构造正交函数族的方法很多。下面，以多项式为例，介绍一种具体的做法。这种做法是以下述定理为基础的：

定理 2 对于给定的点集$\{x_i\}$和权$\{W_i\}(i=1,2,\cdots,m)$利用

递推公式

$$\begin{cases}\varphi_0(x) = 1 \\ \varphi_1(x) = x - a_1 \\ \varphi_{k+1}(x) = (x - a_{k+1})\varphi_k(x) - \beta_k\varphi_{k-1}(x)\end{cases} \tag{3.5.5}$$

$$a_{k+1} = \frac{\sum_{i=1}^{m} W_i x_i [\varphi_k(x_i)]^2}{\sum_{i=1}^{m} W_i [\varphi_k(x_i)]^2} \tag{3.5.6}$$

$$\beta_k = \frac{\sum_{i=1}^{m} W_i [\varphi_k(x_i)]^2}{\sum_{i=1}^{m} W_i [\varphi_{k-1}(x_i)]^2} \tag{3.5.7}$$

$$(k = 1,2,\cdots,n-1; n < m)$$

构造的函数族 $\varphi_0(x),\varphi_1(x),\cdots,\varphi_n(x)$ 是关于点集 $\{x_i\}$ 和权 $\{W_i\}$ 的一组正交多项式，且 $\varphi_k(x)(k = 1,2,\cdots,n)$ 是 k 次多项式，其最高次项 x^k 的系数为 1。

定理 2 容易用归纳法证明，此处从略。

例 4 已知一组实验数据如表 3-8 所示，试用最小二乘法求一二次拟合曲线。

表 3-8

i	1	2	3	4	5	6
x_i	0.0	0.9	1.9	3.0	3.9	5.0
y_i	0.0	10.0	30.0	50.0	80.0	110.0

解 我们采用边构造正交多项式 $\varphi_k(x)$ 边求最小二乘解系数 a_k^* 的顺序，来求拟合曲线。

由公式(3.5.5)及(3.5.4)立即可得

$$\varphi_0(x) = 1$$

$$a_0^* = \frac{\sum y_i}{6} = \frac{280}{6} = 46.667$$

由公式(3.5.6),(3.5.5)及(3.5.4)依次可得

$$a_1 = \frac{\sum x_i}{6} = \frac{14.7}{6} = 2.45$$

$$\varphi_1(x) = x - 2.45$$

$$a_1^* = \frac{\sum \varphi_1(x_i) y_i}{\sum [\varphi_1(x_i)]^2} = \frac{392}{17.615} = 22.254$$

由公式(3.5.6)、(3.5.7)、(3.5.5)及(3.5.4)依次可得

$$a_2 = \frac{\sum x_i [\varphi_1(x_i)]^2}{\sum [\varphi_1(x_i)]^2} = \frac{44.359}{17.615} = 2.5183$$

$$\beta_1 = \frac{\sum [\varphi_1(x_i)]^2}{\sum [\varphi_0(x_i)]^2} = \frac{17.615}{6} = 2.9358$$

$$\begin{aligned}\varphi_2(x) &= (x - 2.5183)(x - 2.45) - 2.9358 \\ &= x^2 - 4.9683x + 3.2340\end{aligned}$$

$$a_2^* = \frac{\sum \varphi_2(x_i) y_i}{\sum [\varphi_2(x_i)]^2} = \frac{82.8926}{36.8916} = 2.247$$

故所求拟合曲线为

$$\begin{aligned}y &= a_0^* \varphi_0(x) + a_1^* \varphi_1(x) + a_2^* \varphi_2(x) \\ &= 2.247x^2 + 11.09x - 0.5888\end{aligned}$$

小　　结

本章介绍了曲线拟合的最小二乘法的基本原理、具体做法以及处理实际问题时的一些技巧。最小二乘法在实际中有着广泛的

应用,内容也是十分丰富的。在本书中,只着重讨论了线性最小二乘问题。同时,在 n 较大、法方程组病态的情况下,也只简要介绍了利用正交函数作最小二乘拟合的原理及其在多项式拟合中的一种应用。需要进一步了解和研究的读者,可查阅参考文献[1],[2]。

习　题　三

1. 已知一组实验数据如下:

x	2	4	6	8
y	2	11	28	40

试用最小二乘法求一次和二次拟合多项式,并分别算出均方误差与最大偏差。

2. 用最小二乘法求一形如 $W=Ct^{\lambda}$ 的经验公式(其中 C 和 λ 为待定数),使与下列数据相拟合。

t_i	1	2	4	8	16	32	64
W_i	4.22	4.02	3.85	3.59	3.44	3.02	2.59

3. 用最小二乘法求一形如 $y=a+bx^2$ 的多项式,使与下列数据相拟合。

x_i	19	25	31	38	44
y_i	19.0	32.3	49.0	73.3	97.8

第四章　数值积分

§1　引　　言

1.1　讨论数值求积的必要性

在高等数学中，曾用牛顿—莱布尼兹(Newton-Leibniz)公式

$$\int_a^b f(x)\mathrm{d}x = F(x)\Big|_a^b = F(b) - F(a)$$

(其中，$F(x)$是$f(x)$的一个原函数)来计算定积分。但是，在工程技术和科学研究中，常常遇到如下情况：

(1) $f(x)$的结构复杂，求原函数困难。

(2) $f(x)$的原函数不能用初等函数表示。

(3) $f(x)$的精确表达式不知道，只给出了一张由实验提供的函数表。

对于这些情况，要计算积分的准确值都是十分困难的，这就要求建立积分的近似计算方法。此外，积分的近似算法又为其他一些数值方法，例如微分方程数值解、积分方程数值解等，提供了必要的基础。

1.2　构造数值求积公式的基本方法

我们可以从不同角度出发通过各种途径来构造数值求积公式。但常用的一个方法是，利用插值多项式来构造数值求积公式。具体做法如下：

在积分区间$[a,b]$上取一组点

$$a \leqslant x_0 < x_1 < \cdots < x_n \leqslant b$$

作 $f(x)$ 的 n 次插值多项式

$$L_n(x) = \sum_{k=0}^{n} f(x_k) l_k(x)$$

其中,$l_k(x)(k = 0,1,\cdots,n)$ 为 n 次插值基函数。用 $L_n(x)$ 近似代替被积函数 $f(x)$,则得

$$\int_a^b f(x)\mathrm{d}x \approx \int_a^b L_n(x)\mathrm{d}x = \sum_{k=0}^{n} f(x_k) \int_a^b l_k(x)\mathrm{d}x \tag{4.1.1}$$

若记

$$\begin{aligned} A_k &= \int_a^b l_k(x)\mathrm{d}x \\ &= \int_a^b \frac{(x - x_0)\cdots(x - x_{k-1})(x - x_{k+1})\cdots(x - x_n)}{(x_k - x_0)\cdots(x_k - x_{k-1})(x_k - x_{k+1})\cdots(x_k - x_n)}\mathrm{d}x \end{aligned} \tag{4.1.2}$$

则得数值求积公式

$$\int_a^b f(x)\mathrm{d}x \approx \sum_{k=0}^{n} A_k f(x_k) \tag{4.1.3}$$

形如式(4.1.3) 的求积公式称为**机械求积公式**,其中 x_k 称为**求积节点**,A_k 称为**求积系数**。若求积公式(4.1.3) 中的求积系数 A_k 是由式(4.1.2) 确定的,则称该求积公式为**插值型求积公式**。

本章主要讨论插值型求积公式。

1.3 求积公式的余项

积分的真值 $\int_a^b f(x)\mathrm{d}x$ 与由某求积公式给出的近似值之差,称为该求积公式的**余项**,记作 $R[f]$。例如,求积公式(4.1.3) 的余项为

$$R[f] = \int_a^b f(x)\mathrm{d}x - \sum_{k=0}^{n} A_k f(x_k)$$

如果求积公式(4.1.3) 是插值型,则由上式可知

$$R[f] = \int_a^b f(x)\mathrm{d}x - \int_a^b L_n(x)\mathrm{d}x$$
$$= \int_a^b [f(x) - L_n(x)]\mathrm{d}x$$

于是，由插值余项公式（见第二章式(2.2.9)）得

$$R[f] = \int_a^b \frac{f^{(n+1)}(\xi)}{(n+1)!}\omega_{n+1}(x)\mathrm{d}x \tag{4.1.4}$$

其中，$\omega_{n+1}(x) = (x - x_0)(x - x_1)\cdots(x - x_n)$，$\xi \in (a,b)$。

1.4 求积公式的代数精度*

为了使一个求积公式能对更多的积分具有较好的实际计算意义，就应该要求它对尽可能多的被积函数 $f(x)$ 都准确地成立。在计算方法中，常用代数精度这个概念来描述它。

定义 1 若求积公式

$$\int_a^b f(x)\mathrm{d}x \approx \sum_{k=0}^{n} A_k f(x_k)$$

对任意不高于 m 次的代数多项式都准确地成立，而对于 x^{m+1} 却不能准确地成立，则称该求积公式的代数精度为 m。

例如，读者熟知的梯形公式（在几何上，就是用梯形面积近似代替曲边梯形面积，见图 4-1）

$$\int_a^b f(x)\mathrm{d}x \approx \frac{b-a}{2}[f(a) + f(b)] \tag{4.1.5}$$

的代数精度 $m = 1$。

事实上，当 $f(x) = 1$ 时，在式(4.1.5)中：

$$左端 = \int_a^b 1\mathrm{d}x = b - a$$

$$右端 = \frac{b-a}{2}[1 + 1] = b - a$$

$$左端 = 右端$$

这表明求积公式(4.1.5)对 $f(x) = 1$ 是准确成立的。

当 $f(x) = x$ 时，在式(4.1.5)中：

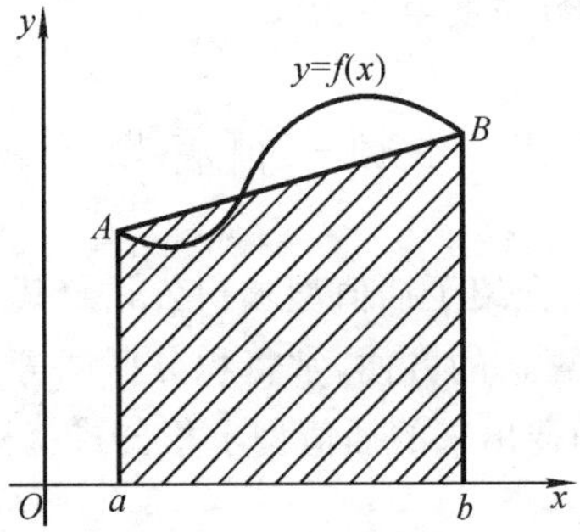

图 4-1

$$左端 = \int_a^b x\mathrm{d}x = \frac{1}{2}(b^2 - a^2)$$

$$右端 = \frac{b-a}{2}[a+b] = \frac{1}{2}(b^2 - a^2)$$

$$左端 = 右端$$

这表明求积公式(4.1.5)对 $f(x) = x$ 也是准确成立的。

综上所述，容易看出求积公式(4.1.5)对函数 $f(x) = 1$ 和 x 的任一线性组合——不高于一次的代数多项式都准确成立，故公式(4.1.5)的代数精度 m 至少等于1。但是，当 $f(x) = x^2$ 时，即有

$$左端 = \int_a^b x^2\mathrm{d}x = \frac{1}{3}(b^3 - a^3)$$

$$右端 = \frac{b-a}{2}[a^2 + b^2]$$

$$左端 \neq 右端 \qquad (设\ a \neq b)$$

故由定义知，梯形公式(4.1.5)的代数精度 $m = 1$。

显然，一个求积公式的代数精度越高，它就越能对更多的被积函数 $f(x)$ 准确(或较准确)地成立，从而具有更好的实际计算意义。

由插值型求积公式的余项式(4.1.4)易得：

定理 1　含有 $n+1$ 个节点 $x_k(k = 0,1,\cdots,n)$ 的插值型求积

公式(4.1.3)的代数精度至少为 n。

§2 牛顿—柯特斯公式

在§1中,我们介绍了插值型求积公式及其构造方法。在实际应用时,考虑到计算上的方便,常将积分区间等分之,并取分点为求积节点。这样构造出来的插值型求积公式就称为**牛顿—柯特斯**(Newton-Cotes)**公式**。

本节在介绍一般牛顿—柯特斯公式的基础上,介绍几个常用的牛顿—柯特斯公式以及这些公式在实际计算时的用法。

2.1 牛顿—柯特斯公式

若将积分区间 $[a,b]$ n 等分,取分点

$$x_k = a + kh \quad \left(h = \frac{b-a}{n};k = 0,1,\cdots,n\right)$$

作为求积节点,并作变量替换 $x = a + th$,那么插值型求积公式(4.1.3)的系数由式(4.1.2)可得

$$\begin{aligned} A_k &= h\int_0^n \frac{t(t-1)\cdots(t-k+1)(t-k-1)\cdots(t-n)}{k!\cdot(-1)^{n-k}\cdot(n-k)!}\mathrm{d}t \\ &= \frac{b-a}{n}\cdot\frac{(-1)^{n-k}}{k!\cdot(n-k)!}\int_0^n t(t-1)\cdots(t-k+1) \\ &\quad \cdot(t-k-1)\cdots(t-n)\mathrm{d}t \end{aligned}$$

记

$$\begin{aligned} C_k^{(n)} = &\frac{(-1)^{n-k}}{n\cdot k!(n-k)!}\int_0^n t(t-1)\cdots(t-k+1)(t-k-1) \\ &\cdot\cdots(t-n)\mathrm{d}t \qquad (k = 0,1,\cdots,n) \end{aligned} \tag{4.2.1}$$

则

$$A_k = (b-a)C_k^{(n)}$$

于是，由式(4.1.3)就可写出相应的插值型求积公式

$$\int_a^b f(x)\mathrm{d}x \approx (b-a)\sum_{k=0}^{n} C_k^{(n)} f(x_k) \tag{4.2.2}$$

这就是一般的牛顿—柯特斯公式，其中 $C_k^{(n)}$ 称为**柯特斯系数**。

从柯特斯系数的算式(4.2.1)可以看出，其值与积分区间 $[a,b]$ 及被积函数 $f(x)$ 都无关，只要给出了积分区间的等分数 n，就能按式(4.2.1)毫无困难地算出 $C_0^{(n)}, C_1^{(n)}, \cdots, C_n^{(n)}$。例如，当 $n=1$ 时有

$$C_0^{(1)} = -\int_0^1 (t-1)\mathrm{d}t = \frac{1}{2}$$

$$C_1^{(1)} = \int_0^1 t\mathrm{d}t = \frac{1}{2}$$

当 $n=2$ 时有

$$C_0^{(2)} = \frac{1}{4}\int_0^2 (t-1)(t-2)\mathrm{d}t = \frac{1}{6}$$

$$C_1^{(2)} = -\frac{1}{2}\int_0^2 t(t-2)\mathrm{d}t = \frac{4}{6}$$

$$C_2^{(2)} = \frac{1}{4}\int_0^2 t(t-1)\mathrm{d}t = \frac{1}{6}$$

$$\vdots$$

为了便于应用，我们将部分柯特斯系数列在表 4-1 中。

利用这张柯特斯系数表，由(4.2.2)可以直接写出当 $n=1, 2, \cdots, 6$ 时的牛顿—柯特斯公式。例如，当 $n=1$ 时有两点公式

$$\int_a^b f(x)\mathrm{d}x \approx \frac{b-a}{2}[f(a)+f(b)] \tag{4.2.3}$$

当 $n=2$ 时有三点公式

$$\int_a^b f(x)\mathrm{d}x \approx \frac{b-a}{6}\left[f(a)+4f\left(\frac{a+b}{2}\right)+f(b)\right] \tag{4.2.4}$$

表 4-1

n	$C_0^{(n)}$	$C_1^{(n)}$	$C_2^{(n)}$	$C_3^{(n)}$	$C_4^{(n)}$	$C_5^{(n)}$	$C_6^{(n)}$
1	$\frac{1}{2}$	$\frac{1}{2}$					
2	$\frac{1}{6}$	$\frac{4}{6}$	$\frac{1}{6}$				
3	$\frac{1}{8}$	$\frac{3}{8}$	$\frac{3}{8}$	$\frac{1}{8}$			
4	$\frac{7}{90}$	$\frac{16}{45}$	$\frac{2}{15}$	$\frac{16}{45}$	$\frac{7}{90}$		
5	$\frac{19}{288}$	$\frac{25}{96}$	$\frac{25}{144}$	$\frac{25}{144}$	$\frac{25}{96}$	$\frac{19}{288}$	
6	$\frac{41}{840}$	$\frac{9}{35}$	$\frac{9}{280}$	$\frac{34}{105}$	$\frac{9}{280}$	$\frac{9}{35}$	$\frac{41}{840}$

当 $n=4$ 时有五点公式

$$\int_a^b f(x)\mathrm{d}x \approx \frac{b-a}{90}[7f(x_0)+32f(x_1)+12f(x_2) + 32f(x_3)+7f(x_4)] \tag{4.2.5}$$

其中，$x_k = a + k \cdot \frac{b-a}{4} \quad (k=0,1,2,3,4)$。

求积公式(4.2.3)就是梯形公式。

求积公式(4.2.4)称为**辛普生**(Simposn)**公式**。其几何意义就是用通过 A,B,C 三点的抛物线 $y=L_2(x)$ 围成的曲边梯形面积近似地代替原曲边梯形面积(见图 4-2)。因此，求积公式(4.2.4)又名抛物线公式。

求积公式(4.2.5)称为**柯特斯公式**。

梯形公式、辛普生公式和柯特斯公式，是三个最基本、最常用的等距节点下的求积公式。下述定理给出了这些求积公式的余项：

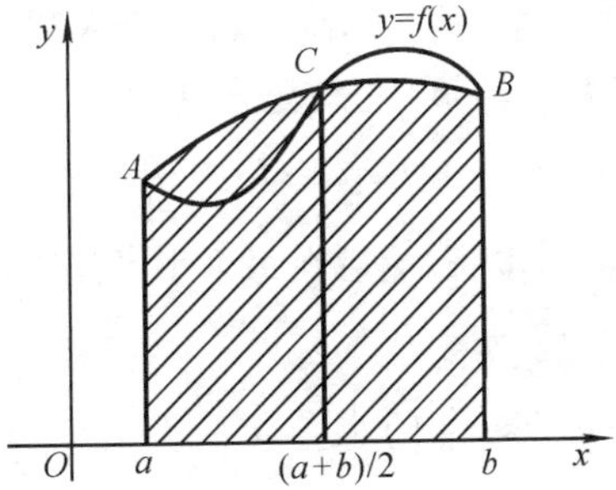

图 4-2

定理 2　若 $f''(x)$ 在$[a,b]$上连续，则梯形公式(4.2.3)的余项为

$$R_1[f] = -\frac{(b-a)^3}{12}f''(\xi) \tag{4.2.6}$$

若 $f^{(4)}(x)$ 在$[a,b]$上连续，则辛普生公式(4.2.4)的余项为

$$R_2[f] = \frac{1}{90}\left(\frac{b-a}{2}\right)^5 f^{(4)}(\xi) \tag{4.2.7}$$

若 $f^{(6)}(x)$ 在$[a,b]$上连续，则柯特斯公式(4.2.5)的余项为

$$R_4[f] = -\frac{8}{945}\left(\frac{b-a}{4}\right)^7 f^{(6)}(\xi) \tag{4.2.8}$$

其中，$\xi \in [a,b]$。

定理 2 的证明从略。

2.2　复合牛顿—柯特斯公式

容易看出，当积分区间$[a,b]$较大时，直接使用牛顿—柯特斯公式所得积分近似值的精度是很难得到保证的。因此，在实际应用中，为了既能提高结果的精度，又使算法简便且易在电子计算机上实现，往往采用复合求积的方法。

所谓复合求积，就是先将积分区间分成几个小区间，并在每个小区间上用低阶牛顿—柯特斯公式计算积分的近似值，然后对这些近似值求和，从而得到所求积分的近似值。由此得到的一些具有更大实用价值的数值求积公式，统称为**复合求积公式**。

例如，先将区间$[a,b]n$等分，记分点为

$$x_k = a + kh \qquad (k = 0,1,\cdots,n)$$

其中，$h = \dfrac{b-a}{n}$称为**步长**。然后在每个小区间$[x_{k-1},x_k]$上应用梯形公式(4.2.3)，即

$$\int_{x_{k-1}}^{x_k} f(x)\mathrm{d}x \approx \frac{h}{2}[f(x_{k-1}) + f(x_k)] \qquad (k = 1,2,\cdots,n)$$

就可导出复合梯形公式

$$\begin{aligned}\int_a^b f(x)\mathrm{d}x &= \sum_{k=1}^{n}\int_{x_{k-1}}^{x_k} f(x)\mathrm{d}x \\ &\approx \frac{h}{2}\sum_{k=1}^{n}[f(x_{k-1}) + f(x_k)]\end{aligned}$$

若将所得积分近似值记为T_n，并注意到$x_0 = a, x_n = b$，则上式即

$$\int_a^b f(x)\mathrm{d}x \approx T_n = \frac{h}{2}\left[f(a) + 2\sum_{k=1}^{n-1} f(x_k) + f(b)\right] \tag{4.2.9}$$

仿上，可得复合辛普生公式

$$\begin{aligned}\int_a^b f(x)\mathrm{d}x \approx S_n = \frac{h}{6}\Big[&f(a) + 4\sum_{k=0}^{n-1} f(x_{k+\frac{1}{2}}) \\ &+ 2\sum_{k=1}^{n-1} f(x_k) + f(b)\Big]\end{aligned} \tag{4.2.10}$$

和复合柯特斯公式

$$\begin{aligned}\int_a^b f(x)\mathrm{d}x \approx C_n = \frac{h}{90}\Big[&7f(a) + 32\sum_{k=0}^{n-1} f(x_{k+\frac{1}{4}}) \\ &+12\sum_{k=0}^{n-1} f(x_{k+\frac{1}{2}}) + 32\sum_{k=0}^{n-1} f(x_{k+\frac{3}{4}})\end{aligned}$$

$$+14\sum_{k=1}^{n-1}f(x_k)+7f(b)]$$

(4.2.11)

在式(4.2.10)和式(4.2.11)中：

$$x_{k+\frac{1}{4}}=x_k+\frac{1}{4}h$$

$$x_{k+\frac{1}{2}}=x_k+\frac{1}{2}h$$

$$x_{k+\frac{3}{4}}=x_k+\frac{3}{4}h$$

定理 3 若 $f(x)$ 在积分区间$[a,b]$上分别具有二阶、四阶和六阶连续导数，则复合求积公式(4.2.9)、(4.2.10)和(4.2.11)的余项分别为

$$\int_a^b f(x)\mathrm{d}x-T_n=-\frac{b-a}{12}h^2f''(\xi) \tag{4.2.12}$$

$$\int_a^b f(x)\mathrm{d}x-S_n=-\frac{b-a}{180}\left(\frac{h}{2}\right)^4f^{(4)}(\xi) \tag{4.2.13}$$

$$\int_a^b f(x)\mathrm{d}x-C_n=-\frac{2(b-a)}{945}\left(\frac{h}{4}\right)^6f^{(6)}(\xi) \tag{4.2.14}$$

其中，$\xi\in[a,b]$，且当 h 充分小时，又有

$$\int_a^b f(x)\mathrm{d}x-T_n\approx-\frac{1}{12}h^2[f'(b)-f'(a)] \tag{4.2.15}$$

$$\int_a^b f(x)\mathrm{d}x-S_n\approx-\frac{1}{180}\left(\frac{h}{2}\right)^4[f'''(b)-f'''(a)] \tag{4.2.16}$$

$$\int_a^b f(x)\mathrm{d}x-C_n\approx-\frac{2}{945}\left(\frac{h}{4}\right)^6[f^{(5)}(b)-f^{(5)}(a)] \tag{4.2.17}$$

证明 我们只对复合梯形公式(4.2.9)证明余项公式(4.2.12)和(4.2.15)，其余留给读者自己完成。

先证式(4.2.12)。由于 $f''(x)$ 在$[a,b]$上连续，故由定理 2 知，对每个小区间上积分$\int_{x_{k-1}}^{x_k}f(x)\mathrm{d}x$ 使用梯形公式时，所得近似值的

误差为 $-\frac{1}{12}h^3 f''(\xi_k)(\xi_k \in [x_{k-1}, x_k])$，故

$$\int_a^b f(x)\mathrm{d}x - T_n = -\frac{1}{12}h^3[f''(\xi_1) + f''(\xi_2) + \cdots + f''(\xi_n)] \tag{4.2.18}$$

即

$$\int_a^b f(x)\mathrm{d}x - T_n = -\frac{b-a}{12}h^2 \frac{1}{n}[f''(\xi_1) + f''(\xi_2) + \cdots + f''(\xi_n)]$$

因为

$$\min_{x\in[a,b]} f''(x) \leqslant \frac{1}{n}[f''(\xi_1) + f''(\xi_2) + \cdots + f''(\xi_n)] \leqslant \max_{x\in[a,b]} f''(x)$$

由中值定理知，在 $[a,b]$ 中必有点 ξ，使

$$f''(\xi) = \frac{1}{n}[f''(\xi_1) + f''(\xi_2) + \cdots + f''(\xi_n)]$$

故余项公式(4.2.12)成立。

再证式(4.2.15)。由式(4.2.18)和定积分的定义，有

$$\lim_{h\to 0}\frac{\int_a^b f(x)\mathrm{d}x - T_n}{h^2} = \lim_{h\to 0}\left(-\frac{1}{12}\sum_{k=1}^{n} f''(\xi_k)h\right) = \frac{1}{12}\int_a^b f''(x)\mathrm{d}x = -\frac{1}{12}[f'(b) - f'(a)] \tag{4.2.19}$$

故当 h 充分小时，式(4.2.15)成立。

由余项公式(4.2.12)～(4.2.17)可以看出，只要所涉及的各阶导数在积分区间 $[a,b]$ 上连续，则当 $n\to\infty$（即 $h\to 0$）时，T_n，S_n 和 C_n 都收敛于积分真值 $\int_a^b f(x)\mathrm{d}x$，而且收敛速度一个比一个快。

定义 2 对于复合求积公式 $\int_a^b f(x)\mathrm{d}x \approx I_n$，若当 $h\to 0$ 时有

$$\frac{\int_a^b f(x)\mathrm{d}x - I_n}{h^p} \to c(c \neq 0)$$

则称 I_n 是 **p 阶收敛的**。

定理 4 复合求积公式(4.2.9)、(4.2.10) 和(4.2.11) 分别具有二阶、四阶和六阶收敛性。

证明 根据收敛的定义，由式(4.2.19) 立即可以看出，复合梯形公式(4.2.9) 具有二阶收敛性。

按同样的思路，可以证明复合辛普生公式(4.2.10) 和复合柯特斯公式(4.2.11) 分别具有四阶和六阶收敛性。具体证明过程也留给读者自己完成。

对于一个数值求积公式来说，收敛阶越高，近似值 I_n 收敛到真值 $\int_a^b f(x)\mathrm{d}x$ 的速度就越快，在相近的计算工作量下(顺便提一下，数值求积计算工作量的大小，主要看计算函数值次数的多少)，有可能获得较精确的近似值。

例 1 利用复合牛顿 — 柯特斯公式，计算

$$\pi = \int_0^1 \frac{4}{1+x^2}\mathrm{d}x$$

的近似值。

解 我们用两种方法进行计算。

先将积分区间[0,1] 八等分(分点及分点处的函数值见表 4-2)，用复合梯形公式得

$$\begin{aligned}\pi \approx T_8 &= \frac{1}{16}\left\{f(0) + 2\left[f\left(\frac{1}{8}\right) + f\left(\frac{1}{4}\right) + f\left(\frac{3}{8}\right)\right.\right. \\ &\quad + f\left(\frac{1}{2}\right) + f\left(\frac{5}{8}\right) + f\left(\frac{3}{4}\right) \\ &\quad \left.\left. + f\left(\frac{7}{8}\right)\right] + f(1)\right\} \\ &= 3.138988\end{aligned}$$

表 4-2

x	$f(x)=\dfrac{4}{1+x^2}$	x	$f(x)=\dfrac{4}{1+x^2}$
0	4.00000000	5/8	2.87640449
1/8	3.93846154	3/8	2.56000000
1/4	3.76470588	7/8	2.26548673
3/8	3.50684932	1	2.00000000
1/2	3.2000000		

再将积分区间[0,1]四等分,用复合辛普生公式得

$$\begin{aligned}\pi &\approx S_4 \\ &= \frac{1}{4\times 6}\left\{f(0)+4\left[f\left(\frac{1}{8}\right)+f\left(\frac{3}{8}\right)+f\left(\frac{5}{8}\right)\right.\right. \\ &\qquad \left.+f\left(\frac{7}{8}\right)\right]+2\left[f\left(\frac{1}{4}\right)+f\left(\frac{1}{2}\right)\right. \\ &\qquad \left.\left.+f\left(\frac{3}{4}\right)\right]+f(1)\right\} \\ &= 3.141593\end{aligned}$$

两种方法都用到表 4-2 中九个点上的函数值,它们的计算工作量基本上相同,但所得结果与积分真值 $\pi=3.14159265\cdots$ 相比较,复合辛普生公式所得近似值 S_4 远比复合梯形公式所得近似值 T_8 要精确。因此,在实际计算时,较多地应用复合辛普生公式。

为了便于上机计算,常将复合辛普生公式(4.2.10)改写成

$$\begin{aligned}\int_a^b f(x)\mathrm{d}x &\approx S_n \\ &= \frac{h}{6}\left\{f(a)-f(b)+2\sum_{k=1}^{n}\left[2f(x_{k-\frac{1}{2}})+f(x_k)\right]\right\}\end{aligned}$$

相应的程序框图见图 4-3。

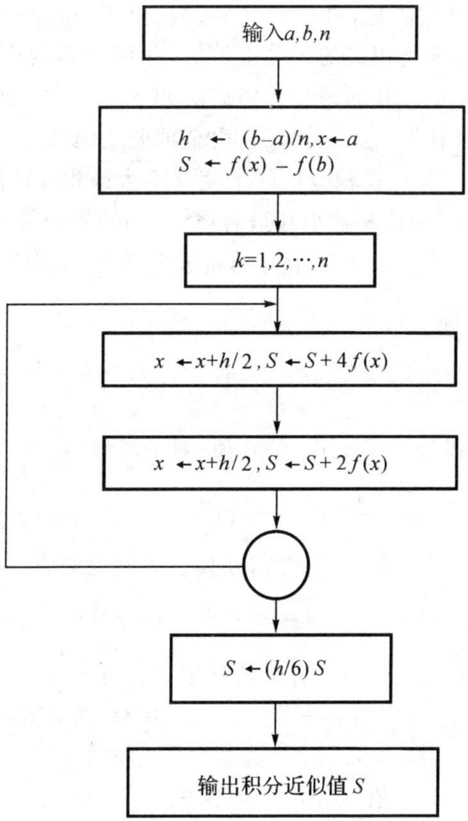

图 4-3

2.3　误差的事后估计与步长的自动选择

我们虽然可以用余项公式(4.2.12)～(4.2.17)来估计近似值的误差,也可根据精度要求用这些公式来确定积分区间的等分数,即确定步长 h。但是,由于余项公式中包含有被积函数 $f(x)$的高阶导数,在具体计算时往往会遇到困难。因此,在实际应用时,常常利用误差的事后估计法来估计近似值的误差,或者确定步长 h。这个方法的大致做法是，将积分区间逐次分半，每分一次就用同一复合求积公式算出相应的积分近似值，并用前后两次计算结果来判断误差的大小。其原理和具体做法如下：

对于复合梯形公式(4.2.9)，由余项公式(4.2.12)或(4.2.15)可以看出，当 $f''(x)$ 在积分区间上变化不大或积分区间 $[a,b]$ 的等分数 n 较大(即步长 h 较小)时，若将 $[a,b]$ 的等分数改为 $2n$(即将步长缩小到原步长 h 的一半)，则新近似值 T_{2n} 的余项约为原近似值余项的 $\frac{1}{4}$，即

$$\frac{I - T_{2n}}{I - T_n} \approx \frac{1}{4}$$

其中，I 表示积分 $\int_a^b f(x)\mathrm{d}x$ 的真值。对 I 求解得

$$I \approx T_{2n} + \frac{1}{3}(T_{2n} - T_n) \tag{4.2.20}$$

此式表明，若用 T_{2n} 作为积分真值 I 的近似值，则其误差约为 $\frac{1}{3}(T_{2n} - T_n)$。故在将区间逐次分半进行计算的过程中，可以用前后两次计算的结果 T_n 和 T_{2n} 来估计误差与确定步长。具体做法是：先算出 T_n 和 T_{2n}，若 $|T_{2n} - T_n| < \varepsilon = 3\varepsilon'$ (ε' 为计算结果的允许误差)，则停止计算，并取 T_{2n} 作为积分的近似值；否则，将区间再次分半后算出新近似值 T_{4n}，并检查不等式 $|T_{4n} - T_{2n}| < \varepsilon$ 是否成立…… 直到得到满足精度要求的结果为止。

对于复合辛普生公式(4.2.10)和复合柯特斯公式(4.2.11)，当所涉及的高阶导数在积分区间上变化不大或积分区间的等分数 n 较大时，由相应的余项公式可以看出

$$\frac{I - S_{2n}}{I - S_n} \approx \frac{1}{16} \quad 和 \quad \frac{I - C_{2n}}{I - C_n} \approx \frac{1}{64}$$

分别对 I 求解得

$$I \approx S_{2n} + \frac{1}{15}(S_{2n} - S_n) \tag{4.2.21}$$

$$I \approx C_{2n} + \frac{1}{63}(C_{2n} - C_n) \tag{4.2.22}$$

因此,也可以像使用复合梯形法求积分近似值那样,在将积分区间逐次分半进行计算的过程中,估计新近似值S_{2n}和C_{2n}的误差,并判断计算过程是否需要继续进行下去。

上述过程容易在电子计算机上实现。

2.4 复合梯形法的递推算式

上面介绍的变步长的计算方案,虽然提供了估计误差与选取步长的简便方法,但是还没有考虑到避免在同一节点上重复计算函数值的问题,故有进一步改进的余地。

先看复合梯形公式。在利用式(4.2.9)计算T_n时,需要计算$n+1$个点(它们是积分区间$[a,b]$ n等分的分点,不妨简称为"n分点")上的函数值。当T_n不满足精度要求时,根据上面提供的计算方案,就应将各小区间分半,计算出新近似值T_{2n}。若仍旧利用式(4.2.9)进行计算T_{2n},就需要求出$2n+1$个点(它们是"$2n$分点")上的函数值。而实际上,在这$2n+1$个$2n$分点中,包含有$n+1$个n分点,对应的函数值在计算T_n时早已算出,现在重新计算这些点上的函数值,显然是极不合理的。

为了避免这种重复计算,我们来分析新近似值T_{2n}与原有近似值T_n之间的联系。

由复合梯形公式(4.2.9)知

$$T_{2n} = \frac{b-a}{4n}\left[f(a) + 2\sum_{k=1}^{2n-1} f\left(a + k\frac{b-a}{2n}\right) + f(b)\right]$$

若注意到在$2n$分点

$$x_k = a + k\frac{b-a}{2n} \quad (k = 1,2,\cdots,2n-1)$$

中,当k取偶数时是n分点,当k取奇数时才是新增加的分点,将新增加的分点处的函数值从求和记号中分离出来,就有

$$
\begin{aligned}
T_{2n} &= \frac{b-a}{4n}\left\{f(a) + 2\sum_{k=1}^{n-1} f\left(a + 2k\frac{b-a}{2n}\right)\right. \\
&\quad \left. + 2\sum_{k=1}^{n} f\left[a + (2k-1)\frac{b-a}{2n}\right] + f(b)\right\} \\
&= \frac{b-a}{4n}\left[f(a) + 2\sum_{k=1}^{n-1} f\left(a + k\frac{b-a}{n}\right) + f(b)\right] \\
&\quad + \frac{b-a}{2n}\sum_{k=1}^{n} f\left[a + (2k-1)\frac{b-a}{2n}\right]
\end{aligned}
$$

即

$$
T_{2n} = \frac{1}{2}T_n + \frac{b-a}{2n}\sum_{k=1}^{n} f\left[a + (2k-1)\frac{b-a}{2n}\right] \tag{4.2.23}
$$

由递推公式(4.2.23)可以看出，在已经算出 T_n 的基础上再计算 T_{2n} 时，只要计算 n 个新分点上的函数值就行了。与直接利用复合梯形公式(4.2.9)求 T_{2n} 相比较，计算工作量几乎节省了一半。

例 2 利用递推公式(4.2.23)重新计算 $\pi = \int_0^1 \frac{4}{1+x^2}\mathrm{d}x$ 的近似值，使误差不超过 10^{-6}。

解 我们在积分区间逐次分半的过程中顺次计算积分近似值 $T_1, T_2, T_4, \cdots$，并用是否满足不等式 $|T_{2n} - T_n| < 3\varepsilon'$（$\varepsilon'$ 为计算结果的允许误差，根据题意 $\varepsilon' = 10^{-6}$）来判断计算过程是否需要继续下去。

先对整个区间[0,1]使用梯形公式(4.2.3)，得

$$
T_1 = \frac{1}{2}[f(0) + f(1)] = \frac{1}{2}(4+2) = 3
$$

然后将区间二等分，出现的新分点是 $x = \frac{1}{2}$，由递推公式(4.2.23)得

$$T_2 = \frac{1}{2}T_1 + \frac{1}{2}f\left(\frac{1}{2}\right) = 3.1$$

再将各小区间二等分，出现了两个新分点 $x = \frac{1}{4}$ 与 $x = \frac{3}{4}$，由递推公式(4.2.23)得

$$T_4 = \frac{1}{2}T_2 + \frac{1}{4}\left[f\left(\frac{1}{4}\right) + f\left(\frac{3}{4}\right)\right] = 3.13117647$$

这样，不断将各小区间二分下去，可利用递推公式(4.2.23)依次算出 $T_8, T_{16}, \cdots$。计算结果见表 4-3。因为 $|T_{512} - T_{256}| < 3\varepsilon'$，故 $T_{512} = 3.14159202$ 为满足精度要求的近似值。

表 4-3

n	T_n	n	T_n
1	3	32	3.14142989
2	3.1	64	3.14155196
4	3.13117647	128	3.14158248
8	3.13898849	256	3.14159011
16	3.14094161	512	3.14159202

为了便于上机计算，我们将积分区间[a,b]的等分数依次取为 $2^0, 2^1, 2^2 \cdots$(如表 4-3)，并将递推公式(4.2.23)改写成

$$\begin{cases} T_1 = \dfrac{b-a}{2}[f(a) + f(b)] \\ T_{2^k} = \dfrac{1}{2}T_{2^{k-1}} + \dfrac{b-a}{2^k}\displaystyle\sum_{i=1}^{2^{k-1}} f\left[a + (2i-1)\frac{b-a}{2^k}\right] \end{cases}$$

$$(k = 1,2,3,\cdots) \qquad (4.2.24)$$

相应的程序框图见图 4-4。其中，ε 为精度控制量，k_0 为最大二分次数(用来控制计算工作量)。

对于复合辛普生公式与复合柯特斯公式，我们也可以根据上述原理构造相应的递推公式。但是，下节提供的算法给出了在积分

区间逐次分半过程中，近似值S_{2n}或C_{2n}更为简便的算法，故不再讨论它们。

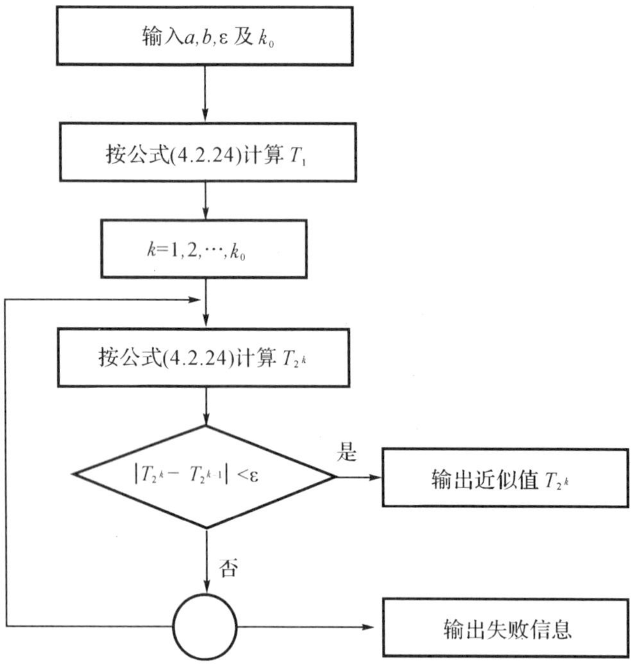

图 4-4

§3 龙贝格算法

龙贝格(Romberg)算法是在积分区间逐次分半的过程中，对用复合梯形法产生的近似值进行加权平均，以获得准确程度较高的近似值的一种方法，具有公式简练、使用方便、结果较可靠等优点。本节介绍它的基本原理和应用方法。

3.1 龙贝格算法的基本原理

上节中介绍的递推公式(4.2.23)或(4.2.24),虽然具有结构简单,易在电子计算机上实现等优点,但是由它产生的梯形序列$\{T_{2^k}\}$,其收敛速度却是非常缓慢的。例如用此法计算$\pi=\int_0^1 \frac{4}{1+x^2}\mathrm{d}x$的近似值时,要一直算到$T_{512}$才获得误差不超过$10^{-6}$的近似值(见例 2)。因此,用这种方法计算更复杂的高精度要求的积分近似值,显然是费时、费力甚至是不可能的。如何提高收敛速度以节约计算工作量,自然是人们极为关心的课题。

我们曾经从近似等式(4.2.20)出发,指出用T_{2n}作为积分真值I的近似值,其误差约为$\frac{1}{3}(T_{2n}-T_n)$。这就启发我们,如果用$\frac{1}{3}(T_{2n}-T_n)$作为T_{2n}的一种补偿,可以期望所得到的新近似值

$$\overline{T_n}=T_{2n}+\frac{1}{3}(T_{2n}-T_n)$$

即

$$\overline{T_n}=\frac{4}{3}T_{2n}-\frac{1}{3}T_n \tag{4.3.1}$$

有可能比T_{2n}更好地接近于积分$\int_a^b f(x)\mathrm{d}x$的真值I。

如在例 2 中,

$$\overline{T_4}=3.13117647 \quad 和 \quad T_8=3.13898849$$

是两个精度很差的近似值,但如果将它按式(4.3.1)作线性组合,所得到的新近似值

$$\overline{T_4}=\frac{4}{3}T_8-\frac{1}{3}T_4=3.14159250$$

却具有七位有效数字,其准确程度比T_{512}还要高,而计算$\overline{T_4}$只涉及求九个点上的函数值,其计算工作量仅为计算T_{512}的$\frac{1}{57}$。

那么,按式(4.3.1)作线性组合得到的新近似值$\overline{T_n}$,其实质又

是什么呢?通过直接验证,易知$\overline{T_n} = S_n$,亦即

$$S_n = \frac{4}{3}T_{2n} - \frac{1}{3}T_n = \frac{4T_{2n} - T_n}{4 - 1} \tag{4.3.2}$$

这表明在收敛速度缓慢的梯形序列$\{T_{2^k}\}$的基础上,若将T_n与T_{2n}按式(4.3.2)作线性组合,就可产生收敛速度较快的辛普生序列$\{S_{2^k}\}$:$S_1, S_2, S_4, \cdots$。

同理,从近似等式(4.2.21)出发,通过类似的分析,可以得到

$$C_n = \frac{16}{15}S_{2n} - \frac{1}{15}S_n = \frac{4^2 S_{2n} - S_n}{4^2 - 1} \tag{4.3.3}$$

故在辛普生序列$\{S_{2^k}\}$的基础上,将S_n与S_{2n}按式(4.3.3)作线性组合,就可产生收敛速度更快的柯特斯序列$\{C_{2^k}\}$:$C_1, C_2, C_4, \cdots$。

这种加速过程还可以继续下去。例如,通过C_n与C_{2n}的线性组合

$$R_n = \frac{64}{63}C_{2n} - \frac{1}{63}C_n = \frac{4^3 C_{2n} - C_n}{4^3 - 1} \tag{4.3.4}$$

可以在柯特斯序列$\{C_{2^k}\}$的基础上,产生一个称为龙贝格序列的新序列$\{R_{2^k}\}$:$R_1, R_2, R_4, \cdots$。

经过进一步的分析,可以证明,当$f(x)$满足一定条件时,龙贝格序列$\{R_{2^k}\}$比柯特斯序列$\{C_{2^k}\}$更快地收敛到积分$\int_a^b f(x)\mathrm{d}x$的真值I。

综上可知,我们可以在积分区间逐次分半的过程中利用公式(4.3.2),(4.3.3)和(4.3.4),…,将粗糙的近似值T_n逐步地"加工"成越来越精确的近似值$S_n, C_n, R_n, \cdots$。也就是说,将收敛速度缓慢的梯形序列$\{T_{2^k}\}$逐步地"加工"成收敛速度越来越快的新序列$\{S_{2^k}\}$,$\{C_{2^k}\}$,$\{R_{2^k}\}$,…。这种加速的方法就称为龙贝格算法。其加工过程如图 4-5,其中圆圈中号码表示计算顺序。

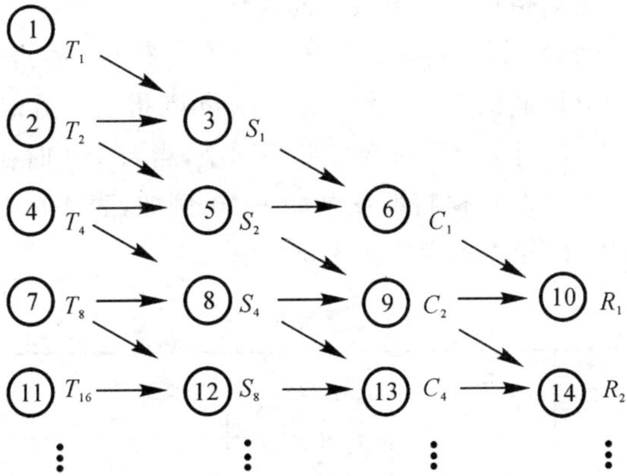

图 4-5

例 3 利用公式(4.3.2),(4.3.3)和(4.3.4)"加工"例 2 中得到的 $\pi=\int_0^1 \frac{4}{1+x^2}\mathrm{d}x$ 的近似值 T_1, T_2, T_4 和 T_8,计算结果见表 4-4,其中 k 代表二分次数。

由表 4-4 可以看出,"加工"的效果非常显著,而"加工"的计算量,因只需做少量的四则运算,没有涉及到求函数值,故可以忽略不计。

表 4-4

k	T_{2^k}	$S_{2^{k-1}}$	$C_{2^{k-2}}$	$R_{2^{k-3}}$
0	3			
1	3.1	3.133333		
2	3.131176	3.141569	3.142118	
3	3.138988	3.141593	3.141594	3.141586
4	3.140941	3.141592	3.141592	3.141593

3.2 龙贝格算法计算公式的简化

为了便于上机计算，我们引用记号 $T_m^{(k)}$ 来表示各近似值，其中 k 仍代表积分区间的二分次数，而下标 m 则指出了近似值 $T_m^{(k)}$ 所在序列的性质：当 $m=0$ 时在梯形序列中，当 $m=1$ 时在辛普生序列中，当 $m=2$ 时在柯特斯序列中 …… 例如，表 4-4 中的各近似值，若用 $T_m^{(k)}$ 记号表示则如表 4-5 所示。

表 4-5

k	$T_0^{(k)}$	$T_1^{(k-1)}$	$T_2^{(k-2)}$	$T_3^{(k-3)}$
0	$T_0^{(0)}$			
1	$T_0^{(1)}$	$T_1^{(0)}$		
2	$T_0^{(2)}$	$T_1^{(1)}$	$T_2^{(0)}$	
3	$T_0^{(3)}$	$T_1^{(2)}$	$T_2^{(1)}$	$T_3^{(0)}$
4	$T_0^{(4)}$	$T_1^{(3)}$	$T_2^{(2)}$	$T_3^{(1)}$

引入上面记号后，龙贝格算法所用到的各个计算公式可以统一为

$$\begin{cases} T_0^{(0)} = \dfrac{b-a}{2}[f(a)+f(b)] \\ T_0^{(l)} = \dfrac{1}{2}T_0^{(l-1)} + \dfrac{b-a}{2^l}\displaystyle\sum_{i=1}^{2^{l-1}} f\left[a+(2i-1)\dfrac{b-a}{2^l}\right] \\ \qquad\qquad (l=1,2,3,\cdots) \\ T_m^{(k)} = \dfrac{4^m T_{m-1}^{(k+1)} - T_{m-1}^{(k)}}{4^m-1} \\ \qquad\qquad (k=0,1,2,\cdots;m=1,2,3,\cdots) \end{cases} \tag{4.3.5}$$

相应的程序框图见图 4-6。其中 k_0 为最大二分次数。

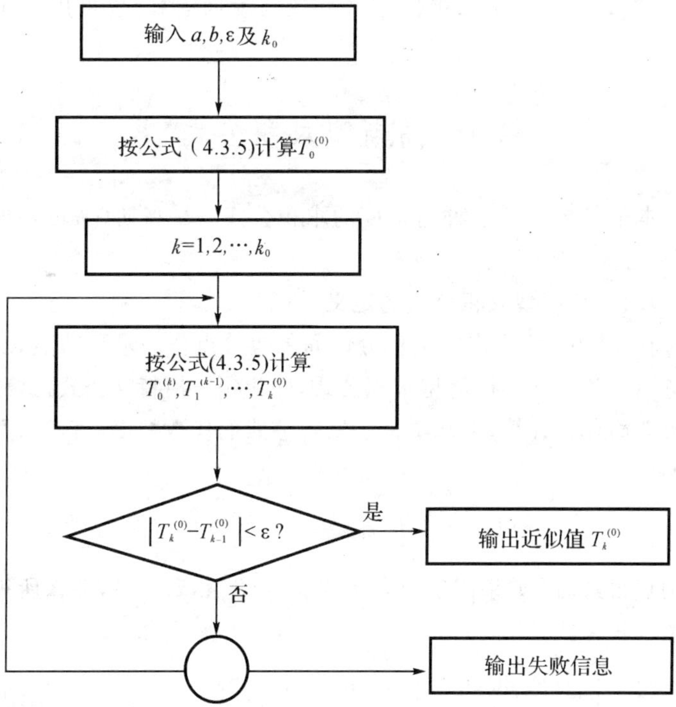

图 4-6

最后指出下列几点：

(1)当 m 较大时，由式(4.3.5)的第三式知 $T_m^{(k)}\approx T_{m-1}^{(k+1)}$。因此，在实际计算中，常规定 $m\leqslant 3$，即计算到出现龙贝格序列为止。在这种情况下，程序框图 4-6 应作相应的修改，需将“按公式(4.3.5)计算 $T_0^{(k)},T_1^{(k-1)},\cdots T_k^{(0)}$”改为“按公式(4.3.5)计算 $T_0^{(k)},T_1^{(k-1)},T_2^{(k-2)},T_3^{(k-3)}$”，并将精度控制法“$|T_k^{(0)}-T_{k-1}^{(0)}|<\varepsilon$”改为“$|T_3^{(k-3)}-T_3^{(k-4)}|<\varepsilon$”。

(2)为防止假收敛，可设置最小二分次数 $K_{\min}$。当 $K<K_{\min}$时，跳过精度判别而继续运算。

(3)$T_m^{(k)}$ 可以用二维数组来存放与参加运算，也可用一维数组。

§4 高斯型求积公式*

本节简要介绍一种高精度的求积公式——高斯(Gauss)型求积公式。

4.1 高斯型求积公式的定义

在§2中，我们限定把积分区间的等分点作为求积节点，从而构造出一类特殊的插值型求积公式，即牛顿—柯特斯公式。这种做法虽然简化了计算，但却降低了所得公式的代数精度。例如，在构造形如

$$\int_{-1}^{1} f(x)\mathrm{d}x \approx A_0 f(x_0) + A_1 f(x_1) \tag{4.4.1}$$

的两点公式时，如果限定求积节点 $x_0 = -1, x_1 = 1$，那么所得插值型求积公式

$$\int_{-1}^{1} f(x)\mathrm{d}x \approx f(-1) + f(1) \tag{4.4.2}$$

的代数精度仅为1。但是，如果我们对式(4.4.1)中的系数 A_0, A_1 和节点 x_0, x_1 都不加限制，那么就可以适当选取 x_0, x_1 和 A_0, A_1，使所得公式的代数精度 $m > 1$。事实上，若要求求积公式(4.4.1)对函数 $f(x) = 1, x, x^2, x^3$ 都准确成立，只要 x_0, x_1 和 A_0, A_1 满足方程组

$$\left.\begin{aligned} A_0 + A_1 &= 2 \\ A_0 x_0 + A_1 x_1 &= 0 \\ A_0 x_0^2 + A_1 x_1^2 &= 2/3 \\ A_0 x_0^3 + A_1 x_1^3 &= 0 \end{aligned}\right\} \tag{4.4.3}$$

解之得

$$A_0 = A_1 = 1 \ , \ x_0 = -\frac{\sqrt{3}}{3} \ , \ x_1 = \frac{\sqrt{3}}{3}$$

代入式(4.4.1)即得

$$\int_{-1}^{1} f(x)\mathrm{d}x \approx f\left(\frac{-\sqrt{3}}{3}\right) + f\left(\frac{\sqrt{3}}{3}\right) \tag{4.4.4}$$

容易验证，所得公式(4.4.4)是代数精度 $m = 3$ 的插值型求积公式。

同理，对于一般求积公式

$$\int_a^b f(x)\mathrm{d}x \approx \sum_{k=0}^{n} A_k f(x_k) \tag{4.4.5}$$

只要适当选择 $2n + 2$ 个待定参数 x_k 和 $A_k(k = 0,1,\cdots,n)$，要使它的代数精度达到 $2n + 1$ 也是完全可能的。

定义 3 若形如式(4.4.5)的求积公式代数精度达到了 $2n + 1$，则称它为**高斯型求积公式**，并称相应的求积节点 $x_0, x_1, \cdots, x_n \in [a,b]$ 为**高斯点**。

可以证明，高斯型求积公式也是插值型的。

4.2 高斯型求积公式的构造与应用

我们可以像构造两点高斯型求积公式(4.4.4)那样，通过解一个形如式(4.4.3)的方程组来确定高斯点 x_k 和求积系数 $A_k(k = 0,1,\cdots,n)$，从而构造 $n + 1$ 点高斯型求积公式。但是，这种做法要解一个包含有 $2n + 2$ 个未知数的非线性方程组，其计算工作量是相当大的。一个比较简单的方法是：

(1) 先利用区间$[a,b]$上的 $n + 1$ 次正交多项式确定高斯点 $x_k \in [a,b](k = 0,1,\cdots,n)$。

(2) 然后利用高斯点确定求积系数 $A_k(k = 0,1,\cdots,n)$。

限于学时，在本书中对这个方法的理论依据与具体做法均不作介绍，需要了解的读者可查阅参考文献[1]。

下面，我们给出当积分区间是$[-1,1]$时，两点至五点高斯型求积公式的节点、系数和余项(见表 4-6，其中 $\xi \in [-1,1]$)，需要时可查用。

利用表 4-6，可以方便地写出相应的高斯型求积公式。例如，当 $N=2$ 时，由表 4-6 知

$$x_{0,1}=\pm 0.57735027 \text{ , } A_{0,1}=1$$

故得两点高斯型求积公式

$$\int_{-1}^{1} f(x)\mathrm{d}x \approx f(-0.57735027)+f(0.57735027)$$

表 4-6

节点数 N	节点 x_k	系数 A_k	余项 $R[f]$
2	± 0.57735027	1	$f^{(4)}(\xi)/135$
3	± 0.77459667 0	0.55555556 0.88888889	$f^{(6)}(\xi)/15750$
4	± 0.86113631 ± 0.33998104	0.34785485 0.65214515	$f^{(8)}(\xi)/34872875$
5	± 0.90617985 ± 0.53846931 0	0.23692689 0.47862867 0.56888889	$f^{(10)}(\xi)/1237732650$

又如，当 $N=3$ 时，由表 4-6 可以查出三个求积节点和对应的三个系数(注意：系数 0.55555556 应连用两次)，从而得到三点高斯型求积公式

$$\int_{-1}^{1} f(x)\mathrm{d}x \approx 0.55555556 f(-0.77459667)+0.88888889 f(0) +0.55555556 f(0.77459667)$$

对于一般区间$[a,b]$上的积分，我们也可以利用表 4-6 写出高斯型求积公式。其原理与方法是：先作变量替换，令

$$x=\frac{a+b}{2}+\frac{b-a}{2}t$$

将区间$[a,b]$上的积分转化为区间$[-1,1]$上的积分

$$\int_a^b f(x)\mathrm{d}x = \frac{b-a}{2}\int_{-1}^1 f\left(\frac{a+b}{2}+\frac{b-a}{2}t\right)\mathrm{d}t \tag{4.4.6}$$

记$g(t)=f\left(\frac{a+b}{2}+\frac{b-a}{2}t\right)$，则等式(4.4.6)右端的积分就是$\int_{-1}^1 g(t)\mathrm{d}t$。利用表4-6，对于给定的$n=1,2,3,4$，可以写出高斯型求积公式

$$\int_{-1}^1 g(t)\mathrm{d}t \approx \sum_{k=0}^n A_k g(t_k) \tag{4.4.7}$$

即

$$\int_{-1}^1 f\left(\frac{a+b}{2}+\frac{b-a}{2}t\right)\mathrm{d}t \approx \sum_{k=0}^n A_k f\left(\frac{a+b}{2}+\frac{b-a}{2}t_k\right)$$

代入式(4.4.6)得

$$\int_a^b f(x)\mathrm{d}x \approx \frac{b-a}{2}\sum_{k=0}^n A_k f\left(\frac{a+b}{2}+\frac{b-a}{2}t_k\right) \tag{4.4.8}$$

其中，系数A_k与节点t_k可在表4-6中查得。由变量替换式$x=\frac{a+b}{2}+\frac{b-a}{2}t$容易看出，由于求积公式(4.4.7)对变量$t$不高于$2n+1$次的多项式准确成立，从而求积公式(4.4.8)对变量x不高于$2n+1$次的多项式也准确成立，即式(4.4.8)是高斯型求积公式。

例4　利用四点高斯型求积公式计算$\pi=\int_0^1\frac{4}{1+x^2}\mathrm{d}x$的近似值。

解　由表4-6和高斯型求积公式(4.4.8)得

$$\int_a^b f(x)\mathrm{d}x \approx \frac{b-a}{2}\sum_{k=0}^3 A_k f\left(\frac{a+b}{2}+\frac{b-a}{2}t_k\right) \quad ①$$

其中

$$a=0\ ,\ b=1\ ,\ f(x)=\frac{4}{1+x^2}$$

$$t_0=-0.86113631\ ,\ t_1=-0.33998104$$

$$t_2=-t_1,\ t_3=-t_0$$

$$A_0=0.34785485\ ,\ A_1=0.65214515$$

$$A_2=A_1,\ A_3=A_0$$

将各数及已知函数 $f(x)=\frac{4}{1+x^2}$代入①进行计算，即得

$$\pi=\int_0^1\frac{4}{1+x^2}\mathrm{d}x\approx 3.141624$$

在例 4 的整个计算过程中，只涉及到求四个点上的函数值。可见高斯型求积公式具有计算工作量小、所得近似值精确程度高等优点，是一种高精度的求积公式。

高斯型求积公式的明显缺点是，当 n 改变大小时，系数和节点几乎都在改变。我们虽然可以通过其他资料查到较大 n 时的系数和节点，但应用时却十分不便。同时，由表 4-6 给出的余项，其表达式都涉及被积函数的高阶导数，要利用 它们来控制精度也是十分困难的。为了克服这些缺点，在实际计算中较多地采用复合求积的方法。例如，先把积分区间 $[a,b]$ 分成 m 个等长的小区间 $[x_{i-1},x_i](i=1,2,\cdots,m)$，然后在每个小区间上使用同一低阶(例如两点的、三点的……) 高斯型求积公式算出积分的近似值，将它们相加即得积分 $\int_a^b f(x)\mathrm{d}x$ 的近似值

$$G_m=\frac{h}{2}\sum_{i=1}^{m}\sum_{k=0}^{n}A_kf\left[a+\left(i-\frac{1}{2}\right)h+ht_k\right] \tag{4.4.9}$$

其中，$h=\frac{b-a}{m}$，A_k 与 t_k 由表 4-6 查得。同时，在实际计算时，还常用相邻两次计算结果 G_m 与 G_{m+1} 的关系式

$$\Delta = \frac{|G_{m+1} - G_m|}{|G_{m+1}| + 1} \tag{4.4.10}$$

来控制运算(当 $|G_{m+1}| \leqslant 1$ 时 Δ 相当于绝对误差,当 $|G_{m+1}| > 1$ 时 Δ 相当于相对误差),即在算出 G_m 与 G_{m+1} 后,观察不等式

$$\Delta < \varepsilon \quad (\varepsilon \text{ 为指定的精确度})$$

是否满足。若满足此不等式,则停止计算,并把 G_{m+1} 取作待求的积分近似值;否则计算 G_{m+2},并观察不等式

$$\Delta = \frac{|G_{m+2} - G_{m+1}|}{|G_{m+2}| + 1} < \varepsilon$$

是否满足 …… 直到得到满足精度要求的近似值为止。

根据上述原理,读者不难编出复合高斯求积的程序框图。

小　结

本章用插值多项式 $P(x)$ 近似代替被积函数 $f(x)$,从而导出了计算定积分 $\int_a^b f(x)\mathrm{d}x$ 近似值的一些基本公式。从求积节点的分布情况看,这些公式可分为两类:

(1)等距节点下的求积公式:牛顿—柯特斯公式(包括复合求积公式),龙贝格公式。

(2)非等距节点下的求积公式:高斯型求积公式(也包括复合求积公式)。

高斯型求积公式是一种高精度的求积公式。在求积节点数相同,即计算工作量相近的情况下,利用高斯型求积公式往往可以获得准确程度较高的积分近似值。但是,它必须在不等距的无理数(表 4-6 中 x_k 的值是这些无理数的近似值)的横坐标上计算被积函数的值,而且当节点数改变时,所用数据都要重新查表计算。虽然复合求积在一定程度上克服了这些缺点,但应用时不如其他方法方便。

龙贝格算法是在区间逐次分半过程中，对用梯形法所获得的近似值进行多级“加工”，以获得准确程度较高的积分近似值的一种方法。此法具有公式简练、使用方便、结果准确程度较高等优点。

复合梯形公式和复合辛普生公式，与高斯型公式、龙贝格算法相比较，虽然其精度通常较差且计算工作量较大，但由于使用上的方便，在计算积分近似值时，也常常用到它们。

对一个具体问题来说，一个公式使用的效果如何，还与被积函数的性态以及对计算结果的精度要求有关。

有关上述求积公式的进一步讨论(例如稳定性、收敛性等)和其他方法的介绍，可查阅参考文献[1]。

习 题 四

1. 对于积分$\int_{-a}^{a} f(x)\mathrm{d}x$，以 $x_0=-a, x_1=0, x_2=a$ 为节点，构造形如

$$\int_{-a}^{a} f(x)\mathrm{d}x \approx A_0 f(x_0)+A_1 f(x_1)+A_2 f(x_2)$$

的插值型求积公式，并讨论所得求积公式的代数精度。

2. 确定下列求积公式中的待定参数，使其代数精度尽量高，并指出所得公式的代数精度：

(1) $\int_0^2 f(x)\mathrm{d}x \approx A_0 f(0)+A_1 f(1)+A_2 f(2)$；

(2) $\int_0^h f(x)\mathrm{d}x \approx \frac{h}{2}[f(0)+f(h)]+\alpha h^2[f'(0)-f'(h)]$。

3. 用复合梯形公式和复合辛普生公式计算积分

$$\int_3^6 \frac{x}{4+x^2}\mathrm{d}x$$

(注：限定用九个点上函数值计算)。

4. 用逐次分半梯形递推公式计算 $\int_1^3 \frac{1}{x}\mathrm{d}x$，使截断误差不超过 10^{-2}。

5. 用龙贝格方法计算 $\int_0^1 \frac{\sin x}{x}\mathrm{d}x$，使截断误差不超过$\frac{1}{2}\times 10^{-6}$。

第五章　非线性方程的数值解法

§1　引　　言

代数方程求根问题是一个古老的数学问题，早在16世纪就找到了三次、四次方程的求根公式。但直到19世纪才证明$n \geqslant 5$次的一般代数方程式不能用代数公式求解。因此，需要研究用数值方法求得满足一定精度的代数方程式的近似解。

在工程和科学技术中许多问题常常归结为求解非线性方程式问题，例如在控制系统的设计领域、人口增长率的研究等。

例 1　关于真实气体的状态方程(Vanderwaals 方程)为

$$\left(p + \frac{a}{V^2}\right)(V - b) = RT \tag{5.1.1}$$

其中，p是气体压力，V是气体体积，T是绝对温度，R是气体常数。

如果已知某气体的温度T及压力p，那么求体积V的方程为

$$f(V) \equiv \left(p + \frac{a}{V^2}\right)(V - b) - RT = 0 \tag{5.1.2}$$

或
$$V = \frac{RT}{\left(p + \frac{a}{V^2}\right)} + b \equiv g(V)$$

本章将介绍求解这种类型方程的近似解的数值方法。

设有一非线性方程

$$f(x) = 0 \tag{5.1.3}$$

其中，$f(x)$为实变量x的非线性函数。

定义 1　(1) 如果有x^*使$f(x^*) = 0$，则称x^*为方程(5.1.3)

的根，或称之为函数 $f(x)$ 的**零点**。

(2) 当 $f(x)$ 为多项式时，即方程为

$$f(x) = a_n x^n + a_{n-1} x^{n-1} + \cdots + a_0 = 0 \quad (a_n \neq 0)$$

称 $f(x) = 0$ 为 n 次**代数方程**。当 $f(x)$ 包含指数函数或三角函数等特殊函数时，称 $f(x) = 0$ 为**超越方程**。

(3) 如果 $f(x)$ 可分为

$$f(x) = (x - x^*)^m g(x)$$

其中，$g(x^*) \neq 0$，m 为正整数，则称 x^* 为 $f(x) = 0$ 的 m **重根**。当 $m = 1$ 时称 x^* 为 $f(x) = 0$ 的单根。

本章将介绍计算机上常用的求解非线性方程 $f(x) = 0$ 的近似根的数值方法。

首先叙述两个基本定理。

定理 1 （代数基本定理）

设 $f(x) = 0$ 为具有复系数的 n 次代数方程，则 $f(x) = 0$ 于复数域上恰有 n 个根（r 重根计算 r 个）。如果 $f(x) = 0$ 为实系数代数方程，则复数根成对出现，即当 $\alpha + \mathrm{i}\beta(\beta \neq 0)$ 是 $f(x) = 0$ 的复根，则 $\alpha - \mathrm{i}\beta$ 亦是 $f(x) = 0$ 的根。

定理 2

(1) 设 $f(x)$ 于$[a,b]$上连续；

(2) 且 $f(a) \cdot f(b) < 0$，则存在有 $x^* \in (a,b)$ 使 $f(x^*) = 0$ 即 $f(x)$ 于(a,b)内存在实的零点。设有非线性，实系数方程

$$f(x) = 0$$

问题：需要求出方程的所有实根（或复根）。

求方程 $f(x) = 0$ 的近似根，一般说有这样两个问题：

(1) 根的分离。找出有根的区间（或平面区域），使得在一些较小的区间（平面区域）只有一个根（或一对共轭根），这样可获得方程各根的近似值。

最简单方法是绘出 $y = f(x)$ 图形，方程 $f(x) = 0$ 的实根就是

曲线 $y=f(x)$ 与 x 轴交点的横坐标，也可采用搜索的方法，来确定根的范围，即从某 x_0 出发，选取步长 Δx，如果有

$$f(x)\cdot f(x+\Delta x)<0$$

则在 $(x,x+\Delta x)$ 内必有 $f(x)=0$ 的实根（由定理 2 知）。其中，$x=x_0+i\cdot\Delta x,(i=0,1,\cdots,N_0)$。

(2) 近似根的精确化。用求方程根的数值方法，使求得的近似根精确化，直到具有足够的精度。

例 2 用搜索法确定下述方程在 $[0.1,4.0]$ 的实根范围。

$$f(x)=1+5.25x-1/\cos(\sqrt{0.68x})=0$$

解 取 $a=0.1,b=4.0,\Delta x=0.1$。

输出：有根区间为 $(3.3,3.4)$ 且区间 $(3.6,3.7)$ 内无实根。

§2 二分法

设有非线性方程

$$f(x)=0 \tag{5.2.1}$$

其中，$f(x)$ 为 $[a,b]$ 上连续函数且设 $f(a)\cdot f(b)<0$（不妨设方程 (5.2.1) 于 $[a,b]$ 内仅有一个实根）。

求方程 (5.2.1) 实根 x^* 的二分法过程，就是将含根区间 $[a,b]$ 逐步分半，检查函数值符号的变化，以便确定含根的充分小区间。

二分法叙述如下：记 $a_1=a,b_1=b$（图 5-1）。

第 1 步分半计算 $(k=1)$：将 $[a_1,b_1]$ 分半，计算中点 $x_1=(a_1+b_1)/2$ 及 $f(x_1)$，如果

$$f(a_1)\cdot f(x_1)<0$$

则根一定在区间 $[a_1,x_1]\equiv[a_2,b_2]$ 内，否则根一定在区间 $[x_1,b_1]\equiv[a_2,b_2]$ 内（若 $f(x_1)=0$，则 $x_1=x^*$）。于是得到长度缩小一半的含根区间 $[a_2,b_2]$，即

$$f(a_2)\cdot f(b_2)<0, 且\ b_2-a_2=\frac{1}{2}(b_1-a_1)$$

第 k 步分半计算：重复上述过程，设已完成第 1 步，…，第 $k-1$ 步分半计算得到含根区间

$$[a_1,b_1]\supset[a_2,b_2]\supset\cdots\supset[a_k,b_k]$$

且满足：

(1) $f(a_k)\cdot f(b_k)<0$，即 $x^*\in[a_k,b_k]$；

(2) $b_k-a_k=\dfrac{1}{2^{k-1}}(b-a)$；

现进行第 k 步分半计算：

(3) 计算 $x_k=(a_k+b_k)/2$，且有

$$|x^*-x_k|\leqslant\frac{b_k-a_k}{2}=\frac{1}{2^k}(b-a) \tag{5.2.2}$$

(4) 确定新的含根区间 $[a_{k+1},b_{k+1}]$，即如果 $f(a_k)\cdot f(x_k)<0$，则根一定在 $[a_{k+1},b_{k+1}]=[a_k,x_k]$ 内，否则根一定在区间 $[a_{k+1},b_{k+1}]=[x_k,b_k]$，且有

$$b_{k+1}-a_{k+1}=\frac{1}{2^k}(b-a)$$

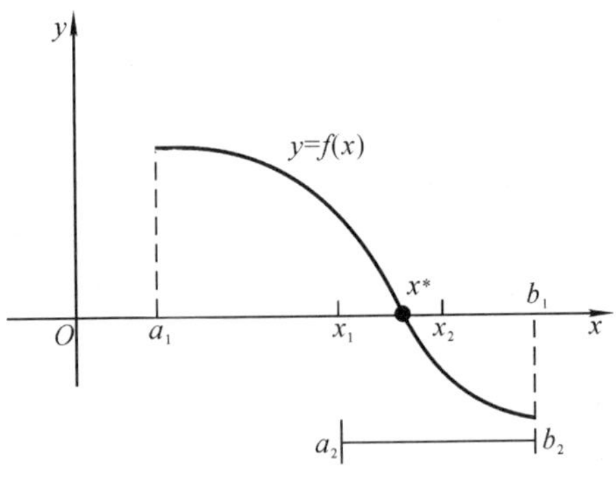

图 5-1

总之，由上述二分法得到一序列 $\{x_k\}$，由式(5.2.2)，则有

$$\lim_{k\to\infty} x_k = x^*$$

可用二分法求方程 $f(x)=0$ 实根 x^* 的近似值到任意指定的精度。事实上，设 $\varepsilon > 0$ 为给定精度要求，试确定分半次数 k 使

$$|x_k - x^*| \leqslant \frac{b-a}{2^k} < \varepsilon$$

由 $2^{-k} < \varepsilon/(b-a)$，两边取对数，即得

$$k > [\ln(b-a) - \ln\varepsilon]/\ln 2 \tag{5.2.3}$$

定理 3 （二分法）

给定方程(5.2.1)，设 $f(x)$ 于 $[a,b]$ 上连续，且 $f(a)\cdot f(b)<0$，则由二分法产生序列 $\{x_k\}$ 收敛于方程(5.2.1)的根 x^*，且具有性质

$$|x_k - x^*| \leqslant \frac{b-a}{2^k} \qquad (k=1,2,\cdots)$$

例 3 用二分法求 $f(x)=x^6-x-1=0$ 于 $[1,2]$ 内的一个实根，且要求精确到小数后第 3 位(即要求 $|x^*-x_k| < \frac{1}{2}\times 10^{-3}$)。显然，$f(1)\cdot f(2)<0$。

解 由 $\varepsilon = 0.5\times 10^{-3}$，由公式(5.2.3)可确定所需分半次数 $k=11$。计算结果如表 5-1。

表 5-1

k	a_k	b_k	x_k	$f(x_k)$
1	1.0	2.0	1.5	8.890625
2	1.0	1.5	1.25	1.564697
3	1.0	1.25	1.125	−0.097713
4	1.125	1.25	1.1875	0.616653
5	1.125	1.1875	1.15625	0.233269
6	1.125	1.15625	1.140625	0.0615778
7	1.125	1.140625	1.132813	−0.0195756
8	1.132813	1.140625	1.136719	0.0206190
9	1.132813	1.136719	1.134766	4.307×10^{-4}
10	1.132813	1.134766	1.133789	−0.00959799
11	1.133789	1.134766	1.134277	−0.0045915

二分法的优点是方法简单，且对 $f(x)$ 只要求连续即可。可用二分法求出 $f(x)=0$ 于 $[a,b]$ 内的全部的实根。但二分法不能求复根及偶数重根。

二分法框图如图 5-2 所示。

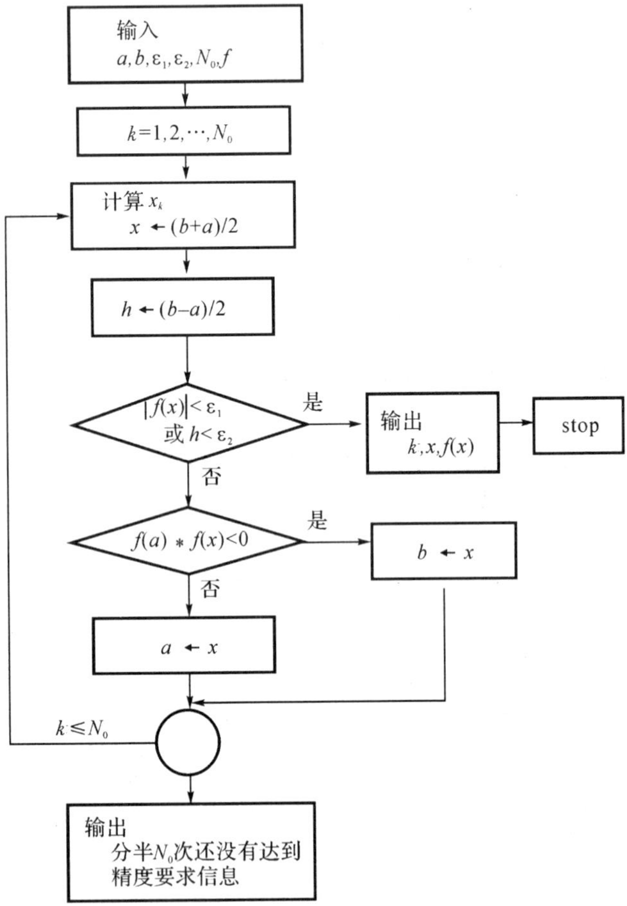

图 5-2

二分法：设有方程 $f(x)=0$，其中 $f(x)$ 于 $[a,b]$ 上连续，且满足条件 $f(a)\cdot f(b)<0$（且设于 $[a,b]$ 内只有一个实根）。$k=1,2,\cdots,N_0$。

(1) 计算 $x_k=(a_k+b_k)/2, f(x_k), h=(b_k-a_k)/2$；

(2) 如果 $|f(x_k)|<\varepsilon_1$ 或 $h<\varepsilon_2$，则输出 $x_k, f(x_k), k$；

(3) 如果 $f(a_k)\cdot f(x_k)<0$，则 $a_{k+1}=a_k, b_{k+1}=x_k$，否则

$$a_{k+1}=x_k, b_{k+1}=b_k$$

其中，N_0 表示给定的最大分半次数，当 $|f(x)|<\varepsilon_1$ 或 $h<\varepsilon_2$ 时分半终止。

§3　迭代法

迭代法是一种逐次逼近法。它是求解代数方程、超越方程及方程组的一种基本方法，但存在收敛性及收敛快慢问题。

为了用迭代法求非线性方程 $f(x)=0$ 的近似根，首先需要将此方程转化为等价的方程

$$x=g(x) \tag{5.3.1}$$

显然，将 $f(x)=0$ 转化为等价方程(5.3.1)的方法是很多的。

例 4　方程 $f(x)=x-\sin x-0.5=0$

可用不同方法转化为等价方程：

(a) $x=\sin x+0.5\equiv g_1(x)$

(b) $x=\arcsin(x-0.5)\equiv g_2(x)$

定义 2　（迭代法）

设方程为 $x=g(x)$。

(1) 选取方程根的一个初始近似值 x_0，且按下述逐次代入法，构造一近似解序列：

$$\left.\begin{array}{l} x_1 \quad = g(x_0) \\ x_2 \quad = g(x_1) \\ \qquad\quad \vdots \\ x_{k+1} = g(x_k) \\ \qquad\quad \vdots \end{array}\right\} \tag{5.3.2}$$

这种方法称为**迭代法**(或称为**单点迭代法**)。$g(x)$ 称为**迭代函数**。

(2) 如果由迭代法产生的序列$\{x_k\}$有极限存在,即$\lim\limits_{k\to\infty}x_k = x^*$ 称$\{x_k\}$ **收敛**或称迭代过程(5.3.2) 收敛。否则称$\{x_k\}$ **不收敛**。

设 $g(x)$ 为连续函数,且$\lim\limits_{k\to\infty}x_k = x^*$,则有 $x^* = g(x^*)$,即 x^* 为方程(5.3.1) 的解(称 x^* 为函数 $g(x)$ 的不动点)。

事实上,由迭代过程(5.3.2) 两边取极限,则有

$$x^* = \lim_{k\to\infty}x_{k+1} = \lim_{k\to\infty}g(x_k) = g(\lim_{k\to\infty}x_k) = g(x^*)$$

显然,在由方程 $f(x) = 0$ 转化为等价的方程 $x = g(x)$ 时,选择不同的迭代函数 $g(x)$,就会产生不同的序列$\{x_k\}$(即使初始值 x_0 选择一样),且这些序列的收敛情况也不会相同。

例 5 对例 4 中的方程,考查用迭代法求根:

(a)$x_{k+1} = \sin x_k + 0.5,(k = 0,1,\cdots)$

(b)$x_{k+1} = \arcsin(x_k - 0.5),(k = 0,1,\cdots)$

取 $x_0 = 1.0$,计算结果见表 5-2。

表 5-2

k	$(a)x_k$	$(b)x_k$	$(a)f(x_k)$
0	1.0	1.0	
1	1.341471	0.523599	
2	1.473820	0.023601	
3	1.495301	−0.496555	
4	1.497152	−1.487761	
5	1.497289		
6	1.497300		
7	1.497300		-3.6×10^{-7}

由计算看出，我们选取的两个迭代函数 $g_1(x)$ 和 $g_2(x)$ 分别构造的序列 $\{x_k\}$ 的收敛情况不一样(初始值都取为 1.0)，在 (a) 种情况下 $\{x_k\}$ 收敛且 $x^* \approx 1.497300$。在(b) 种情况下出现计算 $\arcsin(x_4 - 0.5) = \arcsin(-1.987761)$ 无定义。

因此，对于用迭代法求方程 $f(x)=0$ 近似根需要研究下述问题：

(1) 如何选取迭代函数 $g(x)$ 使迭代过程 $x_{k+1}=g(x_k)$ 收敛。

(2) 若 $\{x_k\}$ 收敛较慢时，怎样加速 $\{x_k\}$ 收敛。

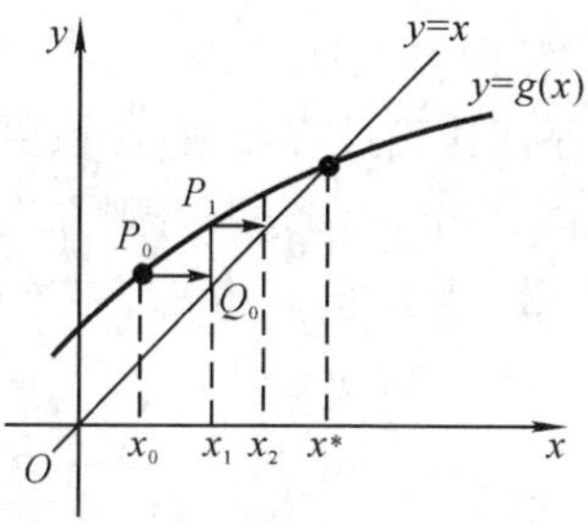

(1) $0<g'(x^*)<1$

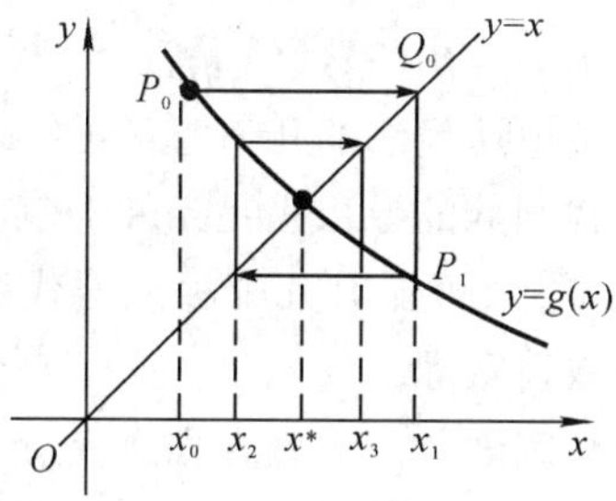

(2) $-1<g'(x^*)<0$

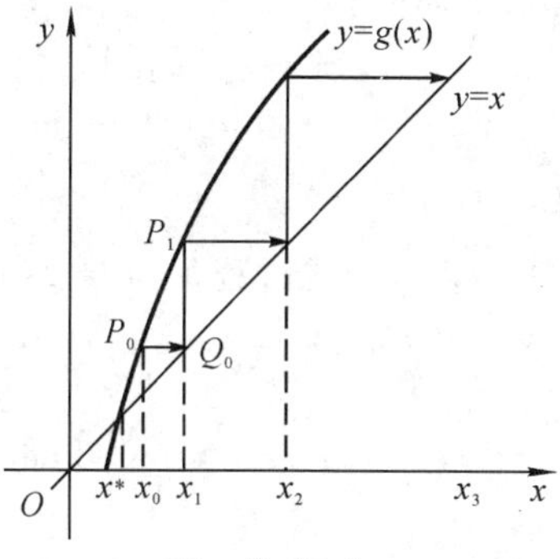

(3) $g'(x^*)>1$

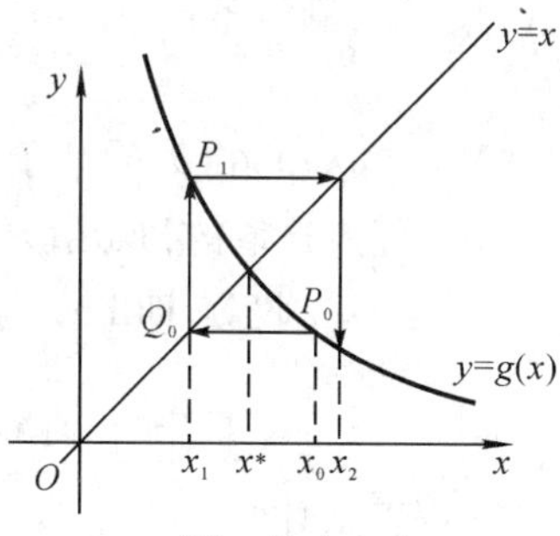

(4) $g'(x^*)<-1$

图 5-3

迭代法的几何意义：

从几何上解释，求方程 $x = g(x)$ 根的问题，是求曲线 $y = g(x)$ 与直线 $y = x$ 交点的横坐标 x^*。当迭代函数 $g(x)$ 的导数 $g'(x)$ 在根 x^* 处满足下述几种条件时，从几何上来考查迭代过程 $x_{k+1} = g(x_k)$ 的收敛情况如图 5-3。

从曲线 $y=g(x)$ 上一点 $P_0(x_0, g(x_0))$ 出发，沿着平行于 x 轴方向前进交 $y = x$ 于一点 Q_0，再从 Q_0 点沿平行于 y 轴方向前进交 $y=g(x)$ 于 P_1 点，显然，P_1 的横坐标就是 $x_1 = g(x_0)$。继续这过程就得到序列 $\{x_k\}$，且从几何上观察知道在(1)，(2) 情况下 $\{x_k\}$ 收敛于 x^*，在(3)，(4) 情况下 $\{x_k\}$ 不收敛于 x^*。

由迭代法的几何意义可知，为了保证迭代过程收敛，应该要求迭代函数的导数满足条件 $|g'(x)|<1$，当 $x\in[a,b]$，否则方程在 $[a,b]$ 内可能有几个根或迭代法不收敛，为此有下述关于迭代法收敛性定理。

定理 4　设有方程 $x = g(x)$。

(1) 设 $g(x)$ 于 $[a,b]$ 一阶导数存在；

(2) 当 $x \in [a,b]$ 时，有 $g(x) \in [a,b]$；

(3) $g'(x)$ 满足条件：$|g'(x)| \leqslant L < 1$，当 $x \in [a,b]$。

则

(1) $x = g(x)$ 在 $[a,b]$ 上有惟一解 x^*；

(2) 对任意选取的初始值 $x_0 \in [a,b]$，迭代过程 $x_{k+1} = g(x_k)$ $(k = 0,1,2,\cdots)$ 收敛，即 $\lim\limits_{k\to\infty} x_k = x^*$；

(3) $$|x^* - x_k| \leqslant \frac{1}{1-L}|x_{k+1} - x_k|; \tag{5.3.3}$$

(4) 误差估计

$$|x^* - x_k| \leqslant \frac{L^k}{1-L}|x_1 - x_0| \quad (k = 1,2,\cdots) \tag{5.3.4}$$

证明　(1) 由假设条件(2) 即有当 $a \leqslant x \leqslant b$ 时有 $a \leqslant g(x) \leqslant b$。作函数 $h(x) = g(x) - x$，显然 $h(x)$ 在 $[a,b]$ 上连续，$h'(x)$

存在且满足：

$$h(a)=g(a)-a\geqslant 0\ ,\ h(b)=g(b)-b\leqslant 0$$

于是，由连续函数性质，则有 $x^*\in[a,b]$，使 $h(x^*)=0$，即 $x^*-g(x^*)=0$。

下面证明惟一性，设有两个解 x^* 及 x，且 $x^*,x\in[a,b]$，即有

$$x^*=g(x^*)\ ,\ x=g(x)$$

由中值定理有

$$x^*-x=g(x^*)-g(x)=g'(\xi)(x^*-x)$$

其中，ξ 在 x^* 与 x 之间，所以 $\xi\in[a,b]$，上式即

$$(x^*-x)(1-g'(\xi))=0$$

又由假设条件(3)，则 $x^*=x$。

(2) 由定理假设条件(2)，当取 $x_0\in[a,b]$ 时，则有 $x_k\in[a,b]$，$(k=1,2,\cdots)$。记误差 $e_k=x^*-x_k$，由中值公式有

$$x^*-x_{k+1}=g(x^*)-g(x_k)=g'(c)(x^*-x_k)$$

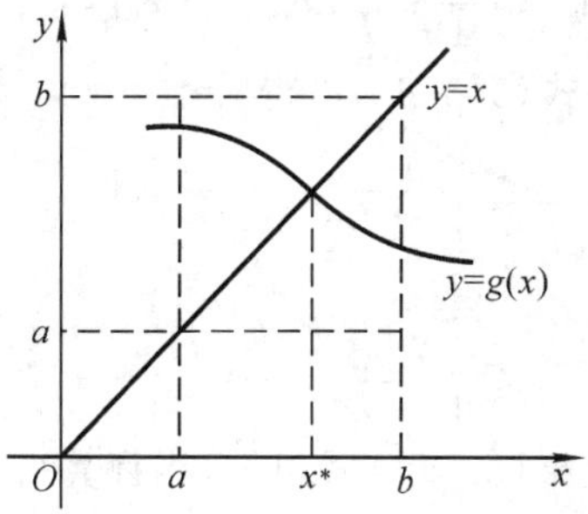

图 5-4

其中，c 在 x^* 与 x_k 之间，即 $c\in[a,b]$。又利用假设条件(3)得到误差的递推关系

$$|x^*-x_{k+1}|\leqslant|g'(c)||x^*-x_k|\leqslant L|x^*-x_k|$$

$$(k=0,1,2,\cdots)\qquad(5.3.5)$$

反复利用式(5.3.5)，得到

$$|x^* - x_k| \leqslant L|x^* - x_{k-1}| \leqslant L^2|x^* - x_{k-2}|$$
$$\leqslant \cdots \leqslant L^k|x^* - x_0| \to 0 \quad (\text{当 } k \to \infty)$$

即 $$\lim_{k\to\infty} x_k = x^*$$

(3) 由迭代公式 $x_{k+1} = g(x_k)$，显然有

$$|x_{k+1}-x_k|=|g(x_k)-g(x_{k-1})|=|g'(c)(x_k-x_{k-1})|$$
$$\leqslant L|x_k-x_{k-1}| \quad (k=1,2,\cdots) \tag{5.3.6}$$

其中，c 在 x_{k-1} 与 x_k 之间，于是

$$\begin{aligned}|x_{k+1} - x_k| &= |x^* - x_k - (x^* - x_{k+1})| \\ &\geqslant |x^* - x_k| - |x^* - x_{k+1}| \\ &\geqslant |x^* - x_k| - L|x^* - x_k| \\ &= (1 - L)|x^* - x_k|\end{aligned}$$

即

$$|x^* - x_k| \leqslant \frac{1}{1-L}|x_{k+1} - x_k| \leqslant \frac{L}{1-L}|x_k - x_{k-1}|$$

(4) 反复利用式(5.3.6)，可得

$$\begin{aligned}|x^* - x_k| &\leqslant \frac{1}{1-L}|x_{k+1} - x_k| \\ &\vdots \\ &\leqslant \frac{L^k}{1-L}|x - x_0|\end{aligned}$$

由定理 4 的结果(5.3.3)式可知，当计算得到的相邻两次迭代满足条件

$$|x_{k+1} - x_k| < \varepsilon \tag{5.3.7}$$

时，则误差

$$|x^* - x_k| < \frac{1}{1-L}\varepsilon$$

所以在电算时可利用 $|x_{k+1} - x_k| < \varepsilon$ 来控制迭代终止，但是要注意，当 $L \approx 1$ 时，即使 $|x_{k+1} - x_k|$ 很小，但误差 $|x^* - x_k|$ 还可能

较大。

当已知 $x_0,x_1,L(<1)$ 及给定精度要求 ε 时，利用式(5.3.4)可确定使误差达到给定精度要求所需要的迭代次数 k。

事实上，由

$$|x^* - x_k| \leqslant \frac{L^k}{1-L}|x_1 - x_0| < \varepsilon$$

则

$$k > \left(\ln\varepsilon - \ln\frac{|x_1 - x_0|}{1-L}\right)/\ln L \tag{5.3.8}$$

定理4中的假设条件 $|g'(x)| \leqslant L < 1$，当 $x \in [a,b]$。在一般情况下，可能对于大范围的含根区间不满足，而在根的邻近是成立的，为此有下述迭代过程局部收敛性结果。

定理5 （迭代法的局部收敛性）

设给定方程 $x = g(x)$。

(1) 设 x^* 为方程的解；

(2) 设 $g(x)$ 在 x^* 的邻近连续可微，且有

$$|g'(x^*)| < 1$$

(根据 $g'(x)$ 在 x^* 邻近连续性，此条件即为存在 x^* 一个邻域 $S = \{x \mid |x - x^*| \leqslant \delta\}$ 使 $|g'(x)| \leqslant L < 1$，当 $x \in S$ 时成立)。则对任意取初值 $x_0 \in S$，迭代过程 $x_{k+1} = g(x_k)\ (k = 0,1,2,\cdots)$ 收敛于 x^*(称迭代过程具有局部收敛性)。

证明 取$[a,b] = [x^* - \delta, x^* + \delta]$，于是只要验证定理4中条件(2)成立，定理5即得证。

事实上，设 $x \in S$，则 $x' = g(x)$

$$\begin{aligned}|x' - x^*| &= |g(x) - g(x^*)| = |g'(c)(x - x^*)| \\ &\leqslant L|x - x^*| < |x - x^*| \leqslant \delta\end{aligned}$$

其中，$c \in S$。说明 $x' \in S$。

例6 试用迭代法解方程：$f(x) = x - \ln(x+2) = 0$。

解 (1) 显然有(见图5-5)

$$f(0)\cdot f(2)<0 \quad 及 \quad f(-1.9)\cdot f(-1)<0$$

即知,方程于$[0,2]$及$[-1.9,-1]$内有根,记为x_1^*及x_2^*(参看图5-5)。

(2) 考查取初值$x_0\in[0,2]$迭代过程$x_{k+1}=\ln(x_k+2)$的收敛性,其中迭代函数为$g_1(x)=\ln(x+2)$。

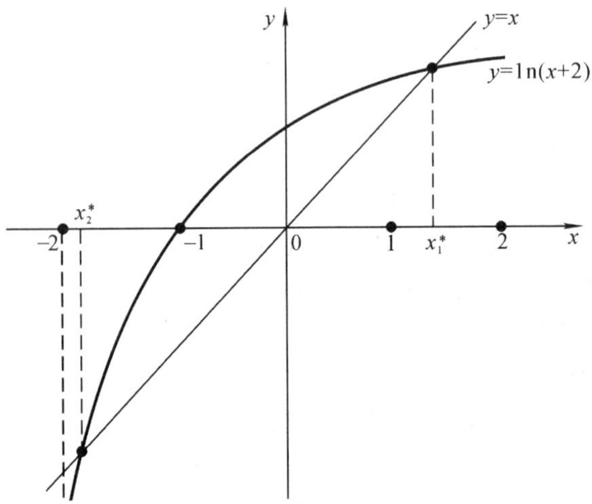

图 5-5

显然,$g_1(0)=\ln 2\approx 0.6931>0$,$g_1(2)=\ln 4\approx 1.386<2$及$g_1(x)$为增函数,则有当$0\leqslant x\leqslant 2$时,$0\leqslant g_1(x)\leqslant 2$。又由

$$g_1'(x)=\frac{1}{x+2}$$

则有 $$|g_1'(x)|=\frac{1}{x+2}\leqslant g_1'(0)=\frac{1}{2}<1 \quad x\in[0,2]$$

于是,由定理4可知,当初值$x_0\in[0,2]$时迭代过程$x_{k+1}=\ln(x_k+2)$收敛。

如果要求x_1^*近似根准确到小数后第6位(即要求$|x_1^*-x_k|\leqslant\frac{1}{2}\times 10^{-6}$)。

表 5-3

k	$x_{k+1}=\ln(x_k+2)$
0	0.0
1	0.69314718
2	0.99071046
⋮	⋮
14	1.1461931
15	1.1461932

由表5-3可知，$|x_{15}-x_{14}|\approx 10^{-7}$，且 $L=\dfrac{1}{2}$。所以 $|x_1^*-x_{14}|\leqslant\dfrac{1}{1-L}|x_{15}-x_{14}|\approx 2\times 10^{-7}<0.5\times 10^{-6}$。

$$x_1^*\approx 1.1461931\quad,\quad |f(x_{14})|\approx 0.8\times 10^{-7}$$

(3) 可将方程转化为等价方程

$$e^x=x+2\quad 或\quad x=e^x-2\equiv g_2(x)$$

且有 $\qquad g_2{}'(x)=e^x$

即有 $\qquad |g_2{}'(x)|\leqslant g_2{}'(-1)\approx 0.368<1\quad x\in[-1.9,-1]$

所以，当选取 $x_0\in[-1.9,-1]$ 时迭代过程

$$x_{k+1}=e^{x_k}-2\quad (k=0,1,\cdots)$$

收敛。如取 $x_0=-1$，则迭代12次有

$$x_2^*\approx x_{12}=-1.841405660$$

且有 $\qquad |f(x_{12})|\approx 0.2\times 10^{-8}$

由上例可见，对于方程 $f(x)=0$，迭代函数 $g(x)$ 选取不同，相应由迭代法产生的 $\{x_k\}$ 收敛情况也不一样。因此，我们应该选择迭代函数，使构造的迭代过程 $x_{k+1}=g(x_k)$ 收敛且收敛较快。

迭代法框图见图 5-6 所示。

迭代法：求解方程 $x=g(x)$。

(1) 选取解的初始估计 x_1；

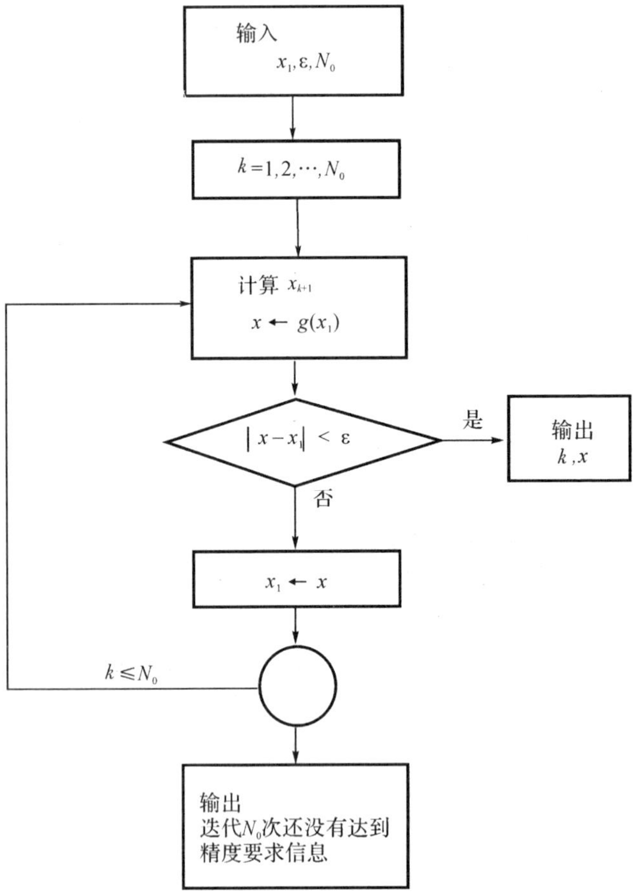

图 5-6

(2) 对于 $k=1,2,\cdots,N_0$，计算 $x_{k+1}=g(x_k)$，其中 N_0 为给定的最大迭代次数。当 $|x_{k+1}-x_k|<\varepsilon$ 时(或 $\dfrac{|x_{k+1}-x_k|}{|x_k|}<\varepsilon$，或 $|f(x_k)|<\varepsilon$，其中 ε 为给定精度要求）迭代终止。

§4 牛顿—雷扶生方法

解非线性方程 $f(x)=0$ 牛顿方法是一种将非线性函数线性化的方法。牛顿方法的最大优点是在方程单根附近具有较高的收敛速度，牛顿方法可用来计算 $f(x)=0$ 的实根，还可计算代数方程的复根。

4.1 牛顿法公式及误差分析

设有非线性方程

$$f(x) = 0 \tag{5.4.1}$$

其中，设 $f(x)$ 为 $[a,b]$ 上一阶连续可微，且 $f(a)\cdot f(b) < 0$；又设 x_0 是 $f(x)$ 一个零点 $x^* \in (a,b)$ 的近似值（设 $f'(x_0) \neq 0$），现考虑用过曲线 $y = f(x)$ 上点 $P(x_0,f(x_0))$ 的切线近似代替函数 $f(x)$，即用线性函数（见图 5-7）

$$y = f(x_0) + f'(x_0)(x - x_0)$$

代替 $f(x)$，且用切线（即线性函数）的零点，记为 x_1，作为方程 (5.4.1) 根 x^* 的近似值，即求解

$$f(x_0) + f'(x_0)(x - x_0) = 0$$

得到

$$x_1 = x_0 - \frac{f(x_0)}{f'(x_0)} \tag{5.4.2}$$

一般，若已求得 x_k，将式(5.4.2) 中的 x_0 换为 x_k，重复上述过程，即得求方程 $f(x) = 0$ 根的牛顿方法的计算公式

$$\begin{cases} x_0（初值） \\ x_{k+1} = x_k - \dfrac{f(x_k)}{f'(x_k)} \qquad (k = 0,1,2,\cdots) \end{cases} \tag{5.4.3}$$

下面利用 $f(x)$ 的泰勒公式进行误差分析。设已知 $f(x) = 0$

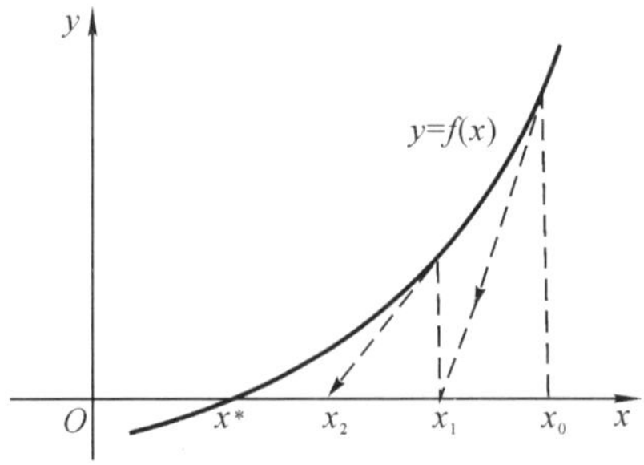

图 5-7

的根 x^* 的第 k 次近似 x_k，于是 $f(x)$ 在 x_k 点泰勒公式为（设 $f(x)$ 二次连续可微）：

$$f(x)=f(x_k)+f'(x_k)(x-x_k)+\frac{f''(c)}{2!}(x-x_k)^2 \tag{5.4.4}$$

其中，c 在 x 与 x_k 之间。

如果用线性函数 $P(x)=f(x_k)+f'(x_k)(x-x_k)$ 近似代替 $f(x)$，其误差为 $f''(c)(x-x_k)^2/2$，且用 $P(x)=0$ 根记为 x_{k+1} 作为 $f(x)=0$ 的根 x^* 的近似值又得到牛顿公式

$$x_{k+1}=x_k-\frac{f(x_k)}{f'(x_k)}$$

现在式(5.4.4)中取 $x=x^*$，则有

$$0=f(x^*)=f(x_k)+f'(x_k)(x^*-x_k)+\frac{f''(c)}{2!}(x^*-x_k)^2$$

于是 $x^*=x_k-\dfrac{f(x_k)}{f'(x_k)}-\dfrac{f''(c)}{2f'(x_k)}(x^*-x_k)^2$（设 $f'(x_k)\neq 0$）。

利用牛顿公式(5.4.3)即得误差关系式

$$x^*-x_{k+1}=\left[-\frac{f''(c)}{2f'(x_k)}\right](x^*-x_k)^2 \tag{5.4.5}$$

误差公式(5.4.5)说明 x_{k+1} 的误差是与 x_k 误差的平方成比例的。当初始误差(即 $x^* - x_0 \equiv \varepsilon_0$)是充分小时,以后迭代的误差将非常快地减少。

由计算公式(5.4.3)可知,用牛顿方法求方程 $f(x)=0$ 的根,每计算一步需要计算一次函数值 $f(x_k)$ 及一次导数 $f'(x_k)$。

例 7 用牛顿法求 $f(x)=\mathrm{e}^{-x/4}(2-x)-1=0$ 的根。

解 显然,$f(0)\cdot f(2)<0$,方程于[0,2]内有一根。求导

$$f'(x)=\mathrm{e}^{-x/4}(x-6)/4$$

牛顿法计算公式为

$$x_{k+1}=x_k-\frac{\mathrm{e}^{-x_k/4}(2-x_k)-1}{\mathrm{e}^{-x_k/4}(x_k-6)/4} \quad (k=0,1,2,\cdots)$$

(1) 取 $x_0=1.0$,计算结果见表 5-4。

(2) 取 $x_0=8.0$,计算结果见表 5-5。

表 5-4

k	x_k
0	1.0
1	−1.155999
2	0.189438
3	0.714043
4	0.782542
5	0.783595
6	0.783596

表 5-5

k	x_k
0	8.0
1	34.778107
2	869.1519
⋮	⋮
	发散

求得近似根 $x^* \approx 0.783596$,$f(x_6)\approx -3.8\times 10^{-8}$。

说明当初值 x_0 选取靠近根 x^* 时牛顿法收敛且收敛较快,当初值 x_0 不是选取接近方程根时,牛顿法可能会给出发散的结果。

例 8 对于例 3 试用牛顿法计算[0,2]内一实根。

解 $f(x)=x^6-x-1, f'(x)=6x^5-1$

牛顿法计算公式：

$$\begin{cases} x_0 = 1.5 \\ x_{k+1} = x_k - \dfrac{x_k^{\ 6} - x_k - 1}{6x_k^{\ 5} - 1} \quad (k = 0,1,\cdots) \end{cases}$$

计算结果见表 5-6。

表 5-6

k	x_k	$f(x_k)$	$x_k - x_{k-1}$
0	1.5	8.89×10^1	
1	1.30049088	2.54×10^1	-2.00×10^{-1}
2	1.18148042	5.38×10^{-1}	-1.19×10^{-1}
3	1.13945559	4.92×10^{-2}	-4.20×10^{-2}
4	1.13477763	5.50×10^{-4}	-4.68×10^{-3}
5	1.13472415	6.08×10^{-8}	-5.35×10^{-5}
6	1.13472414	-4.00×10^{-9}	-1.00×10^{-8}

方程的真根 $x^* = 1.134724138$，求得的近似根 x_6 具有 8 位有效数字。

4.2 牛顿法的局部收敛性

设有方程 $f(x) = 0$，显然，牛顿法是一种迭代法，即

$$x_{k+1} = g(x_k) \tag{5.4.6}$$

其中迭代函数为

$$g(x) = x - \frac{f(x)}{f'(x)} \quad (\text{设 } f'(x) \neq 0)$$

于是，可用迭代法理论来考查牛顿方法的收敛性。

定理 6 （牛顿法局部收敛性）

设有方程 $f(x) = 0$。

(1) 设 $f(x)$ 在根 x^* 邻近具有连续二阶导数；

(2) 且设 $f(x^*) = 0$，但 $f'(x^*) \neq 0$，则存在 x^* 的一个邻域 $S = \{x \mid |x^* - x| \leqslant \delta\}$ 使得对于任意选取初值 $x_0 \in S$，由牛顿法产

生的序列$\{x_k\}$收敛于x^*且有

$$\lim_{k\to\infty}\frac{x^*-x_{k+1}}{(x^*-x_k)^2}=-\frac{f''(x^*)}{2f'(x^*)} \tag{5.4.7}$$

证明　由于牛顿法是一个迭代法，其迭代函数为

$$g(x)=x-\frac{f(x)}{f'(x)}$$

计算 $$g'(x)=1-\frac{(f'(x))^2-f(x)f''(x)}{(f'(x))^2}=\frac{f(x)f''(x)}{(f'(x))^2}$$

由假设条件(2)，则有

$$g'(x^*)=\frac{f(x^*)f''(x^*)}{(f'(x^*))^2}=0$$

于是由定理5，迭代法式(5.4.6)(即牛顿法)为局部收敛。且由(5.4.5)式取极限即得(5.4.7)式。

4.3　牛顿法例子及框图

例9　设$c>0$，试用牛顿法建立计算$x=\sqrt{c}$的公式。

解　开方问题即为求解方程$f(x)=x^2-c=0$。现用牛顿法解此方程，见图5-8。

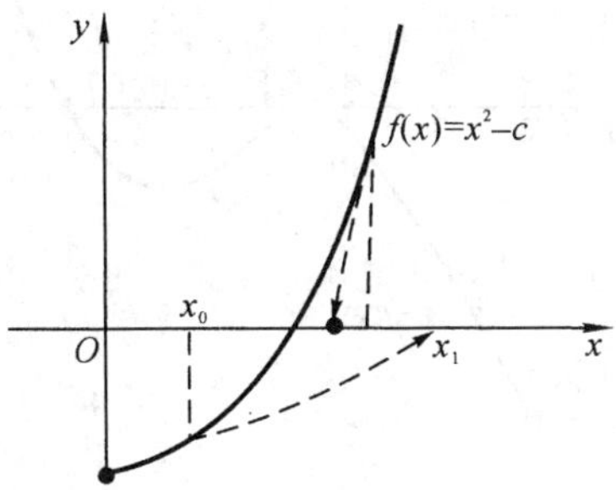

图 5-8

试计算$x=\sqrt{10}$，要求$|x_{k+1}-x_k|<10^{-6}$时迭代终止。

取 $x=1.0$,用牛顿法计算结果见表 5-7。

表 5-7

k	x_k
0	1.0
1	5.5
2	3.65909091
3	3.19600508
4	3.16245562
5	3.16227767
6	3.16227766

所以 $$\sqrt{10}\approx 3.16227766$$

例 10 用牛顿法求方程 $f(x)=(x-4.3)^2(x^2-54)=x^4-8.6x^3-35.51x^2+464.4x-998.46=0$ 的正实根。

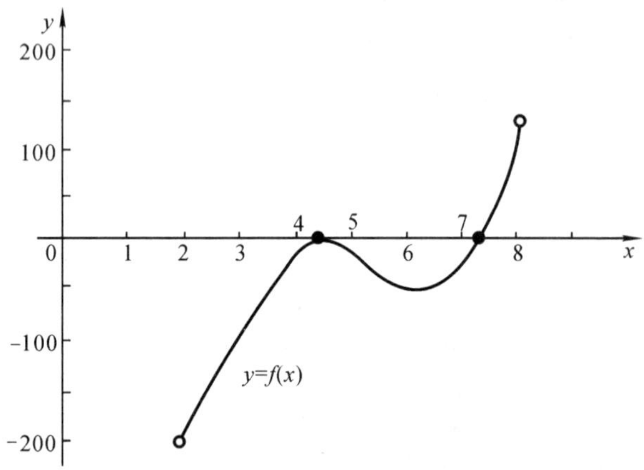

图 5-9

方程在[7,8]内有一实根,在[4,5]内有二重根(见图 5-9)。

(1) 用牛顿法计算[7,8]内单根,要求 $|x_{k+1}-x_k|<10^{-6}$。计

算结果见表 5-8。

表 5-8

k	x_k	$x_k - x_{k-1}$
0	7.0	
1	7.485612	0.485612
2	7.36041	-0.125205
3	7.34857	-0.118×10^{-1}
4	7.34847	-0.102×10^{-3}
5	7.34847	-0.758×10^{-8}

$x_5 = 7.34847$ 即为所要求的近似根。

(2) 用牛顿法求[4,5] 内重根。计算结果见表 5-9。

表 5-9

k	x_k	$x_k - x_{k-1}$
0	4.0	
1	4.145408	0.145408
2	4.22138	0.038952
3	4.26033	0.038952
4	4.28007	0.019740
5	4.29001	0.009939
⋮	⋮	⋮

需要迭代 19 次，则有 $x_{19} = 4.30000$，且 $|x_{19} - x_{18}| = 0.612 \times 10^{-6}$。

由此例可见，牛顿方法在单根附近具有较快的收敛速度(达到一定的精度所需要的迭代次数较少)，而用一般牛顿法求[4,5] 内二重根时收敛较慢。这种情况牛顿方法可改进如下：

设 x^* 为 $f(x) = 0$ 二重根(即 $f(x) = (x - x^*)^2 g(x)$ 且

$g(x^*) \neq 0$)。这种情况可定义一个函数

$$u(x) = \frac{f(x)}{f'(x)}$$

显然，x^* 为 $u(x) = 0$ 单根，于是可用牛顿法求解

$$u(x) = 0$$

计算公式

$$\begin{cases} x_{k+1} = x_k - \dfrac{u(x_k)}{u'(x_k)} \quad (k = 0,1,\cdots) \\ u'(x) = \dfrac{(f'(x))^2 - f(x)f''(x)}{(f'(x))^2} \\ \qquad = 1 - \dfrac{f(x)f''(x)}{(f'(x))^2} \end{cases} \tag{5.4.9}$$

用公式(5.4.9)计算[4,5]内方程 $f(x) = 0$ 的二重根，且要求 $|x_{k+1} - x_k| < 10^{-6}$，计算结果见表 5-10。

表 5-10

k	x_k	$x_k - x_{k-1}$
0	4.0	
1	4.308129	0.308129
2	4.300001	-0.812×10^{-2}
3	4.300000	-0.807×10^{-5}
4	4.300000	-0.660×10^{-9}

用方程(5.4.9)只迭代 4 次就得到满足精度要求的二重根，但这方法付出的代价是需要计算 $f''(x)$。

用牛顿方法求多项式方程 $f(x) = 0$ 复根时，初值应取为复数，即

$$\begin{cases} z_0 = x_0 + iy_0 \quad (x_0, y_0 \text{ 为实数}) \\ z_{k+1} = z_k - f(z_k)/f'(z_k) \quad (k = 0,1,\cdots) \end{cases}$$

牛顿法框图见图 5-10 所示。

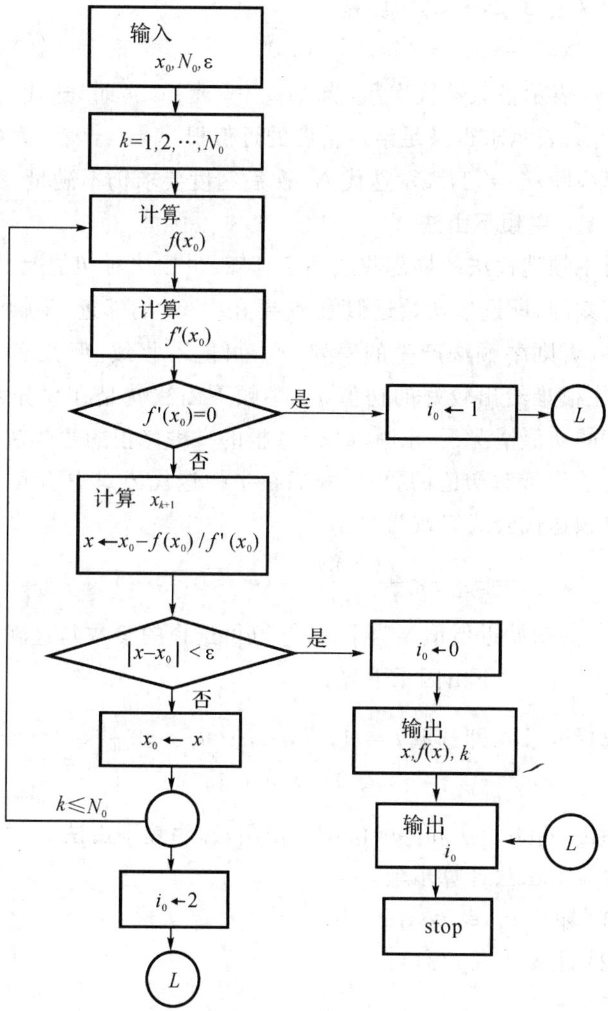

图 5-10

牛顿法：设有方程 $f(x)=0$。

(1) 选择合适的初值 x_0；

(2)$k = 1,2,\cdots,N_0$,计算

$$x_{k+1} = x_k - f(x_k)/f'(x_k)$$

其中,N_0 表示最大迭代次数,当 $|x_{k+1} - x_k| < \varepsilon$ 时,迭代终止。其中,$i_0 = 0$,表示求得满足给定精度的近似根;$i_0 = 1$,表示 $f'(x_0) = 0$,计算中断;$i_0 = 2$,表示迭代 N_0 次后精度要求仍不满足。

4.4 牛顿下山法

由牛顿迭代法的局部收敛性定理知,牛顿法对初值 x_0 的要求是很苛刻的,即选取初始近似值 x_0 要在根 x^* 的邻近,牛顿法才收敛较快,否则牛顿法产生的序列 $\{x_k\}$ 可能不收敛。但在实际应用中,往往很难给出较好的初值 x_0。牛顿下山法就是在事先没有给出较好的初值情况下,求 $f(x) = 0$ 根的一种修正的牛顿法。

为了改善对初值的要求,我们在牛顿迭代公式中引入因子 t,即将牛顿迭代公式修改为

$$x_{k+1} = x_k - t\,\frac{f(x_k)}{f'(x_k)} \qquad (k = 0,1,\cdots)$$

其中,x_0 为初始近似值,t 为下山因子(可选择的参数),且满足 $0 < \varepsilon_t \leqslant t < 1$,$\varepsilon_t$ 为下山因子下界。

选择因子 t(即选取 $t = 1,\frac{1}{2},\frac{1}{2^2},\cdots,t \geqslant \varepsilon_t$)使

$$|f(x_{k+1})| < |f(x_k)|$$

称为**下山**,将下山法和牛顿法结合使用,即**牛顿下山法**。

牛顿下山法计算步骤:

(1) 输入 $x_0,\varepsilon_1,\varepsilon_2,\varepsilon_t$;

(2) 计算 $f_0 \leftarrow f(x_0)$;

(3) $t \leftarrow 1$;

(4) 计算 $\alpha \leftarrow f'(x_0)$;

(5) 如果 $\alpha = 0$,则输出“$f'(x_0) = 0$”,停机;

(6) $h \leftarrow f_0/\alpha$;

(7) 计算　　$x_1 \leftarrow x_0 - t \cdot h$,

$f_1 \leftarrow f(x_1)$;

(8) 如果 $|f_1| \leqslant \varepsilon_2$,则输出 x_1, f_1, ε_2,停机;

(9) 如果 $|f_1| < |f_0|$,则转(11);

(10) 如果 $t \geqslant \varepsilon_t$,则 $t \leftarrow t/2$,转(7),否则输出“Minimum ε_t exceeded”,停机;

(11) 如果 $|x_1 - x_0| < \varepsilon_1$,则输出 x_1, f_1, ε_1,停机,否则 $x_0 \leftarrow x_1$, $f_0 \leftarrow f_1$,转(3)。

注意:其中 ε_t 为下山因子下界,ε_1 是根的误差限,ε_2 是残量精度。

例 11　设方程 $f(x) = x^3 - x - 1$,求在 $x = 1.5$ 附近的一个根。

解　(1) 用牛顿法计算(取 $x_0 = 0.6$)

$$x_{k+1} = x_k - \frac{f(x_k)}{f'(x_k)}$$

按牛顿迭代公式计算有

$$x_1 = 17.9, x_2 = 11.9, x_3 = 7.95, \cdots$$

(2) 用牛顿下山法计算

$$x_{k+1} = x_k - t\frac{f(x_k)}{f'(x_k)} \qquad (k = 0,1,2,\cdots)$$

取 $x_0 = 0.6$,计算结果见表 5-11。

表 5-11

k	t	x_k	$f(x_k)$
0		0.6	-1.384
1	$t = \frac{1}{2^5}$	1.140625	-0.6566
2	$t = 1$	1.36681	0.1866
3	$t = 1$	1.326280	0.00667
4	$t = 1$	1.324720	8.771×10^{-6}

由此看出,下山法保证 $f(x_k)$ 逐步下降,即

$$|f(x_{k+1})| < |f(x_k)| < \cdots < |f(x_1)| < |f(x_0)|$$

且牛顿法使这一过程收敛加速。

§5 正割法和抛物线法

5.1 正割法

用牛顿法解非线性方程 $f(x)=0$，虽然在单根邻近具有较高收敛速度，但需要计算 $f'(x)$。如果函数 $f(x)$ 比较复杂，求导数可能有困难，需要更多的运算。这种情况可将牛顿法公式中的 $f'(x)$ 近似用差商来代替，即

$$f'(x) \approx \frac{f(x_k) - f(x_{k-1})}{x_k - x_{k-1}}$$

于是得到计算公式：

$$\begin{cases} \text{初值 } x_0, x_1 \\ x_{k+1} = x_k - \dfrac{f(x_k)}{f(x_k) - f(x_{k-1})}(x_k - x_{k-1}) \\ \qquad\qquad\qquad\qquad (k = 1, 2, \cdots) \end{cases} \tag{5.5.1}$$

公式(5.5.1)就是正割法公式(图 5-11)。

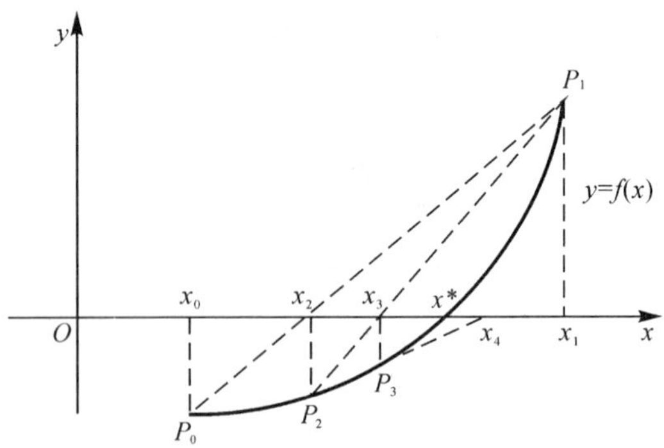

图 5-11

正割法公式(5.5.1)可从下述想法得到：

设方程 $f(x)=0$，且 $f(a)\cdot f(b)<0$，$f(x)$ 于 $[a,b]$ 上连续，如果已知 x_{k-1},x_k，则可通过两点 $P_1(x_{k-1},f(x_{k-1}))$，$P_2(x_k,f(x_k))$ 用线性函数 $P(x)$ 近似代替 $f(x)$，且求 $P(x)=0$ 的根记为 x_{k+1} 作为 $f(x)=0$ 的近似根，其中 $P(x)$ 为

$$P(x)=f(x_k)+\frac{f(x_k)-f(x_{k-1})}{x_k-x_{k-1}}(x-x_k)$$

x_{k+1} 即为(5.5.1)式。正割法与牛顿法相比，其收敛速度较慢。

例 12 用正割法求方程 $f(x)=x^3-3x^2-x-9=0$ 在 $(-2,-1.5)$ 内的根。

解 取初值 $x_0=-2$，$x_1=-1$，计算结果见表 5-12。

表 5-12

k	x_k	$f(x_k)$
0	-2	-9
1	-1	6
2	-1.4	1.776000
3	-1.499	0.389743
4	-1.526841	-0.026330
5	-1.525079	0.000348
6	-1.525102	0.000000

可以证明下述局部收敛定理：设 $f(x)=0$。

如果 $f(x)$，$f'(x)$，$f''(x)$ 在根 x^* 某个领域上连续，且 $f'(x^*)\neq 0$，则当取初始近似值充分接近 x^* 时，由正割法产生序列 $\{x_*\}$ 收敛于 x^* 且有

$$\lim_{k\to\infty}\frac{|x^*-x_{k+1}|}{|x^*-x_k|^{1.618}}=\left|\frac{f''(x^*)}{2f'(x^*)}\right|^{0.618} \tag{5.5.2}$$

5.2 抛物线法*(Muller 法)

抛物线法是求多项式方程 $P(x)=0$ 的实根和复根的有效方法,也可用来求一般函数方程 $f(x)=0$ 根。抛物线法是正割法的推广。

设有非线性方程

$$f(x)=0 \tag{5.5.3}$$

首先给出方程(5.5.3)根 x^* 的三个初始近似值 x_0,x_1,x_2,过三个点$(x_0,f(x_0)),(x_1,f(x_1)),(x_2,f(x_2))$,可构造二次插值多项式 $P_2(x)$,用它来代替 $f(x)$,求 $P_2(x)=0$ 的根,记为 x_3 作为方程 $f(x)=0$ 根 x^* 的第 3 次近似值,这就是抛物线法(设$(x_0,f(x_0)),(x_1,f(x_1)),(x_2,f(x_2))$ 三点不共线)。

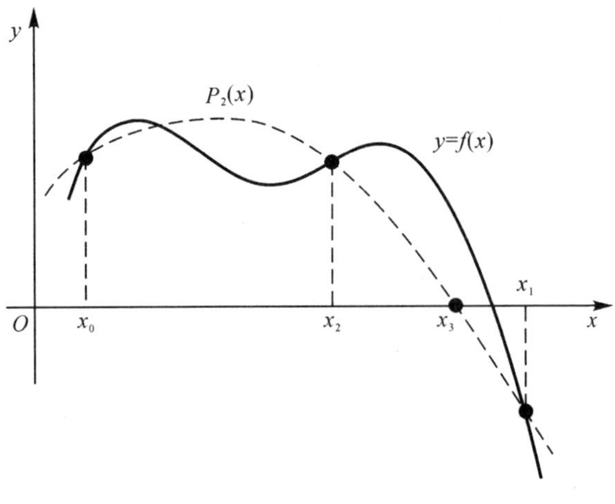

图 5-12

一般情况,设已求得方程根的近似值 x_{k-2},x_{k-1},x_k,并用过三点$(x_i,f(x_i))(i=k-2,k-1,k)$构造的二次插值多项式 $P_2(x)$ 来代替 $f(x)$,求 $P_2(x)=0$ 的根,并记为 x_{k+1} 作为方程 $f(x)=0$ 根 x^* 的第 $k+1$ 次近似值,见图 5-12。

显然

$$P_2(x) = f(x_k) + f[x_k, x_{k-1}](x - x_k) + f[x_k, x_{k-1}, x_{k-2}](x - x_k)(x - x_{k-1}) \tag{5.5.4}$$

其中 $$f[x_k, x_{k-1}] = \frac{f(x_{k-1}) - f(x_k)}{x_{k-1} - x_k}$$

$$f[x_k, x_{k-1}, x_{k-2}] = \frac{f[x_{k-1}, x_{k-2}] - f[x_k, x_{k-1}]}{x_{k-2} - x_k}$$

为了求出 $P_2(x) = 0$ 根，将(5.5.4)式写成更加方便的形式，即

$$P_2(x) = a_k(x - x_k)^2 + b_k(x - x_k) + c_k \tag{5.5.5}$$

其中 $$a_k = f[x_{k-2}, x_{k-1}, x_k]$$

$$b_k = f[x_{k-1}, x_k] + f[x_{k-2}, x_{k-1}, x_k](x_k - x_{k-1})$$

$$c_k = f(x_k)$$

寻求 $a_k h^2 + b_k h + c_k = 0$ 的绝对值最小的根记为 $h_k = x_{k+1} - x_k$，于是 $x_{k+1} = x_k + h_k$ 是最接近 x_k 的方程 $P_2(x) = 0$ 的根。

解此二次方程，得

$$h_k = -\frac{b_k \mp \sqrt{b_k^2 - 4a_k c_k}}{2a_k}$$

于是，初值为 x_0, x_1, x_2 的抛物线法计算公式为

$$x_{k+1} = x_k - \frac{2c_k}{b_k \pm \sqrt{b_k^2 - 4a_k c_k}} \quad (k = 2, 3, \cdots) \tag{5.5.6}$$

其中，a_k, b_k, c_k 由(5.5.5)式求得，根式前符号应选择使(5.5.6)式分母的绝对值或模最大，即符号应取为与 b_k 同号，也就是说，在 $P_2(x) = 0$ 的两个根中选择最接近 x_k 的作为 $f(x) = 0$ 根的第 $k+1$ 次近似值。

为了计算上的方便，引入量

$$q=\frac{x_2-x_1}{x_1-x_0}\ ,\ p=1+q=\frac{x_2-x_0}{x_1-x_0}$$

于是

$$\begin{cases} pa_2=pf[x_0,x_1,x_2]=(q^2f_0-pqf_1+qf_2)/(x_2-x_1)^2 \\ \qquad \equiv a/(x_2-x_1)^2 \\ pb_2=(q^2f_0-p^2f_1+(p+q)f_2)/(x_2-x_i)\equiv b/(x_2-x_1) \\ pc_2=pf_2\equiv c \end{cases} \tag{5.5.7}$$

将式(5.5.7)代入式(5.5.6)得到二次函数 $P_2(x)$ 的零点为：

$$\left.\begin{aligned} h_2 &= -\frac{2c(x_2-x_1)}{b\pm\sqrt{b^2-4ac}}\equiv q_3(x_2-x_1) \\ x_3 &= x_2+q_3(x_2-x_1) \end{aligned}\right\} \tag{5.5.8}$$

其中

$$a=q^2f_0-pqf_1+qf_2$$

$$b=q^2f_0-p^2f_1+(p+q)f_2$$

$$c=pf_2$$

$$q_3=\frac{-2c}{b\pm\sqrt{b^2-4ac}}$$

抛物线法(Muller 方法) 计算步骤：设方程 $f(x)=0$。

(1) 选定三个初始近似值 x_0,x_1,x_2，计算相应的函数 $f(x)$ 值 f_0,f_1,f_2，计算 $q=(x_2-x_1)/(x_1-x_0)$。

(2) 迭代计算：

$p=1+q$；

a,b,c,h(按(5.5.8)式计算，且 h 分母中“±”号与 b 取同号)；

$x_3=x_2+h(x_2-x_1)$；

计算 $f_3=f(x_3)$。

(3) 如果 $|\delta|\leqslant\varepsilon_1$ 或 $|f_3|\leqslant\varepsilon_2$($\varepsilon_1,\varepsilon_2$ 为给定精度)，则迭代终止，x_3 即为所求，否则转(4)。

(4) 如果迭代次数超过指定次数 N，则认为迭代过程不收敛，计算失败，否则以$(x_1,x_2,x_3,f_1,f_2,f_3,q_3)$分别代替$(x_0,x_1,x_2,f_0,f_1,f_2,q)$，转(2)继续迭代。

注意:这里

$$\delta=\begin{cases}|x_3-x_2| & \text{当 } |x_3|<1 \text{ 时}\\ \dfrac{|x_3-x_2|}{|x_3|} & \text{当 } |x_3|\geqslant 1 \text{ 时}\end{cases}$$

例 13　用抛物线法计算例 12 中方程的根。

解　取初始近似值$x_0=-2,x_1=-1,x_2=-1.4$，计算$f_0=-9,f_1=6,f_2=1.776$。

(1) 计算:$q=-0.4,p=0.6$

$a=-0.7104,b=-3.2448,c=1.0656,h=0.30767689$

$$x_3=x_2+h(x_2-x_1)=-1.523071$$

(2) 计算:由$x_1=-1,x_2=-1.4,x_3=-1.523071$

$$f_1=6,f_2=1.776,f_3=0.0306984$$

继续迭代，计算$q=0.30767689,p=1.30767689$

$$a=-0.13712260,b=-2.41940837,c=0.040148374$$
$$h=0.016578716$$

$$x_4=x_3+h(x_3-x_2)=-1.525111。$$

计算$f(x_4)=-0.0001323$

上述计算结果与例 12 中正割法的结果比较，可知抛物线法收敛较快。

可以证明下述局部收敛定理。

如果$f(x)$在根x^*邻近存在连续的三阶导数且初始近似值充分接近x^*，则抛物线方法迭代过程是收敛的，且有

$$\lim_{k \to 0} \frac{|x^* - x_{k+1}|}{|x^* - x_k|^{1.84}} = \left| \frac{f'''(x^*)}{6f'(x^*)} \right|^{0.42} \quad (设\ f'(x^*) \neq 0)$$

(5.5.9)

在抛物线方法中，即使选取 x_0, x_1, x_2 为实数，但 x_3 也可能是复数，所以抛物线法可适用求多项式方程的实根和复根。

§6　迭代法的收敛阶和 Aitken 加速方法

在关于迭代法定理5的假设条件下，且 $g'(x^*) \neq 0$，由中值公式有

$$x^* - x_{k+1} = g(x^*) - g(x_k) = g'(c)(x^* - x_k)$$

(5.6.1)

其中，c 在 x^* 与 x_k 之间，且由 $x_0 \in S$，于是 $x_k \in S, c \in S$。又由 (5.6.1) 式及 $g'(x)$ 连续性，故 x_k 误差 $x^* - x_k$ 有关系

$$\lim_{k \to \infty} \frac{x^* - x_{k+1}}{x^* - x_k} = g'(x^*) \tag{5.6.2}$$

由定理6可知，关于求解方程 $f(x) = 0$ 牛顿法产生的 x_k 误差 $x^* - x_k$ 有关系

$$\lim_{k \to \infty} \frac{x^* - x_{k+1}}{(x^* - x_k)^2} = -\frac{f''(x^*)}{2f'(x^*)} \tag{5.6.3}$$

一般情况，设有方程 $x = g(x)$ 及迭代过程

$$\begin{cases} x_0(\text{初值}) \\ x_{k+1} = g(x_k) \quad (k = 0, 1, 2, \cdots) \end{cases}$$

(5.6.4)

且设 $\{x_k\}$ 收敛于 x^*。

如果误差有关系

$$\lim_{k \to \infty} \frac{|x^* - x_{k+1}|}{|x^* - x_k|^p} = c \neq 0 \tag{5.6.5}$$

其中，p 为实数且 $p \geqslant 1$，c 为正常数，称迭代过程为 p 阶**收敛**，当 $p = 1$ 时（且要求 $0 < c < 1$）称迭代过程为**线性收敛**，当 $p > 1$ 时称迭代过程为**超线性收敛**，当 $p = 2$ 时称迭代过程为**二次收敛**（或为平方收敛）。

如果一迭代过程为 p 阶收敛时，式(5.6.5)表示当 x_k 充分接近根 x^* 时有

$$|x^* - x_{k+1}| \approx c|x^* - x_k|^p \tag{5.6.6}$$

式(5.6.6)反映了 x_k 在接近收敛于 x^* 过程中，每迭代一次近似解误差的缩减速度，当 c 数值不大时，近似解误差下降速度主要取决于式(5.6.6)中的幂次 p。p 越大，$\{x_k\}$ 收敛于 x^* 速度就越快，于是 p 可以作为衡量迭代法收敛速度的一种度量。因此 p 值的大小是衡量一个迭代过程优劣的标志之一。

于是，一般迭代法 $x_{k+1} = g(x_k)$，当 $g'(x^*) \neq 0$ 时迭代过程为线性收敛（由定理 5 及(5.6.2)式，$p = 1$）。牛顿法具有二阶收敛（由定理 6 及(5.6.3)式，$p = 2$）。牛顿法在接近收敛过程中，近似根 x_k 的误差将是二次方地下降，因此牛顿法在单根邻近具有较快的收敛速度。但牛顿法对初值要求比较苛刻。初值选取不好，牛顿法可能不收敛。当 x^* 为 $f(x) = 0$ 的二重根时，则牛顿法为线性收敛。

正割法收敛阶为 $p = 1.618$（由(5.5.2)式）是超线性收敛，抛物线方法收敛阶为 $p = 1.84$（由(5.5.9)式）。

对于收敛较慢的数列 $\{x_k\}$（例如，x_k 由迭代过程 $x_{k+1} = g(x_k)$ 产生），一个补救的方法是采用加速公式。

设有 $\quad \lim\limits_{k\to\infty} x_k = x^*$，且 $\lim\limits_{k\to\infty} \dfrac{x^* - x_{k+1}}{x^* - x_k} = c \quad (0 < c < 1)$

于是

$$\frac{x^* - x_{k+1}}{x^* - x_k} \approx c \tag{5.6.7}$$

则 x^* 能由 x_k, x_{k+1}, x_{k+2} 用下述方程确定，事实上，由式(5.6.7)有

$$\frac{x_{k+2}-x^*}{x_{k+1}-x^*}\approx\frac{x_{k+1}-x^*}{x_k-x^*}$$

解出 x^* 即得

$$\begin{aligned} x^* &\approx \frac{x_k x_{k+2}-x_{k+1}{}^2}{x_{k+2}-2x_{k+1}+x_k} \\ &\approx x_k-\frac{(x_{k+1}-x_k)^2}{x_{k+2}-2x_{k+1}+x_k}\equiv x' \end{aligned} \tag{5.6.8}$$

上式说明，当式(5.6.7)得到较好的满足时，则 x' 是近似值 x_{k+2} 的很大的改进。于是，由数列 $\{x_k\}$ 可定义一新的数列 $\{\hat{x}_k\}$。

定义 3

$$\hat{x}_k=x_k-\frac{(x_{k+1}-x_k)^2}{x_{k+2}-2x_{k+1}+x_k}\quad (k=0,1,2,\cdots) \tag{5.6.9}$$

且序列 $\{\hat{x}_k\}$ 可能比 $\{x_k\}$ 更快的收敛于 x^*。这种由给出的序列 $\{x_k\}$(收敛较慢)来计算新序列 $\{\hat{x}_k\}$ 的方法称为 **Aitken 加速法**。

当迭代过程收敛很慢时，一般可用 Aitken 法加速，但有时 Aitken 法加速可能失败，如当 $g'(x)$ 起伏很大，初值 x_0 和根 x^* 有较大的距离时，Aitken 加速就可能失败。

将 Aitken 加速法用于迭代法就产生了被称为斯蒂芬森(Steffensen) 法。

设有方程 $x=g(x)$，x_0 为初值$(k=0,1,2,\cdots)$。

(1) 迭代

$$y_k=g(x_k)\ ,\ z_k=g(y_k) \tag{5.6.10}$$

(2) 加速

$$x_{k+1}=x_k-\frac{(y_k-x_k)^2}{z_k-2y_k+x_k}\quad (k=0,1,2,\cdots) \tag{5.6.11}$$

Steffensen 方法计算步骤：设方程 $x=g(x)$，

(1) 输入初值 x_0，N_0(最大迭代次数)，ε(精度要求)；

(2) 对于 $k = 1,2,\cdots,N_0$

①$x_1 \leftarrow g(x_0), x_2 \leftarrow g(x_1)$

②$x \leftarrow x_0 - (x_1 - x_0)^2/(x_2 - 2x_1 + x_0)$

③ 如果 $|x_1 - x_0| < \varepsilon$,则输出 x,k,停机

④$x_0 \leftarrow x$

(3) 输出:("method failed after No iterations, No ="No)

例 14 设有方程 $x = \mathrm{e}^{-x}$,试用 Steffensen 方法求[0.5,0.6]内方程根的近似值。

解 迭代过程 $x_0 = 0.5, x_{k+1} = \mathrm{e}^{-x_k}(k = 0,1,2,\cdots)$,计算到 $x_{23} = 0.567143438$,方程的精确解为 $x^* = 0.56714329\cdots$。$|x_{23} - x^*| \approx 0.15 \times 10^{-6}$。现用 Steffensen 法加速(即式(5.6.10)和(5.6.11)),结果见表 5-13,且 $|x_2 - x^*| \approx 0.2 \times 10^{-7}$,加速效果较好。

表 5-13

k	x_k	y_k	z_k
0	0.5	0.60653066	0.54523921
1	0.56762388	0.56687079	0.56729786
2	0.56714331		

小　　结

本章讨论了计算机上常用的求解非线性方程一些数值方法。

二分法可用来计算 $f(x) = 0$ 于$[a,b]$的所有实根,且方法简单,对函数 $f(x)$ 只要求连续即可,是一个不会失败的方法,但二分法收敛较慢。

解非线性方程的迭代法,是一种逐次逼近的方法。我们介绍了迭代法收敛的一般理论。迭代法一般具有线性收敛速度,此时,可

采用 Aitken 加速法，使其收敛得到加速。即采用不需要计算导数的可将一阶单点迭代 $x_{k+1} = g(x_k)$ 加速为二阶的斯蒂芬森法。

牛顿法可以选作对导数能有效地求值，且导数在根的领域中连续的任何函数方程的求根方法。牛顿法在单根邻近收敛快，具有二阶收敛速度，但牛顿法对初值要求比较苛刻，即要求初值选取充分靠近方程的根，否则牛顿法可能不收敛。扩大初值的选取范围，可采用牛顿下山法。

如果计算函数 $f(x)$ 的一阶导数比较复杂，可采用正割法求根。正割法每迭代一步，只算一次函数值，且正割法为超线性收敛($p = 1.618$)。

抛物线方法是求多项式方程近似根(实根或复根)的一种有效方法，具有收敛快的特点(收敛阶为 $p = 1.84$)。可以用实轴上三个等距值来开始迭代，在这个方法中你必须考虑复分母和复数运算的可能性。本章的学习可参见参考文献[1]，[4]，[6]。

习 题 五

1. 设方程为 $x^4 - 3x + 1 = 0$，用二分法求方程在[0.3,0.4]内的一个实根，精确到小数后第五位(即 $|x^* - x_k| \leqslant \frac{1}{2} \times 10^{-5}$)。

2. 设有方程 $f(x) = e^x - \sin x = 0$。

(1) $f(x) = 0$ 于 $(-2\pi, \pi)$ 内有几个根；

(2) 试将 $f(x) = 0$ 于 $(-2\pi, \pi)$ 转化为等价方程组 $x = g(x)$(可有几种)。

3. 为求方程 $x^3 - x^2 - 1 = 0$ 在 $x_0 = 1.5$ 附近一根，现将方程转化为等价形式且建立迭代公式：

(1)$x = 1 + \frac{1}{x^2}$，迭代公式 $x_{k+1} = 1 + \frac{1}{x_k^2} \equiv g_1(x_k)$；

(2)$x^2 = \frac{1}{x-1}$，迭代公式 $x_{k+1} = \frac{1}{\sqrt{x_k - 1}} \equiv g_2(x_k)$。

这两种迭代过程都收敛吗?

4. 设有方程 $f(x) = 0$，其中设 $f'(x)$ 存在，且对一切 x 值满足 $0 < m \leqslant f'(x) \leqslant M$，构造迭代过程

$$x_{k+1} = x_k - \lambda f(x_k), (k = 0,1,2,\cdots;\lambda \text{ 为常数})$$

试证明当 λ 选取为满足 $0 < \lambda < \frac{2}{M}$ 的任意数时，对任意选取的初值 x_0，上述迭代过程收敛。

5. 用牛顿方法求下述满足 $|x_{k+1} - x_k| < 10^{-5}$ 的近似根。

(1)$x^2 + 10\cos x = 0, x_0 = 1.6$；(2)$1 + \arctan x - x = 0$。

6. 用牛顿法计算 $\sqrt{30}$ 具有四位有效数字的近似值。

7. 应用牛顿法于方程 $x^n - a = 0 (a > 0)$，试导出一个求 $x = \sqrt[n]{a}$ 的迭代过程。

8. 设 $f(x)$ 于 $[a,b]$ 连续且 $f(a) \cdot f(b) < 0$，$f(x) = 0$ 于 $[a,b]$ 内有一实根，试建立试位法计算公式。

(1) 每次搜索有根区间 $[a_k, b_k]$；

(2) 且于$[a_k,b_k]$用过两点$(a_k,f(a_k))$,$(b_k,f(b_k))$直线近似代替$f(x)$建立求根公式且画出试位法计算框图。

9. 选取常数λ使得

$$x_{k+1} = (\lambda x_k + 1 - \sin x_k)/(1+\lambda)$$

成为求$1 - x - \sin x = 0$在$x_0 = 0.5$附近的根的快速收敛过程,且用初值$x_0 = 0.5$计算迭代的前几步。

10. 求方程$f(x)=0$根α,可选取迭代函数$g(x) = x - cf(x)$,其中$c \neq 0$可选常数,如果$f'(\alpha) \neq 0$,为使迭代过程收敛于α,应如何选取c?

11. 设有方程$f(x) = x^4 - 3x + 1 = 0$,取$x_0 = 0.3$,$x_1 = 0.4$,试用正割法计算方程的根,且要求满足$|x_{k+1} - x_k| < 10^{-5}$。

12. 设$x_0 = 0.3$,$x_1 = 0.5$,$x_2 = 0.4$,试用抛物线法求方程$8x^4 - 8x^2 + 1 = 0$的最小正根的近似值$\left(\text{方程 } T_4(x) = 0 \text{ 的最小正根为 } \cos\dfrac{3\pi}{8}\right)$。

第六章　方程组的数值解法

§1 引　　言

在自然科学和工程中有很多问题的解决归结为求解线性方程组或者非线性方程组的数学问题。例如，电学中的网络问题，用最小二乘法求实验数据的曲线拟合问题，三次样条的插值问题，用有限元素法计算结构力学中的一些问题或用差分法解椭圆型偏微分方程的边值问题等等。

例 1　设有电源及一些电阻组成的简单电路(图 6-1)，试求各环路电流。

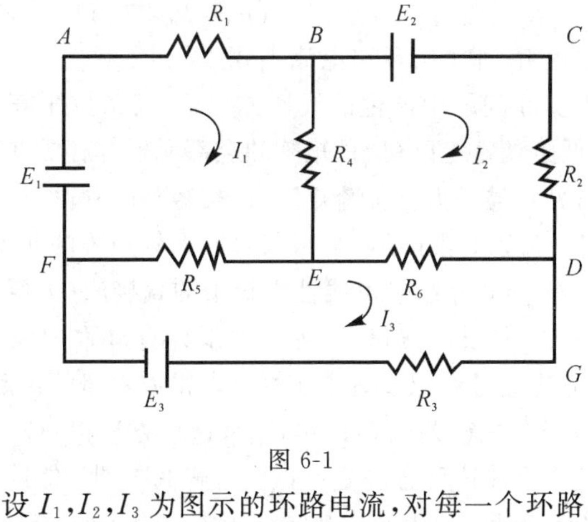

图 6-1

解　设 I_1,I_2,I_3 为图示的环路电流，对每一个环路，利用克希霍夫(Kirchhoff)定律：在任何一个闭合回路中，各电动势的代数和等于各电阻上电压降的代数和。

对环路 $ABEF$：

$$U_{AB}+U_{BE}+U_{EF}=E_1 \qquad ①$$

利用欧姆定律①式为

$$R_1I_{AB}+R_4I_{BE}+R_5I_{EF}=E_1 \qquad ②$$

再用环路电流代替支路电流，即

$$I_{AB}=I_1,I_{BE}=I_1-I_2,I_{EF}=I_1-I_3 \qquad ③$$

将③式代入②式，即得环路电流 I_1,I_2,I_3 所满足代数方程

$$(R_1+R_4+R_5)I_1-R_4I_2-R_5I_3=E_1$$

同理，对环路 $BCDE$ 及环路 $EDGF$ 可得方程：

$$-R_4+(R_2+R_4+R_6)I_2-R_6I_3=E_2$$

$$-R_5I_1-R_6I_2+(R_3+R_5+R_6)I_3=E_3$$

或写为矩阵形式即得到环路电流 I_1,I_2,I_3 所满足的线性方程组：

$$\begin{bmatrix}(R_1+R_4+R_5) & -R_4 & -R_5\\ -R_4 & (R_2+R_4+R_6) & -R_6\\ -R_5 & -R_6 & (R_3+R_5+R_6)\end{bmatrix}\begin{bmatrix}I_1\\ I_2\\ I_3\end{bmatrix}=\begin{bmatrix}E_1\\ E_2\\ E_3\end{bmatrix}$$

求解上述方程组，即求得环路电流 I_1,I_2,I_3。

在工程实际问题中产生的线性方程组，其系数矩阵大致有两种：一种是低阶稠密矩阵（这种矩阵的全部元素都存贮在计算机的存贮器中）；另一类是大型稀疏矩阵（此类矩阵阶数高，但零元素较多，这类矩阵一般采用压缩存贮或仅存贮系数矩阵的非零元素）。

本章§2～§6介绍求解线性方程组的直接法（主要是选主元高斯消去法、平方根法、追赶法等），如果计算过程中没有舍入误差，则此种方法经过有限步算术运算可求得方程组的精确解，但实际计算中由于舍入误差的存在和影响，这种方法也只能求得方程组的近似解。目前这种方法是计算机上解低阶稠密矩阵的有效方法。§8将介绍计算机上解大型稀疏矩阵方程组的迭代法，§9介绍解非线性方程组的迭代法。

§2 高斯消去法

高斯消去法是一个古老的求解线性方法组的方法，但由它改进得到的选主元的高斯消去法则是目前计算机上常用的解低阶稠密矩阵方程组的有效方法。

例 2 用高斯消去法解方程组

$$\begin{cases}2x_1+2x_2+2x_3=1 & ①\\3x_1+2x_2+4x_3=1/2 & ②\\x_1+3x_2+9x_3=5/2 & ③\end{cases}$$

解 第 1 步：将方程 ① 乘上 $(-3/2)$ 加到方程 ② 上去，将方程 ① 乘上 $(-1/2)$ 加到方程 ③ 上去，则得到与原方程组等价的方程组

$$\begin{cases}2x_1+2x_2+2x_3=1 & \\ \qquad -x_2+x_3=-1 & ④\\ \qquad\ 2x_2+8x_3=2 & ⑤\end{cases}$$

其中，方程 ④，⑤ 已消去了未知数 x_1。

第 2 步：将方程 ④ 乘上 2 加到方程 ⑤，消去 ⑤ 式中未知数 x_2，又得到与原方程组等价的三角形方程组

$$\begin{cases}2x_1+2x_2+2x_3=1 & \\ \qquad -x_2+x_3=-1 & ⑥\\ \qquad\qquad 10x_3=0 & \end{cases}$$

最后由上述方程组，用回代的方法，即可求得原方程组的解：

$$x_3=0\quad,\quad x_2=1\quad,\quad x_1=-1/2$$

若用矩阵来描述消去法的约化过程，即为

$$
[\boldsymbol{A},\boldsymbol{b}]=\left[\begin{array}{ccc:c}2&2&2&1\\3&2&4&1/2\\1&3&9&5/2\end{array}\right]\xrightarrow{1}\left[\begin{array}{ccc:c}2&2&2&1\\0&-1&1&-1\\0&2&8&2\end{array}\right]
$$

$$
\xrightarrow{2}\left[\begin{array}{ccc:c}2&2&2&1\\0&-1&1&-1\\0&0&10&0\end{array}\right]
$$

这种求解过程,称为具有回代的高斯消去法。

从这个例子看出,用高斯消去法解方程组的基本思想是用矩阵行的初等变换将系数矩阵 $\boldsymbol{A}$ 约化为具有简单形式的矩阵(上三角形矩阵、单位矩阵等),而三角形方程组是很容易解的。

下面讨论求解一般线性方程组的高斯消去法。设有 n 个未知数的线性方程组

$$
\left.\begin{aligned}a_{11}x_1+a_{12}x_2+\cdots+a_{1n}x_n&=b_1\\a_{21}x_1+a_{22}x_2+\cdots+a_{2n}x_n&=b_2\\&\vdots\\a_{n1}x_1+a_{n2}x_2+\cdots+a_{nn}x_n&=b_n\end{aligned}\right\}\tag{6.2.1}
$$

引进记号

$$
\boldsymbol{A}=\begin{bmatrix}a_{11}&a_{12}&\cdots&a_{1n}\\a_{21}&a_{22}&\cdots&a_{2n}\\\vdots&\vdots&\cdots&\vdots\\a_{n1}&a_{n2}&\cdots&a_{nn}\end{bmatrix},\boldsymbol{x}=\begin{bmatrix}x_1\\x_2\\\vdots\\x_n\end{bmatrix},\boldsymbol{b}=\begin{bmatrix}b_1\\b_2\\\vdots\\b_n\end{bmatrix}
$$

式(6.2.1)可用矩阵形式表示

$$
\boldsymbol{Ax}=\boldsymbol{b}\tag{6.2.2}
$$

且为了下面讨论方便,记 $\boldsymbol{A}=\boldsymbol{A}^{(1)}=(a_{ij}^{(1)})_{n\times n},\boldsymbol{b}=\boldsymbol{b}^{(1)}=(b_1^{(1)},\cdots,b_n^{(1)})^T$。假设 $\boldsymbol{A}$ 为非奇异矩阵(即设 $\det(\boldsymbol{A})\neq 0$)。

第 1 步($k=1$):设 $a_{11}^{(1)}\neq 0$ 计算乘数

$$
m_{i1}=\frac{a_{i1}^{(1)}}{a_{11}^{(1)}}\quad(i=2,\cdots,n)
$$

用($-m_{i1}$)乘上式(6.2.1)第一个方程,加到第 i 个方程上去($i=$

$2,\cdots,n)$，即施行行的初等变换 $r_i \leftarrow r_i - m_{i1} \cdot r_1 (i=2,\cdots,n)$，消去第 2 个方程 ～ n 个方程的未知数 x_1，得到式(6.2.1)的等价方程组

$$\begin{bmatrix} a_{11}^{(1)} & a_{12}^{(1)} & \cdots & a_{1n}^{(1)} \\ & \boxed{a_{22}^{(2)}} & \cdots & a_{2n}^{(2)} \\ & \vdots & & \vdots \\ & a_{n2}^{(2)} & \cdots & a_{nn}^{(2)} \end{bmatrix} \begin{bmatrix} x_1 \\ x_2 \\ \vdots \\ x_n \end{bmatrix} = \begin{bmatrix} b_1^{(1)} \\ b_2^{(2)} \\ \vdots \\ b_n^{(2)} \end{bmatrix} \tag{6.2.3}$$

记为

$$\boldsymbol{A}^{(2)}\boldsymbol{x}=\boldsymbol{b}^{(2)}$$

其中，(6.2.3)式中方框内元素为这一步需要计算的元素，计算公式为

$$a_{ij}^{(2)}=a_{ij}^{(1)}-m_{i1}a_{1j}^{(1)} \quad (i,j=2,\cdots,n)$$

$$b_i^{(2)}=b_i^{(1)}-m_{i1}b_1^{(1)} \quad (i=2,\cdots,n)$$

第 k 步：$(k=1,2,\cdots,n-1)$继续上述消去过程，设第 1 步～第 $k-1$ 步计算已经完成，得到与原方程组等价的方程组

$$\begin{bmatrix} a_{11}^{(1)} & a_{12}^{(1)} & \cdots & & a_{1n}^{(1)} \\ & a_{22}^{(2)} & \cdots & & a_{2n}^{(2)} \\ & & \ddots & & \vdots \\ & & & a_{kk}^{(k)} & \cdots & a_{kn}^{(k)} \\ & & & \vdots & & \vdots \\ & & & a_{nk}^{(k)} & \cdots & a_{nn}^{(k)} \end{bmatrix} \begin{bmatrix} x_1 \\ x_2 \\ \vdots \\ x_n \end{bmatrix} = \begin{bmatrix} b_1^{(1)} \\ b_2^{(2)} \\ \vdots \\ b_k^{(k)} \\ \vdots \\ b_n^{(k)} \end{bmatrix} \tag{6.2.4}$$

记为

$$\boldsymbol{A}^{(k)}\boldsymbol{x}=\boldsymbol{b}^{(k)}$$

现进行第 k 步消元计算，设 $a_{kk}^{(k)} \neq 0$，计算乘数

$$m_{ik}=\frac{a_{ik}^{(k)}}{a_{kk}^{(k)}} \quad (i=k+1,\cdots,n)$$

用$(-m_{ik})$乘式(6.2.4)的第 k 个方程加到第 i 个方程$(i=k+1,\cdots,n)$，消去式(6.2.4)中第 i 个方程$(i=k+1,\cdots,n)$的未知数 x_k，得到与原方程组等价的方程组

$$
\begin{bmatrix}
a_{11}^{(1)} & a_{12}^{(1)} & \cdots & & \cdots & a_{1n}^{(1)} \\
 & a_{22}^{(2)} & \cdots & & \cdots & a_{2n}^{(2)} \\
 & & \ddots & & & \vdots \\
 & & & a_{kk}^{(k)} & \cdots \quad \cdots & a_{kn}^{(k)} \\
 & & & & \boxed{\begin{matrix} a_{k+1,k+1}^{(k+1)} & \cdots & a_{k+1,n}^{(k+1)} \\ \vdots & & \vdots \\ a_{n,k+1}^{(k+1)} & \cdots & a_{nn}^{(k+1)} \end{matrix}} &
\end{bmatrix}
\begin{bmatrix} x_1 \\ x_2 \\ \vdots \\ x_n \end{bmatrix}
=
\begin{bmatrix} b_1^{(1)} \\ b_2^{(2)} \\ \vdots \\ b_k^{(k)} \\ \boxed{\begin{matrix} b_{k+1}^{(k+1)} \\ \vdots \\ b_n^{(k+1)} \end{matrix}} \end{bmatrix}
$$

简记为 (6.2.5)

$$\boldsymbol{A}^{(k+1)}\boldsymbol{x} = \boldsymbol{b}^{(k+1)}$$

其中,$\boldsymbol{A}^{(k+1)}$,$\boldsymbol{b}^{(k+1)}$ 元素计算公式为:

$$
\begin{cases}
a_{ij}^{(k+1)} = a_{ij}^{(k)} - m_{ik}a_{kj}^{(k)} & (i,j = k+1,\cdots,n) \\
b_i^{(k+1)} = b_i^{(k)} - m_{ik}b_k^{(k)} & (i = k+1,\cdots,n)
\end{cases}
\tag{6.2.6}
$$

式中,$\boldsymbol{A}^{(k+1)}$ 与 $\boldsymbol{A}^{(k)}$ 前 k 行元素相同,$\boldsymbol{b}^{(k+1)}$ 与 $\boldsymbol{b}^{(k)}$ 前 k 个元素相同。

最后,重复上述约化过程,即 $k = 1,2,\cdots,n-1$ 且设 $a_{kk}^{(k)} \neq 0(k = 1,2,\cdots,n-1)$ 共完成 $n-1$ 步消元计算,得到与原方程组(6.2.1)等价的三角形方程组

$$
\begin{bmatrix}
a_{11}^{(1)} & a_{12}^{(1)} & \cdots & a_{1n}^{(1)} \\
 & a_{22}^{(2)} & \cdots & a_{2n}^{(2)} \\
 & & \ddots & \vdots \\
 & & & a_{nn}^{(n)}
\end{bmatrix}
\begin{bmatrix} x_1 \\ x_2 \\ \vdots \\ x_n \end{bmatrix}
=
\begin{bmatrix} b_1^{(1)} \\ b_2^{(2)} \\ \vdots \\ b_n^{(n)} \end{bmatrix}
\tag{6.2.7}
$$

用回代的方法,即可求得方程(6.2.7)的解,计算公式为

$$
\begin{cases}
x_n = \dfrac{b_n^{(n)}}{a_{nn}^{(n)}} \\
x_i = \dfrac{b_i^{(i)} - \sum\limits_{j=i+1}^{n} a_{ij}^{(i)} x_j}{a_{ii}^{(i)}} & (i = n-1,n-2,\cdots,1)
\end{cases}
\tag{6.2.8}
$$

元素 $a_{kk}^{(k)}$ 称为约化的主元素。将方程(6.2.1) 约化为方程(6.2.7) 的过程称为**消元过程**，方程(6.2.7) 求解过程方程(6.2.8) 称为**回代过程**，由消元过程和回代过程求解线性方程组的方法称为**高斯消去法**。

定理 1 (高斯消去法)

设 $\boldsymbol{Ax}=\boldsymbol{b}$，其中 $\boldsymbol{A}\in R^{n\times n}$。如果约化的主元素 $a_{kk}^{(k)}\neq 0(k=1,2,\cdots,n)$，则可通过高斯消去法(不进行交换两行的初等交换) 将方程组 $\boldsymbol{Ax}=\boldsymbol{b}$ 约化为三角形矩阵方程组(6.2.7) 且消元和求解公式为：

(1) 消元计算

$$k=1,2,\cdots,n-1$$

$$m_{ik}=\frac{a_{ik}^{(k)}}{a_{kk}^{(k)}}\quad(i=k+1,\cdots,n)$$

$$a_{ij}^{(k+1)}=a_{ij}^{(k)}-m_{ik}a_{kj}^{(k)}\quad(i,j=k+1,\cdots,n)$$

$$b_i^{(k+1)}=b_i^{(k)}-m_{ik}b_k^{(k)}\quad(i=k+1,\cdots,n)$$

(2) 回代计算

$$\begin{cases}x_n=\dfrac{b_n^{(n)}}{a_{nn}^{(n)}}\\[2ex] x_i=\dfrac{\left(b_i^{(i)}-\sum\limits_{j=i+1}^{n}a_{ij}^{(i)}x_j\right)}{a_{ii}^{(i)}}\quad(i=n-1,n-2,\cdots,1)\end{cases}$$

如果 $\boldsymbol{A}$ 为非奇异矩阵时，但可能有某 $a_{kk}^{(k)}=0$，则在第 k 列存在有元素 $a_{i_k,k}^{(k)}\neq 0(k+1\leqslant i_k\leqslant n)$，于是可能通过交换 $(\boldsymbol{A},\boldsymbol{b})$ 的第 k 行和第 i_k 行元素将 $a_{i_k,k}^{(k)}$ 调到 (k,k) 位置，然后再进行消元计算。于是，在 $\boldsymbol{A}$ 为非奇异矩阵时，只要引进行交换，则高斯消去法可将 $\boldsymbol{Ax}=\boldsymbol{b}$ 约化为三角形方程组(6.2.7)，且通过回代即可求得方程组解。

高斯消去法计算量：

(1) 消元计算：第 k 步 $(k=1,2,\cdots,n-1)$。

1° 计算乘数：需要作 $(n-k)$ 次除法运算；

2° 消元：需作$(n-k)^2$次乘法运算；

3° 计算$\boldsymbol{b}^{(k)}$：需作$(n-k)$次乘法运算。

于是完成全部消元计算共需要作

$$\begin{aligned}&\sum_{k=1}^{n-1}(n-k)+\sum_{k=1}^{n-1}(n-k)^2+\sum_{k=1}^{n-1}(n-k)\\&\quad=\frac{n(n-1)}{2}+\frac{(n-1)n(2n-1)}{6}+\frac{n(n-1)}{2}\\&\quad\equiv s\end{aligned}$$

次乘除法运算。

(2) 回代计算：共需要作$n(n+1)/2$次乘除法运算。

于是，用高斯消去法解$\boldsymbol{Ax}=\boldsymbol{b}$(其中$\boldsymbol{A}\in R^{n\times n}$)的计算量为共需作

$$MD=\frac{n(n+1)}{2}+s=\frac{n^3}{3}+n^2-\frac{n}{3} \tag{6.2.9}$$

次乘除法运算。

下面比较用高斯消去法和用克莱姆(Cramer)法则解 20 阶方程组的计算量。

表 6-1

方　法	高斯消去法	Cramer 法则
计算量	3060 次乘除法	大约 5×10^{19}次乘法

如果计算工作是在每秒作10^5次乘除法的计算机上进行的，那么用高斯消去法解 20 阶方程组约需要 0.03 秒时间即可完成，而用克莱姆法则大约需1.3×10^{11}小时才能完成(大约相当于10^7年)。由此可知克莱姆法则完全不适用在计算机上求解高维方程组。

在计算机上用高斯消去法解低阶稠密矩阵线性方程组时要注意几点：

(1) 要用一个二维数组$A(n,n)$存放系数矩阵$\boldsymbol{A}$的元素，用一

维数组 $b(n)$ 存放常数项 $\boldsymbol{b}$ 分量。

(2) 需要输入数据 $\boldsymbol{A},\boldsymbol{b},n$。

(3) 约化的中间结果 $\boldsymbol{A}^{(k)}$ 元素冲掉 $\boldsymbol{A}$ 元素，$\boldsymbol{b}^{(k)}$ 冲掉 $\boldsymbol{b}$，乘数 m_{ik} 冲掉 a_{ik}。例如，计算

$1°$ $A(i,k) \leftarrow A(i,k)/A(k,k)$，$(i = k+1,\cdots,n)$；

$2°$ $A(i,j) \leftarrow A(i,j) - A(i,k) * A(k,j)$

$(i = k+1,\cdots,n; j = k+1,\cdots,n)$；

$3°$ $b(i) \leftarrow b(i) - A(i,k) * b(k)$，$(i = k+1,\cdots,n)$。

(4) 在高斯消去法中一般要引进行交换。

(5) 如果不存在 i_k，使 $a_{i_k,k} \neq 0$，要输出方程组没有惟一解的信息。

§3 选主元素的高斯消去法

用高斯消去法解 $\boldsymbol{Ax}=\boldsymbol{b}$ 时，其中设 $\boldsymbol{A}$ 为非奇异矩阵，可能出现 $a_{kk}^{(k)}=0$ 情况，这时必须进行带行交换的高斯消去法。但在实际计算中即使 $a_{kk}^{(k)}\neq 0$ 但其绝对值很小时，用 $a_{kk}^{(k)}$ 作除数，会导致中间结果矩阵 $\boldsymbol{A}^{(k)}$ 元素数量级严重增长和舍入误差的扩散，使得最后的计算结果不可靠。

例 3 设有方程组

$$\begin{cases} 0.0001x_1 + x_2 = 1 \\ x_1 + x_2 = 2 \end{cases}$$

解 精确解为 $x^* = (1.00010001, 0.99989999)^T$。

[方法 1] 用高斯消去法求解(用具有舍入的 3 位浮点数进行计算)。

$$[\boldsymbol{A},\boldsymbol{b}] = \left[\begin{array}{cc:c} 0.000100 & 1 & 1 \\ 1 & 1 & 2 \end{array}\right]$$

$$m_{21} = 10000$$

$$\rightarrow \left[\begin{array}{cc:c} 0.0001000 & 1 & 1 \\ 0 & -0.100\times 10^{5} & -0.100\times 10^{5} \end{array}\right]$$

回代得到计算解 $x_2 = 1.00, x_1 = 0.00$。与精确解比较，这是一个很坏的结果。

［方法 2］ 用具有行交换的高斯消去法(避免小主元)。

$$\underset{r_1 \Longleftrightarrow r_2}{[\boldsymbol{A},\boldsymbol{b}] \rightarrow} \left[\begin{array}{cc:c} 1 & 1 & 2 \\ 0.000100 & 1 & 1 \end{array}\right] \underset{m_{21}=0.000100}{\rightarrow} \left[\begin{array}{cc:c} 1 & 1 & 2 \\ 0 & 1.00 & 1.00 \end{array}\right]$$

回代求解 $x_2 = 1.00, x_1 = 1.00$。对于用具有舍入的 3 位浮点数进行运算，这是一个很好的计算结果。

方法 1 计算失败的原因，是用了一个绝对值很小的数作除数，乘数很大，引起约化中间结果数量级严重增长，再舍入就使得计算结果不可靠了。

这个例子告诉我们，在采用高斯消去法解方程组时，小主元可能导致计算失败，故在消去法中应避免采用绝对值很小的主元素。对一般矩阵方程组，需要引进选主元的技巧，即在高斯消去法的每一步应该在系数矩阵或消元后的低阶矩阵中选取绝对值最大的元素作为主元素，保持乘数 $|m_{ik}| \leqslant 1$，以便减少计算过程中舍入误差对计算解的影响。

这个例子还告诉我们，对同一数值问题，用不同的计算方法，得到的结果的精度大不一样。对于一个计算方法来说，如果在用此方法的计算过程中舍入误差能得到控制，对计算结果影响较小，则称此方法为数值稳定的；否则，如果在用此计算方法的计算过程中舍入误差增长迅速，计算结果受舍入误差影响较大，则称此方法为数值不稳定。因此，我们解数值问题时，应选择和使用数值稳定的计算方法，否则，如果使用数值不稳定的计算方法去解数值计算问题，就可能导致计算失败。

3.1 完全主元素消去法

设有线性方组 $\boldsymbol{Ax} = \boldsymbol{b}$，其中 $\boldsymbol{A}$ 为非奇异矩阵。方程组的增广矩

阵为

$$[\boldsymbol{A},\boldsymbol{b}]=\left[\begin{array}{ccccc:c} a_{11} & a_{12} & \cdots & \cdots & a_{1n} & b_1 \\ a_{21} & a_{22} & \cdots & \cdots & a_{2n} & b_2 \\ \vdots & \vdots & a_{i_1 j_1} & \cdots & \vdots & \vdots \\ \vdots & \vdots & \vdots & \cdots & \vdots & \vdots \\ a_{n1} & a_{n2} & \cdots & \cdots & a_{nn} & b_n \end{array}\right]$$

第 1 步($k=1$):首先在 $\boldsymbol{A}$ 中选主元素,即选择 i_1,j_1 使

$$|a_{i_1 j_1}|=\max_{\substack{1\leqslant i\leqslant n\\1\leqslant j\leqslant n}}|a_{ij}|\neq 0$$

再交换$[\boldsymbol{A},\boldsymbol{b}]$的第1行与第 i_1 行元素,交换 $\boldsymbol{A}$ 的第1列与第 j_1 列元素(相当于交换未知数 x_1 与 x_{j_1}),将 $a_{i_1 j_1}$ 调到(1,1)位置(交换后增广矩阵为简单起见仍记为$[\boldsymbol{A},\boldsymbol{b}]$,其元素仍记为 a_{ij}, b_i)。然后,进行消元计算。

第 k 步:继续上述过程,设已完成第 1 步到第 $k-1$ 步计算,$[\boldsymbol{A},\boldsymbol{b}]$ 约化为下述形式(为简单起见,仍记 $\boldsymbol{A}^{(k)}$ 元素为 a_{ij},$\boldsymbol{b}^{(k)}$ 元素为 b_i):

$$[\boldsymbol{A},\boldsymbol{b}]\to[\boldsymbol{A}^{(k)},\boldsymbol{b}^{(k)}]=\left[\begin{array}{ccccc:c} a_{11} & a_{12} & & \cdots & a_{1n} & b_1 \\ & a_{22} & & \cdots & a_{2n} & b_2 \\ & & \ddots & & \vdots & \vdots \\ & & & \boxed{\begin{array}{ccc} a_{kk} & \cdots & a_{kn} \\ \vdots & & \vdots \\ a_{nk} & \cdots & a_{nn} \end{array}} & & \begin{array}{c} b_k \\ \vdots \\ b_n \end{array} \end{array}\right]$$

第 k 步选主元区域

于是第 k 步计算:

对于 $k=1,2,\cdots,n-1$ 做到(3)。

(1) 选主元素:选取 i_k, j_k,使

$$|a_{i_k, j_k}|=\max_{\substack{k\leqslant i\leqslant n\\k\leqslant j\leqslant n}}|a_{ij}|\neq 0$$

(2) 如果 $i_k \neq k$;则交换 $[\boldsymbol{A},\boldsymbol{b}]$ 第 k 行与第 i_k 行元素,如果 $j_k \neq k$,则交换 $\boldsymbol{A}$ 的第 k 列与第 j_k 列元素。

(3) 消元计算:

$$m_{ik} = \frac{a_{ik}}{a_{kk}} \quad (i = k+1,\cdots,n)$$

$$a_{ij} \leftarrow a_{ij} - m_{ik}a_{kj} \quad (i,j = k+1,\cdots,n)$$

$$b_i \leftarrow b_i - m_{ik}b_k \quad (i = k+1,\cdots,n)$$

(4) 回代求解。

经过上面的过程,即从第 1 步到 $n-1$ 步完成选主元,交换两行,交换两列,消元计算,原方程组约化为

$$\begin{bmatrix} a_{11} & a_{12} & \cdots & a_{1n} \\ & a_{22} & \cdots & a_{2n} \\ & & \ddots & \vdots \\ & & & a_{nn} \end{bmatrix} \begin{bmatrix} y_1 \\ y_2 \\ \vdots \\ y_n \end{bmatrix} = \begin{bmatrix} b_1 \\ b_2 \\ \vdots \\ b_n \end{bmatrix}$$

其中,$y_1,y_2,\cdots,y_n$ 为未知数 $x_1,x_2,\cdots,x_n$ 调换后的次序。回代求解

$$\begin{cases} y_n = \dfrac{b_n}{a_{nn}} \\ y_i = \dfrac{\left(b_i - \sum\limits_{j=i+1}^{n} a_{ij}y_j\right)}{a_{ii}} \quad (i = n-1,\cdots,2,1) \end{cases}$$

3.2 列主元素消去法

完全主元消去法是解低阶稠密矩阵方程组的有效方法,但完全主元消去法在选主元时要花费一定的计算机时间。现介绍一种在实际计算中常用的部分选主元(即列主元)消去法。列主元消去法即是每次选主元时,仅依次按列选取绝对值最大的元素作为主元素,且仅交换两行,再进行消元计算。

设列主元消去法已经完成第 1 步到第 $k-1$ 步的按列选主元,交换两行,消元计算得到与原方程组等价的方程组

$$\boldsymbol{A}^{(k)}\boldsymbol{x} = \boldsymbol{b}^{(k)}$$

其中 $$\boldsymbol{A}^{(k)} = \begin{bmatrix} a_{11}^{(1)} & a_{12}^{(1)} & & \cdots & \cdots & a_{1n}^{(1)} \\ & a_{22}^{(2)} & & \cdots & \cdots & a_{2n}^{(2)} \\ & & \ddots & & & \\ & & & \boxed{a_{kk}^{(k)}} & \cdots & a_{kn}^{(k)} \\ & & & \vdots & & \\ & & & a_{nk}^{(k)} & \cdots & a_{nn}^{(k)} \end{bmatrix}, \boldsymbol{b}^{(k)} = \begin{bmatrix} b_1^{(1)} \\ b_2^{(2)} \\ \vdots \\ b_k^{(k)} \\ \vdots \\ b_n^{(k)} \end{bmatrix}$$

第 k 步选主元区域

第 k 步计算如下：

对于 $k = 1,2,\cdots,n-1$ 做到(4)。

(1) 按列选主元,即确定 i_k 使

$$|a_{i_k,k}| = \max_{k \leqslant i \leqslant n} |a_{ik}| \neq 0$$

(2) 如果 $a_{i_k,k} = 0$,则 $\boldsymbol{A}$ 为奇异矩阵,停止计算。

(3) 如果 $i_k \neq k$,则交换$[\boldsymbol{A},\boldsymbol{b}]$第 i_k 行与第 k 行元素。

(4) 消元计算：

$$a_{ik} \leftarrow m_{ik} = a_{ik}/a_{kk} \quad (i = k+1,\cdots,n)$$
$$a_{ij} \leftarrow a_{ij} - m_{ik} * a_{kj} \quad (i,j = k+1,\cdots,n)$$
$$b_i \leftarrow b_i - m_{ik} * b_k \quad (i = k+1,\cdots,n)$$

(5) 回代计算：

$$\begin{cases} b_n \leftarrow b_n/a_{nn} \quad (\text{当 } a_{nn} \neq 0) \\ b_i \leftarrow \left(b_i - \sum\limits_{j=i+1}^{n} a_{ij}b_j\right)/a_{ii} \quad (i = n-1,\cdots,2,1) \end{cases}$$

计算解$(x_1,\cdots,x_n)$在常数项 $b(n)$ 内得到,且有 $|m_{ik}| \leqslant 1$。

例 3 的方法 2 就是列主元消去法。

列主元消去法框图见图 6-1 所示。

用列主元消去法解 $\boldsymbol{Ax} = \boldsymbol{b}$,系数阵 $\boldsymbol{A}$ 存放在二维数组 $\boldsymbol{A}(n,n)$ 内,常数项 $\boldsymbol{b}$ 存放在 $\boldsymbol{b}(n)$ 内,计算解存放在 $\boldsymbol{b}(n)$ 内,det($\boldsymbol{A}$) 存放在

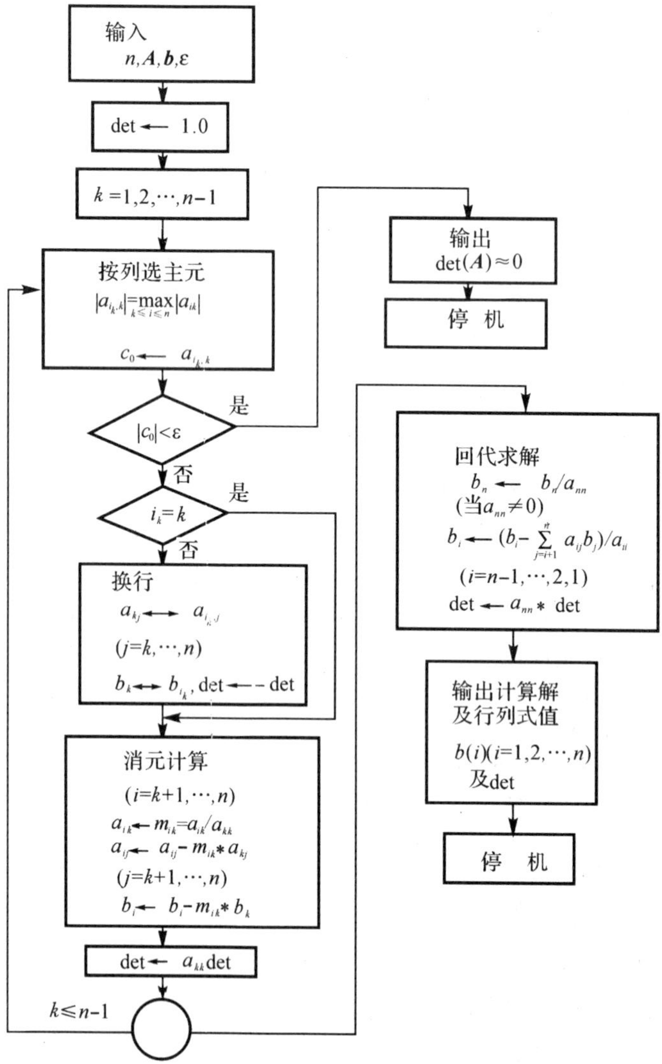
输入
n,A,b,ε
det ← 1.0
k =1,2,⋯,n−1
按列选主元
$|a_{i_k,k}|=\max_{k\leq i\leq n}|a_{ik}|$
$c_0 \leftarrow a_{i_k,k}$
$|c_0|<\varepsilon$
是
否
$i_k=k$
是
否
换行
$a_{kj} \leftrightarrow a_{i_k,j}$
$(j=k,\cdots,n)$
$b_k \leftrightarrow b_{i_k}$, det ← − det
消元计算
$(i=k+1,\cdots,n)$
$a_{ik} \leftarrow m_{ik}=a_{ik}/a_{kk}$
$a_{ij} \leftarrow a_{ij}-m_{ik}*a_{kj}$
$(j=k+1,\cdots,n)$
$b_i \leftarrow b_i-m_{ik}*b_k$
det ← a_{kk}det
$k\leq n-1$
输出
det(A)≈0
停 机
回代求解
$b_n \leftarrow b_n/a_{nn}$
(当$a_{nn}\neq 0$)
$b_i \leftarrow (b_i-\sum_{j=i+1}^{n} a_{ij}b_j)/a_{ii}$
$(i=n-1,\cdots,2,1)$
det ← $a_{nn}*$ det
输出计算解
及行列式值
$b(i)(i=1,2,\cdots,n)$
及det
停 机

图 6-1

单元 det 内。

§4　矩阵的三角分解

现用矩阵理论来研究高斯消去法，设约化主元素 $a_{kk}^{(k)} \neq 0(k=1,2,\cdots,n-1)$。由于对 $\boldsymbol{A}$ 施行行的初等变换相当于用初等矩阵左乘 $\boldsymbol{A}$，于是高斯消去法第 1 步：

$$\boldsymbol{A}^{(1)}\boldsymbol{x} = \boldsymbol{b}^{(1)} \rightarrow \boldsymbol{A}^{(2)}\boldsymbol{x} = \boldsymbol{b}^{(2)}$$

则有

$$\boldsymbol{L}_1\boldsymbol{A}^{(1)} = \boldsymbol{A}^{(2)},\ \boldsymbol{L}_1\boldsymbol{b}^{(1)} = \boldsymbol{b}^{(2)}$$

其中

$$\boldsymbol{L}_1 = \begin{bmatrix} 1 & & & \\ -m_{21} & 1 & & \\ \vdots & & \ddots & \\ -m_{n1} & & & 1 \end{bmatrix} \quad \text{（为初等下三角阵）}$$

第 k 步消元过程：

$$\boldsymbol{A}^{(k)}\boldsymbol{x} = \boldsymbol{b}^{(k)} \rightarrow \boldsymbol{A}^{(k+1)}\boldsymbol{x} = \boldsymbol{b}^{(k+1)}$$

则有

$$\boldsymbol{L}_k\boldsymbol{A}^{(k)} = \boldsymbol{A}^{(k+1)},\ \boldsymbol{L}_k\boldsymbol{b}^{(k)} = \boldsymbol{b}^{(k+1)} \quad (k=1,2,\cdots,n-1) \tag{6.4.1}$$

其中

$$\boldsymbol{L}_k = \begin{bmatrix} 1 & & & & & & & \\ & 1 & & & & & & \\ & & \ddots & & & & & \\ & & & 1 & & & & \\ & & & & 1 & & & \\ & & & & -m_{k+1,k} & 1 & & \\ & & & & \vdots & & \ddots & \\ & & & & -m_{nk} & & & 1 \end{bmatrix}$$

（k 列）

$$
\boldsymbol{L}_k^{-1} = \begin{array}{c} \qquad\qquad\quad k\text{ 列} \\ \begin{bmatrix}
1 & & & & & & & \\
& 1 & & & & & & \\
& & \ddots & & & & & \\
& & & 1 & & & & \\
& & & & 1 & & & \\
& & & & m_{k+1,k} & 1 & & \\
& & & & \vdots & & \ddots & \\
& & & & m_{nk} & & & 1
\end{bmatrix} \end{array}
$$

利用递推公式(6.4.1),则有

$$
\boldsymbol{L}_{n-1}\cdots\boldsymbol{L}_2\boldsymbol{L}_1\boldsymbol{A}^{(1)} = \boldsymbol{A}^{(n)} \equiv \boldsymbol{U} \tag{6.4.2}
$$

$$
\boldsymbol{L}_{n-1}\cdots\boldsymbol{L}_2\boldsymbol{L}_1\boldsymbol{b}^{(1)} = \boldsymbol{b}^{(n)}
$$

由(6.4.2)式得到

$$
\boldsymbol{A} = (\boldsymbol{L}_1^{-1}\boldsymbol{L}_2^{-1}\cdots\boldsymbol{L}_{n-1}^{-1})\boldsymbol{U} \equiv \boldsymbol{L}\boldsymbol{U} \tag{6.4.3}
$$

其中

$$
\boldsymbol{L} = \begin{bmatrix}
1 & & & & \\
m_{21} & 1 & & & \\
m_{31} & m_{32} & 1 & & \\
\vdots & \vdots & \cdots & \ddots & \\
m_{n1} & m_{n2} & \cdots & & 1
\end{bmatrix}, \boldsymbol{U} = \begin{bmatrix}
a_{11}^{(1)} & a_{12}^{(1)} & \cdots & a_{1n}^{(1)} \\
& a_{22}^{(2)} & \cdots & a_{2n}^{(2)} \\
& & & \vdots \\
& & & \vdots \\
& & & a_{nn}^{(n)}
\end{bmatrix}
$$

$\boldsymbol{L}$ 为由乘数构成的单位下三角阵,$\boldsymbol{U}$ 为上三角阵,(6.4.3)式表明,用矩阵理论来分析高斯消去法,得到一个重要结果,即在 $a_{kk}^{(k)} \neq 0(k = 1,2,\cdots,n-1)$ 的条件下,高斯消去法实质上是将 $\boldsymbol{A}$ 分解为两个三角矩阵的乘积 $\boldsymbol{A} = \boldsymbol{L}\boldsymbol{U}$。

显然,如果 $a_{ii}^{(i)} \neq 0(i = 1,2,\cdots,k-1)$,由本章 §2 高斯消去法的(6.2.4)式及行列式性质,则有

$$
\det(\boldsymbol{A}_1) = a_{11}^{(1)} \neq 0
$$

$$
\det(\boldsymbol{A}_i) = a_{11}^{(1)}\cdots a_{ii}^{(i)} \neq 0 \quad (i = 2,3,\cdots,k)
$$

其中

$$A_1 = (a_{11}) \ , A_i = \begin{bmatrix} a_{11} & \cdots & a_{1i} \\ \vdots & \cdots & \vdots \\ a_{i1} & \cdots & a_{ii} \end{bmatrix}, (A \text{ 的主子阵})$$

反之,可用归纳法证明,如果 $\boldsymbol{A}$ 的顺序主子式 $\det(\boldsymbol{A}_i) \neq 0(i = 1,2,\cdots,k)$,则 $a_{ii}^{(i)} \neq 0(i = 1,2,\cdots,k)$。

总结上述讨论,得到下述重要定理:

定理 2 (矩阵的三角分解)

设 $\boldsymbol{A} \in R^{n\times n}$。如果 $\boldsymbol{A}$ 的顺序主子式 $\det(\boldsymbol{A}_i) \neq 0(i = 1,2,\cdots,n-1)$,则 $\boldsymbol{A}$ 可分解为一个单位下三角阵与一个上三角阵的乘积,即

$$\boldsymbol{A} = \boldsymbol{L}\boldsymbol{U}$$

且分解是惟一的。

证明 现仅就 $\det(\boldsymbol{A}_i) \neq 0(i = 1,2,\cdots,n)$ 来证明惟一性。设有

$$\boldsymbol{A} = \boldsymbol{L}_1\boldsymbol{U}_1 = \boldsymbol{L}\boldsymbol{U} \tag{6.4.4}$$

其中,$\boldsymbol{L}_1,\boldsymbol{L}$ 为单位下三角阵,$\boldsymbol{U}_1,\boldsymbol{U}$ 为上三角阵。

由假设 $\boldsymbol{U}_1^{-1}$ 存在,于是从式(6.4.4)可得

$$\boldsymbol{L}^{-1}\boldsymbol{L}_1 = \boldsymbol{U}\,\boldsymbol{U}_1^{-1}$$

上式右边为上三角阵,左边为单位下三角阵,故应为单位阵,即 $\boldsymbol{L}_1 = \boldsymbol{L},\boldsymbol{U}_1 = \boldsymbol{U}$。

称矩阵的三角分解 $\boldsymbol{A} = \boldsymbol{L}\boldsymbol{U}$ 为杜利特尔(Doolittle)分解。其中

$$\boldsymbol{L} = \begin{bmatrix} 1 & & & \\ l_{21} & 1 & & \\ \vdots & \vdots & \ddots & \\ l_{n1} & l_{n2} & \cdots & 1 \end{bmatrix}, \boldsymbol{U} = \begin{bmatrix} u_{11} & u_{12} & \cdots & u_{1n} \\ & u_{22} & \cdots & u_{2n} \\ & & \ddots & \vdots \\ & & & u_{nn} \end{bmatrix}$$

在定理 2 条件下,同样可有三角分解

$$\boldsymbol{A} = \boldsymbol{L}\boldsymbol{U}$$

其中，$\boldsymbol{L}$ 为下三角阵，$\boldsymbol{U}$ 为单位上三角阵。称矩阵的这种分解为克劳特(Crout) 分解。

例 4　由例 2 可得到 $\boldsymbol{A}$ 的三角分解

$$\boldsymbol{A}=\begin{bmatrix}1 & & \\ 3/2 & 1 & \\ 1/2 & -2 & 1\end{bmatrix}\begin{bmatrix}2 & 2 & 2\\ & -1 & 1\\ & & 10\end{bmatrix}=\boldsymbol{LU}$$

设有方程组 $\boldsymbol{Ax}=\boldsymbol{b}, \boldsymbol{A}\in R^{n\times n}$。如果实现了 $\boldsymbol{A}=\boldsymbol{LU}$，则求解问题

$$\boldsymbol{Ax}=\boldsymbol{b}\Longleftrightarrow \text{求解 } \boldsymbol{LUx}=\boldsymbol{b}$$

即　①$\boldsymbol{Ly}=\boldsymbol{b}$，求解 $\boldsymbol{y}$

②$\boldsymbol{Ux}=\boldsymbol{y}$，求解 $\boldsymbol{x}$

求解两个三角形方程组是容易的。

在定理 2 条件下，用高斯消去法可以实现 $\boldsymbol{A}$ 的三角分解 $\boldsymbol{A}=\boldsymbol{LU}$，下面可通过直接用 $\boldsymbol{A}$ 元素计算矩阵 $\boldsymbol{A}$ 的三角分解矩阵 $\boldsymbol{L}$ 及 $\boldsymbol{U}$。这种直接计算 $\boldsymbol{A}$ 的三角分解的方法有实用上的好处。

设 $\boldsymbol{A}\in R^{n\times n}$ 且各顺序主子式 $\det(\boldsymbol{A})\neq 0(i=1,2,\cdots,n)$，于是由定理 2 有

$$\boldsymbol{A}=\begin{bmatrix}1 & & & \\ l_{21} & 1 & & \\ \vdots & \vdots & \ddots & \\ l_{n1} & l_{n2} & \cdots & 1\end{bmatrix}\begin{bmatrix}u_{11} & u_{12} & \cdots & u_{1n}\\ & u_{22} & \cdots & u_{2n}\\ & & \ddots & \vdots\\ & & & u_{nn}\end{bmatrix}=\boldsymbol{LU} \tag{6.4.5}$$

由矩阵乘法有：

$a_{1i}=u_{1i}(i=1,2,\cdots,n)$，得到 $\boldsymbol{U}$ 的第 1 行元素；

$a_{i1}=l_{i1}u_{11}, l_{i1}=a_{i1}/u_{11}(i=2,\cdots,n)$；得到 $\boldsymbol{L}$ 的第 1 列元素。

设已经定出 $\boldsymbol{U}$ 的第 $1\sim r-1$ 行元素，$\boldsymbol{L}$ 的第 $1\sim r-1$ 列元素，现要计算 $\boldsymbol{U}$ 的第 r 行元素及 $\boldsymbol{L}$ 的第 r 列元素。

由(6.4.5) 式，用矩阵乘法可得

$$a_{ri} = \sum_{k=1}^{n} l_{rk}u_{ki} = \sum_{k=1}^{r-1} l_{rk}u_{ki} + u_{ri}$$

$$(l_{rk} = 0, \text{当 } r < k \text{ 时}), (i = r, \cdots, n)$$

$$a_{ir} = \sum_{k=1}^{n} l_{ik}u_{kr} = \sum_{k=1}^{r-1} l_{ik}u_{kr} + l_{ir}u_{rr}$$

$$(u_{kr} = 0, \text{当 } k > r \text{ 时}), (i = r+1, \cdots, n)$$

由上述讨论，得到用直接三角分解法解 $\boldsymbol{Ax} = \boldsymbol{b}$ 的计算公式。

$\boldsymbol{A}$ 的 $\boldsymbol{LU}$ 分解的直接计算公式：

(1) $u_{1i} = a_{1i}, (i = 1, 2, \cdots, n)$　　$\boldsymbol{U}$ 的第 1 行元素

$l_{i1} = a_{i1}/u_{n}, (i = 2, 3, \cdots, n)$　　$\boldsymbol{L}$ 的第 1 列元素

(2) 对于 $r = 2, 3, \cdots, n$ 计算：

1° 计算 $\boldsymbol{U}$ 的第 r 行元素

$$u_{ri} = a_{ri} - \sum_{k=1}^{r-1} l_{rk}u_{ki} \quad (i = r, \cdots, n)$$

2° 计算 $\boldsymbol{L}$ 的第 r 列元素 $(r \neq n)$

$$l_{ir} = (a_{ir} - \sum_{k=1}^{r-1} l_{ik}u_{kr})/u_{rr} \quad (i = r+1, \cdots, n)$$

(3) 求解 $\boldsymbol{Ly} = \boldsymbol{b}, \boldsymbol{Ux} = \boldsymbol{y}$ 公式：

$$1° \begin{cases} y_1 = b_1 \\ y_i = b_i - \sum_{k=1}^{i-1} l_{ik}y_k \quad (i = 2, \cdots, n) \end{cases}$$

$$2° \begin{cases} x_n = y_n/u_{nn} \\ x_i = (y_i - \sum_{k=i+1}^{n} u_{ik}x_k)/u_{ii} \quad (i = n-1, \cdots, 2, 1) \end{cases}$$

显然，当 $u_{kk} \neq 0 (k = 1, 2, \cdots, n)$ 时，解 $\boldsymbol{Ax} = \boldsymbol{b}$ 直接三角分解法计算才能完成。设 $\boldsymbol{A}$ 为非奇异矩阵，当某 $u_{kk} = 0$ 时，可引进矩阵的行交换，可实现矩阵的三角分解。

用直接三角分解法解 $\boldsymbol{Ax} = \boldsymbol{b}$ 大约需要 $n^3/3$ 次乘除法。

在电算时，当 $u_{ri}(i = r, \cdots, n)$ 计算好后就冲掉 $a_{ri}(i = r, \cdots,$

n)，l_{ir} 计算好后冲掉 $a_{ir}(i=r+1,\cdots,n)$，最后在 $\boldsymbol{A}$ 位置得到 $\boldsymbol{L},\boldsymbol{U}$。

用直接分解法求解方程组

$$\boldsymbol{Ax}=b_j \quad (j=1,2,\cdots,m)$$

是有好处的。

(1) 实现分解计算 $\boldsymbol{A}=\boldsymbol{LU}$

(2) 求解 $\boldsymbol{Ax}=b_j(j=1,\cdots,m)$

对于 $j=1,2,\cdots,m$

1° 求解 $\boldsymbol{L}y_j=b_j$

2° 求解 $\boldsymbol{U}x_j=y_j$

且每求解一个方程组 $\boldsymbol{LU}x_j=b_j$ 只需要 n^2 次乘除法。

例 5 用列主元素消去法解

$$\begin{bmatrix}3&1&6\\2&1&3\\1&1&1\end{bmatrix}\begin{bmatrix}x_1\\x_2\\x_3\end{bmatrix}=\begin{bmatrix}2\\7\\4\end{bmatrix}$$

解 消元中间结果冲掉 $\boldsymbol{A}$ 元素 a_{ij}，乘数 m_{ik} 冲掉 a_{ik}，按列选主元，引进行交换时将乘数也交换。

$$\left[\begin{array}{ccc:c}③&1&6&2\\2&1&3&7\\1&1&1&4\end{array}\right]\to\left[\begin{array}{ccc:c}3&1&6&2\\\frac{2}{3}&\frac{1}{3}&-1&\frac{17}{3}\\\frac{1}{3}&\textcircled{\frac{2}{3}}&-1&\frac{10}{3}\end{array}\right]$$

$$\xrightarrow[(r_3\leftarrow r_3+(-\frac{1}{2})r_2)]{(r_2\leftarrow\rightarrow r_3)}\left[\begin{array}{ccc:c}3&1&6&2\\\frac{1}{3}&\frac{2}{3}&-1&\frac{10}{3}\\\frac{2}{3}&\frac{1}{2}&-\frac{1}{2}&4\end{array}\right]$$

其中，$m_{21}=2/3$，$m_{31}=1/3$，且作第 2 行与第 3 行的交换，$m_{32}=1/2$。

解三角形方程组

$$\begin{bmatrix} 3 & 1 & 6 \\ & \dfrac{2}{3} & -1 \\ & & -\dfrac{1}{2} \end{bmatrix}\begin{bmatrix} x_1 \\ x_2 \\ x_3 \end{bmatrix}=\begin{bmatrix} 2 \\ \dfrac{10}{3} \\ 4 \end{bmatrix}$$

得到计算解

$$\boldsymbol{x}=(19,-7,-8)^T$$

且有置换矩阵 $\boldsymbol{P}$（为初等置换阵的乘积，即 $\boldsymbol{P}_{n-1}\cdots\boldsymbol{P}_2\boldsymbol{P}_1$，其中 $\boldsymbol{P}_k$ 为单位矩阵 $\boldsymbol{I}_n$ 交换第 i_k 行与第 k 行得到的矩阵）使得

$$\boldsymbol{PA}=\boldsymbol{LU}$$

其中

$$\boldsymbol{P}=\begin{bmatrix} 1 & 0 & 0 \\ 0 & 0 & 1 \\ 0 & 1 & 0 \end{bmatrix},\boldsymbol{L}=\begin{bmatrix} 1 & & \\ \dfrac{1}{3} & 1 & \\ \dfrac{2}{3} & \dfrac{1}{2} & 1 \end{bmatrix},\boldsymbol{U}=\begin{bmatrix} 3 & 1 & 6 \\ & \dfrac{2}{3} & -1 \\ & & -\dfrac{1}{2} \end{bmatrix}$$

上述例子说明，列主元素消去解 $\boldsymbol{Ax}=\boldsymbol{b}$（假设 $\boldsymbol{A}$ 为非奇异矩阵）实现了 $\boldsymbol{PA}$ 的三角分解。进一步可以证明下述结果。

定理 3 （列主元素三角分解定理）

如果 $\boldsymbol{A}$ 为非奇异矩阵，则存在置换阵 $\boldsymbol{P}$ 使

$$\boldsymbol{PA}=\boldsymbol{LU}$$

其中，$\boldsymbol{L}$ 为单位下三角阵，$\boldsymbol{U}$ 为上三角阵。

电算时，置换阵 $\boldsymbol{P}=\boldsymbol{P}_{n-1}\cdots\boldsymbol{P}_2\boldsymbol{P}_1$ 可用一整型数组 $IP(n-1)$ 表示（记录主行），由单位阵 $\boldsymbol{I}_n$ 第 k 行和第 $IP(k)$ 行互换得到 $\boldsymbol{P}_k$（当 $h\neq IP(k)$）。

§5　解三对角线方程组的追赶法

在一些实际问题中，如用三次样条函数的插值问题，用差分法解二阶线性常微分方程边值问题等，最后都导致解三对角线方程组 $\boldsymbol{Ax}=\boldsymbol{f}$，即

$$\begin{bmatrix} b_1 & c_1 & & & & & \\ a_2 & b_2 & c_2 & & & & \\ & \ddots & \ddots & \ddots & & & \\ & & a_i & b_i & c_i & & \\ & & & \ddots & \ddots & \ddots & \\ & & & & a_{n-1} & b_{n-1} & c_{n-1} \\ & & & & & a_n & b_n \end{bmatrix} \begin{bmatrix} x_1 \\ x_2 \\ \vdots \\ \vdots \\ x_n \end{bmatrix} = \begin{bmatrix} f_1 \\ f_2 \\ \vdots \\ \vdots \\ f_n \end{bmatrix} \tag{6.5.1}$$

其中，$\boldsymbol{A}$ 满足条件

$$\left.\begin{aligned} &(1)\ |b_1| > |c_1| > 0 \\ &(2)\ |b_i| \geqslant |a_i| + |c_i|,(a_i c_i \neq 0, i = 2,\cdots,n-1) \\ &(3)\ |b_n| > |a_n| > 0 \end{aligned}\right\} \tag{6.5.2}$$

对于具有条件(6.5.2)的方程组(6.5.1)，我们介绍下述的追赶法求解。追赶法具有计算量少、方法简单、算法稳定等特点。

定理 4　设有三对角线方程组 $\boldsymbol{Ax}=\boldsymbol{f}$，且 $\boldsymbol{A}$ 满足条件(6.5.2)，则 $\boldsymbol{A}$ 为非奇异矩阵。

证明　用归纳法证明，显然，对 $n=2$ 时有

$$\det(\boldsymbol{A}) = \begin{vmatrix} b_1 & c_1 \\ a_2 & b_2 \end{vmatrix} = b_1 b_2 - c_1 a_2 \neq 0$$

现设定理对 $n-1$ 阶满足条件(6.5.2)的三对角阵成立，求证对满足条件(6.5.2)的 n 阶三对角阵定理亦成立。由设 $b_1 \neq 0$，则由消去法一步，有

$$
A \rightarrow \begin{bmatrix} b_1 & c_1 & 0 & \cdots & 0 \\ 0 & b_2 - \dfrac{c_1}{b_1}a_2 & c_2 & \cdots & \\ 0 & a_3 & b_3 & c_3 & \\ \vdots & & \ddots & \ddots & \ddots \\ 0 & & & a_n & b_n \end{bmatrix} \equiv A^{(2)}
$$

显然

$$
\det(\boldsymbol{A}) = b_1 \det(\boldsymbol{B})
$$

其中

$$
\boldsymbol{B} = \begin{bmatrix} \alpha_2 & c_2 & & \\ a_3 & b_3 & c_3 & \\ & \ddots & \ddots & \ddots \\ & & a_n & b_n \end{bmatrix}, \ \alpha_2 = b_2 - \frac{c_1}{b_1}a_2
$$

且有

$$
\begin{aligned} |\alpha_2| = \left| b_2 - \frac{c_1}{b_1}a_2 \right| &\geqslant |b_2| - \left| \frac{c_1}{b_1} \right| |a_2| > |b_2| - |a_2| \\ &\geqslant |c_2| \neq 0 \end{aligned}
$$

于是由归纳法假设,有 $\det(\boldsymbol{B}) \neq 0$,故

$$
\det(\boldsymbol{A}) \neq 0
$$

定理 5 设 $\boldsymbol{Ax} = \boldsymbol{f}$,其中 $\boldsymbol{A}$ 为满足条件(6.5.2)的三对角阵,则 $\boldsymbol{A}$ 的所有顺序主子式都不为零,即

$$
\det(\boldsymbol{A}_k) \neq 0 \quad (k = 1,2,\cdots,n)
$$

证明 由于 $\boldsymbol{A}$ 是满足(6.5.2)的 n 阶三对角阵,因此,$\boldsymbol{A}$ 的任一个顺序主子阵 $\boldsymbol{A}_k$ 亦是满足(6.5.2)的 k 阶三对角阵,由定理 4,则有 $\det(\boldsymbol{A}_k) \neq 0,(k = 1,2,\cdots,n)$。于是,由矩阵的三角分解定理,则有

$$
\boldsymbol{A} = \boldsymbol{LU}
$$

即

$$
\begin{bmatrix}
b_1 & c_1 & & & & \\
a_2 & b_2 & c_2 & & & \\
 & \ddots & \ddots & \ddots & & \\
 & & a_i & b_i & c_i & \\
 & & & a_{n-1} & b_{n-1} & c_{n-1} \\
 & & & & a_n & b_n
\end{bmatrix}
$$

$$
=\begin{bmatrix}
\alpha_1 & & & & \\
\gamma_2 & \alpha_2 & & & \\
 & \ddots & \ddots & & \\
 & & \gamma_i & \alpha_i & \\
 & & & \ddots & \ddots \\
 & & & \gamma_n & \alpha_n
\end{bmatrix}
\begin{bmatrix}
1 & \beta_1 & & & & & \\
 & 1 & \beta_2 & & & & \\
 & & 1 & \ddots & & & \\
 & & & \ddots & & & \\
 & & & 1 & \beta_{i-1} & & \\
 & & & & 1 & \beta_i & \\
 & & & & \ddots & \ddots & \\
 & & & & & 1 & \beta_{n-1} \\
 & & & & & & 1
\end{bmatrix}
$$

由矩阵乘法,可得计算待定系数$\{\alpha_i\}\{\beta_i\}\{\gamma_i\}$的计算公式,即

(1)$b_1 = \alpha_1, c_1 = \alpha_1\beta_1, \beta_1 = c_1/b_1$;

(2)$a_i = \gamma_i, b_i = \alpha_i + \gamma_i\beta_{i-1} = a_i\beta_{i-1} + \alpha_i (i = 2,\cdots,n)$

于是,$\alpha_1 = b_1, \alpha_i = b_i - a_i\beta_{i-1} (i = 2,\cdots,n)$;

(3)$c_i = \alpha_i\beta_i, (i = 2,\cdots,n-1)$。

于是,得到解(6.5.1)的追赶法计算公式。

(1) 分解计算公式　$\boldsymbol{A} = \boldsymbol{LU}$

$$
\begin{cases}
\beta_1 = c_1/b_1 \\
\beta_i = c_i/(b_i - a_i\beta_{i-1}) \quad (i = 2,\cdots,n-1)
\end{cases}
$$

求解 $\boldsymbol{Ax} = \boldsymbol{f} \Longleftrightarrow$ 求解①$\boldsymbol{Ly} = \boldsymbol{f}$ 求 $\boldsymbol{y}$

②$\boldsymbol{Ux} = \boldsymbol{y}$ 求 $\boldsymbol{x}$

(2) 求解 $\boldsymbol{Ly} = \boldsymbol{f}$ 的递推公式

$$
\begin{cases}
y_1 = f_1/b_1 \\
y_i = (f_i - a_i y_{i-1})/(b_i - a_i\beta_{i-1}) \quad (i = 2,3,\cdots,n)
\end{cases}
$$

(3) 求解 $\boldsymbol{Ux} = \boldsymbol{y}$ 的递推公式

$$\begin{cases} x_n = y_n \\ x_i = y_i - \beta_i x_{i+1} \quad (i = n-1, \cdots, 2, 1) \end{cases}$$

计算 $\beta_1 \to \beta_2 \to \cdots \to \beta_{n-1}$ 及 $y_1 \to y_2 \to \cdots \to y_n$ 的过程称为**追的过程**，计算方程组解 $x_n \to x_{n-1} \to \cdots \to x_2 \to x_1$ 的过程称为**赶的过程**。追赶法解 $\boldsymbol{Ax} = \boldsymbol{f}$，仅需要 $5n - 4$ 次乘除运算。

电算时，只需要用 3 个一维数组分别存贮 $\boldsymbol{A}$ 的系数 $\{a_i\}$，$\{b_i\}$，$\{c_i\}$ 且还需要用两个一维数组保存计算的中间结果 $\{\beta_i\}$ 和 $\{y_i\}$（或 $\{x_i\}$）。

例 6 用追赶法解方程组

$$\begin{bmatrix} 2 & -1 & 0 & 0 \\ -1 & 2 & -1 & 0 \\ 0 & -1 & 2 & -1 \\ 0 & 0 & -1 & 2 \end{bmatrix} \begin{bmatrix} x_1 \\ x_2 \\ x_3 \\ x_4 \end{bmatrix} = \begin{bmatrix} 1 \\ 0 \\ 0 \\ 1 \end{bmatrix}$$

解 (1) 计算 $\{\beta_i\}$

$$\beta_1 = -1/2, \quad \beta_2 = -2/3, \quad \beta_3 = -3/4$$

(2) 计算 $\{y_i\}$

$$y_1 = 1/2, \quad y_2 = 1/3, \quad y_3 = 1/4, \quad y_4 = 1$$

(3) 求解计算 $\{x_i\}$

$$x_3 = 1, \quad x_2 = 1, \quad x_1 = 1$$

§6 解对称正定矩阵方程组的平方根法

在工程技术问题中，例如用有限元方法解结构力学中问题时，常常需要求解具有对称正定矩阵的方程组，对于这种具有特殊性质系数的矩阵，利用矩阵的三角分解法求解就得到解对称正定矩阵 方程组的平方根法。平方根法是解对称正定矩阵方程组的有效方法，目前在计算机上被广泛应用。

设有方程组

$$\boldsymbol{A}\boldsymbol{x} = \boldsymbol{b} \tag{6.6.1}$$

其中，$\boldsymbol{A} \in R^{n\times n}$，若 $\boldsymbol{A}$ 满足下述条件，称 $\boldsymbol{A}$ 为**对称正定矩阵**。

(1)$\boldsymbol{A}$ 对称，即 $\boldsymbol{A}^T = \boldsymbol{A}$。

(2) 对任意非零向量 $\boldsymbol{x} \in R^n$，则有$(\boldsymbol{A}\boldsymbol{x},\boldsymbol{x}) = \boldsymbol{x}^T\boldsymbol{A}\boldsymbol{x} > 0$。

对称正定矩阵 $\boldsymbol{A}$ 具有性质：

1° 设 $\boldsymbol{A}$ 为对称正定阵，则 $\boldsymbol{A}$ 的顺序主子式都大于零，即 $\det(\boldsymbol{A}_k) > 0(k = 1,2,\cdots,n)$。

2°$\boldsymbol{A}$ 的特征值 $\lambda_i > 0(i = 1,2,\cdots,n)$。

设 $\boldsymbol{A}$ 为对称正定矩阵，则 $\boldsymbol{A}$ 有三角分解

$$\boldsymbol{A} = \begin{bmatrix} 1 & & & \\ l_{21} & 1 & & \\ \vdots & \vdots & \ddots & \\ l_{n1} & l_{n2} & \cdots & 1 \end{bmatrix} \begin{bmatrix} u_{11} & u_{12} & \cdots & u_{1n} \\ & u_{22} & \cdots & u_{2n} \\ & & \ddots & \vdots \\ & & & u_{nn} \end{bmatrix} = \boldsymbol{LU}$$

$$\equiv \boldsymbol{LDU}_0 \tag{6.6.2}$$

其中

$$\boldsymbol{D} = \begin{bmatrix} u_{11} & & & \\ & u_{22} & & \\ & & \ddots & \\ & & & u_{nn} \end{bmatrix}, \boldsymbol{U}_0 = \begin{bmatrix} 1 & \dfrac{u_{12}}{u_{11}} & \cdots & \cdots & \dfrac{u_{1n}}{u_{11}} \\ & 1 & \dfrac{u_{23}}{u_{22}} & \cdots & \dfrac{u_{2n}}{u_{22}} \\ & & 1 & & \vdots \\ & & & \ddots & \\ & & & & 1 \end{bmatrix}$$

设 $\boldsymbol{A} = \boldsymbol{A}^T$，于是 $\boldsymbol{A} = \boldsymbol{U}_0^T(\boldsymbol{DL}^T)$，$\boldsymbol{U}_0^T$ 为单位下三角阵，$(\boldsymbol{DL}^T)$ 为上三角阵，由矩阵三角分解的惟一性，则 $L = \boldsymbol{U}_0^T$，从而对称正定矩阵 $\boldsymbol{A}$ 有惟一分解式

$$\boldsymbol{A} = \boldsymbol{LDL}^T \tag{6.6.3}$$

由(6.6.2)式可知

$$\det(\boldsymbol{A}_k) = u_{11}u_{22}\cdots u_{kk} \quad (k = 1,2,\cdots,n)$$

又因为 $\det(\boldsymbol{A}_k)>0(k=1,2,\cdots,n)$，故 $u_{ii}>0(i=1,2,\cdots,n)$。于是，对角阵 $\boldsymbol{D}$ 还可分解

$$\begin{aligned}\boldsymbol{D}&=\operatorname{diag}[\sqrt{u_{11}},\sqrt{u_{22}},\cdots,\sqrt{u_{nn}}]\\&\quad\cdot\operatorname{diag}[\sqrt{u_{11}},\sqrt{u_{22}},\cdots,\sqrt{u_{nn}}]\\&\equiv\boldsymbol{D}^{1/2}\boldsymbol{D}^{1/2}\end{aligned}$$

代入(6.6.3)式，则有

$$\boldsymbol{A}=\boldsymbol{L}\boldsymbol{D}^{1/2}\boldsymbol{D}^{1/2}\boldsymbol{L}^T=(\boldsymbol{L}\boldsymbol{D}^{1/2})(\boldsymbol{L}\boldsymbol{D}^{1/2})^T\equiv\hat{\boldsymbol{L}}\hat{\boldsymbol{L}}^T$$

其中，$\hat{\boldsymbol{L}}=\boldsymbol{L}\boldsymbol{D}^{1/2}$ 为下三角阵。

定理 6 （对称正定阵的三角分解）

设 $\boldsymbol{A}$ 为 n 阶对称正定矩阵，则有三角分解（且惟一）：

①$\boldsymbol{A}=\boldsymbol{L}\boldsymbol{D}\boldsymbol{L}^T$，其中 $\boldsymbol{L}$ 为单位下三角阵，$\boldsymbol{D}$ 为对角阵，或②$\boldsymbol{A}=\boldsymbol{L}\boldsymbol{L}^T$，其中 $\boldsymbol{L}$ 为下三角阵且当限定 $\boldsymbol{L}$ 的对角元素为正时这种分解是惟一的。这种矩阵分解称为乔来斯金(Cholesky)分解。

下面推导实现分解计算 $\boldsymbol{A}=\boldsymbol{L}\boldsymbol{L}^T$ 的递推公式及求解公式。

设有 $\boldsymbol{A}\boldsymbol{x}=\boldsymbol{b}$，其中 $\boldsymbol{A}\in R^{n\times n}$ 为对称正定阵，于是有三角分解

$$\boldsymbol{A}=\begin{bmatrix}l_{11}&&&\\l_{21}&l_{22}&&\\\vdots&\vdots&\ddots&\\l_{n1}&l_{n2}&\cdots&l_{nn}\end{bmatrix}\begin{bmatrix}l_{11}&l_{21}&\cdots&l_{n1}\\&l_{22}&\cdots&l_{n2}\\&&\ddots&\vdots\\&&&l_{nn}\end{bmatrix}=\boldsymbol{L}\boldsymbol{L}^T$$

其中，$l_{ii}>0(i=1,2,\cdots,n)$。

由矩阵乘法，则有

$$l_{11}=\sqrt{a_{11}},\ l_{i1}=a_{i1}/l_{11}\quad(i=2,\cdots,n)$$

由此可确定 $\boldsymbol{L}$ 的第 1 列元素。

同理，可确定 $\boldsymbol{L}$ 的第 j 列元素 $l_{ij}(i=j,\cdots,n)$。

$$a_{ij}=\sum_{k=1}^{n}l_{ik}(\boldsymbol{L}^T)_{kj}=\sum_{k=1}^{n}l_{ik}l_{jk}$$

$$= \sum_{k=1}^{j-1} l_{ik} l_{jk} + l_{ij} l_{jj}$$

（当 $j < k$ 时，则 $l_{jk} = 0$）

由此求得解对称正定矩阵方程组的平方根法计算公式。

(1)$\boldsymbol{A} = \boldsymbol{L}\boldsymbol{L}^T$ 分解计算

1° $l_{11} = \sqrt{a_{11}}, l_{i1} = a_{i1}/l_{11}, (i = 2,3,\cdots,n)$；

2° 对于 $j = 2,3,\cdots,n$

$$\begin{cases} l_{jj} = \left(a_{jj} - \sum_{k=1}^{j-1} l_{jk}{}^2 \right)^{1/2} \\ l_{ij} = \left(a_{ij} - \sum_{k=1}^{j-1} l_{ik} l_{jk} \right) / l_{jj} \quad (i = j+1,\cdots,n),(j \neq n) \end{cases}$$

(2) 求解 $\boldsymbol{L}\boldsymbol{y} = \boldsymbol{b}$

$$\begin{cases} y_{11} = b_{11}/l_{11} \\ y_i = \left(b_i - \sum_{k=1}^{i-1} l_{ik} y_k \right) / l_{ii} \quad (i = 2,3,\cdots,n) \end{cases}$$

(3) 求解 $\boldsymbol{L}^T\boldsymbol{x} = \boldsymbol{y}$

$$\begin{cases} x_n = y_n / l_{nn} \\ x_i = \left(y_i - \sum_{k=i+1}^{n} l_{ki} x_k \right) / l_{ii} \quad (i = n-1,\cdots,2,1) \end{cases}$$

平方根法仅需计算 $\boldsymbol{L}$ 与 $\boldsymbol{D}$，因此平方根法的计算量约为 $\frac{1}{6}n^3$ 次乘除法运算，大约为一般高斯消去法计算量的一半。

由分解公式有

$$a_{jj} = \sum_{k=1}^{j} l_{jk}{}^2 \quad (j = 1,2,\cdots,n)$$

$$|l_{jk}| \leqslant \sqrt{a_{jj}} \leqslant \max_{1 \leqslant j \leqslant n} \sqrt{a_{jj}} \tag{6.6.4}$$

(6.6.4) 式说明解 $\boldsymbol{A}\boldsymbol{x} = \boldsymbol{b}$ 的平方根法所得的中间数据 l_{jk} 是有界的，即 l_{jk} 数量级不会增长。因此，虽然解对称正定矩阵方程组的平方根法没有进行选主元素，但平方根法是数值稳定的。

因为 **A** 为对称矩阵，因此，电算时只需用一维数组存贮 **A** 的对角线以下元素，即

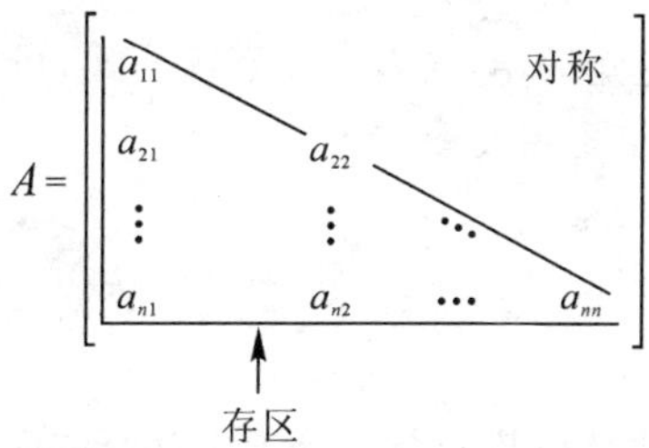

用一维数组按行存贮：

$$A(n*(n+1)/2)=\{a_{11},a_{21},a_{22},\cdots,a_{n1},a_{n2},\cdots,a_{nn}\}$$

且矩阵 **A** 的元素 $a_{ij}(i\geqslant j)$ 在一维数组中表示为

$$A(i*(i-1)/2+j)$$

计算得到 **L** 元素存放在 **A** 的对应位置。

例 7 用平方根法解方程组

$$\begin{bmatrix}6&7&5\\7&13&8\\5&8&6\end{bmatrix}\begin{bmatrix}x_1\\x_2\\x_3\end{bmatrix}=\begin{bmatrix}9\\10\\9\end{bmatrix}$$

解 精确解 $\boldsymbol{x}^*=(1,-1,2)^T$

(1) 分解计算 $\boldsymbol{A}=\boldsymbol{L}\boldsymbol{L}^T$

$$l_{11}=\sqrt{6}=2.4495\ ,\ l_{22}=2.1985$$

$$l_{21}=7/\sqrt{6}=2.8577\ ,\ l_{32}=0.9856$$

$$l_{31}=5/\sqrt{6}=2.0412\ ,\ l_{33}=0.9285$$

$$\boldsymbol{L}=\begin{bmatrix}2.4495&&\\2.8577&2.1985&\\2.0412&0.9856&0.9285\end{bmatrix}$$

(2) 求解两个三角形方程组，求解

$$Ly = b$$

得到 $$y = (3.6742, -0.2273, 1.8570)^T$$

求解 $Ux = y$,即得 $Ax = b$ 的解

$$x = (1.0, -1.0, 2.0)^T$$

如果采用对称正定矩阵 $A = LDL^T$ 分解公式,可得到没有开方运算的计算公式,详见参考文献[1]。

§7 向量和矩阵的范数

为了对方程组的计算解进行误差分析,为了讨论迭代法的收敛性,需要对 R^n(n 维列向量空间)中向量及 $R^{n\times n}$ 中矩阵引进某种度量,即引进向量或矩阵的范数概念。R^n 中向量范数是 R^3 中向量长度概念的推广。

定义 1 (向量范数)

如果向量 $x \in R^n$ 的某个实值函数 $N(x) \equiv \|x\|$ 满足条件:

(1) 正定条件:$\|x\| \geqslant 0$,且 $\|x\| = 0 \Longleftrightarrow$ 是 $x = 0$ 向量。

(2) 齐次性:$\|cx\| = |c|\,\|x\|$,c 为实数。

(3) 三角不等式:$\|x + y\| \leqslant \|x\| + \|y\|$,对任意向量 x,$y \in R^n$。

称 $N(x) \equiv \|x\|$ 是 R^n 上的一个向量范数(或向量的模)。

(4) 利用三角不等式可推得(见图 6-2)

$$\big|\,\|x\| - \|y\|\,\big| \leqslant \|x - y\|$$

R^2 中三角不等式,即为两边之和大于第三边。

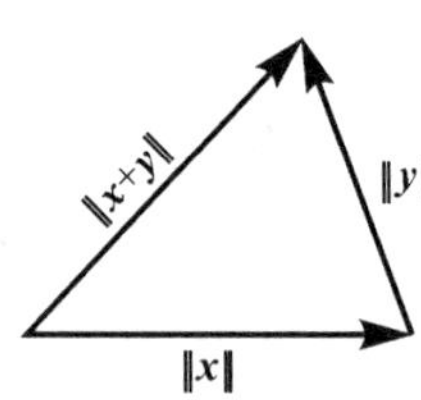

图 6-2

定义 2 设 $x = (x_1, x_2, \cdots, x_n)^T \in R^n$,定义 R^n 上三种常用的向量范数:

(1) 向量的"1"范数 $\| \boldsymbol{x} \|_1 = \sum_{i=1}^{n} |x_i|$

(2) 向量的"∞"范数 $\| \boldsymbol{x} \|_\infty = \max_{1 \leqslant i \leqslant n} |x_i|$

(3) 向量的"2"范数 $\| \boldsymbol{x} \|_2 = (x, x)^{1/2} = \left(\sum_{i=1}^{n} x_i^2 \right)^{1/2}$

容易验证,上述定义的向量 $\boldsymbol{x} \in R^n$ 函数 $N(\boldsymbol{x}) \equiv \| \boldsymbol{x} \|_\nu$,($\nu = 1$,或 ∞ 或 2) 满足定义 1 的 3 个条件,因此,$N(\boldsymbol{x})$ 是 R^n 上向量的范数。

例 8 设 $\boldsymbol{x} = (-1, 2, 3)^T$,计算 $\| \boldsymbol{x} \|_1$, $\| \boldsymbol{x} \|_\infty$, $\| \boldsymbol{x} \|_2$。

解 $\| \boldsymbol{x} \|_1 = 1 + 2 + 3 = 6$

$\| \boldsymbol{x} \|_\infty = \max\{1, 2, 3\} = 3$

$\| \boldsymbol{x} \|_2 = (1^2 + 2^2 + 3^2)^{1/2} = \sqrt{14}$

定义 3 (向量序列的极限)

设 $\{\boldsymbol{x}^{(k)}\}$ 为向量序列,记为 $\boldsymbol{x}^{(k)} = (x_1^{(k)}, x_2^{(k)}, \cdots, x_n^{(k)})^T \in R^n$ 及 $\boldsymbol{x}^* = (x_1^*, \cdots, x_n^*)^T \in R^n$。如果 n 个数列极限存在,且

$$\lim_{k \to \infty} x_i^{(k)} = x_i^* \quad (i = 1, 2, \cdots, n)$$

则称 $\{\boldsymbol{x}^{(k)}\}$ 收敛于 $\boldsymbol{x}^*$,且记为 $\lim\limits_{k \to \infty} \boldsymbol{x}^{(k)} = \boldsymbol{x}^*$。

定理 7 设 $\{\boldsymbol{x}^{(k)}\}$ 是 R^n 中一向量序列,且 $\boldsymbol{x}^* \in R^n$,则

$$\lim_{k \to \infty} \boldsymbol{x}^{(k)} = \boldsymbol{x}^* \Longleftrightarrow \| \boldsymbol{x}^{(k)} - \boldsymbol{x}^* \|_\nu \to 0 (\text{当 } k \to \infty)$$

证明 只就 $\nu = \infty$ 证明,而对一般向量范数的证明可见参考文献[1]。

显然有

$$x_i^{(k)} \to x_i^* (i = 1, 2, \cdots, n) \Longleftrightarrow \| \boldsymbol{x}^{(k)} - \boldsymbol{x}^* \|_\infty = \max_{1 \leqslant i \leqslant n} | x_i^{(k)} - x_i^* | \to 0 \quad (\text{当 } k \to \infty)$$

定义 4 (矩阵的范数)

如果矩阵 $\boldsymbol{A} \in R^{n \times n}$ 的某个非负实值函数 $N(\boldsymbol{A}) = \| \boldsymbol{A} \|$ 满足

下述条件：

(1) 正定性：$\|\boldsymbol{A}\| \geqslant 0$，且 $\|\boldsymbol{A}\| = 0 \Longleftrightarrow \boldsymbol{A} = 0$ 矩阵；

(2) 齐次性：$\|c\boldsymbol{A}\| = |c| \|\boldsymbol{A}\|$，$c$ 为实数；

(3) 三角不等式：$\|\boldsymbol{A} + \boldsymbol{B}\| \leqslant \|\boldsymbol{A}\| + \|\boldsymbol{B}\|$，对任意矩阵 $\boldsymbol{A}, \boldsymbol{B} \in R^{n\times n}$；

(4) $\|\boldsymbol{AB}\| \leqslant \|\boldsymbol{A}\| \|\boldsymbol{B}\|$，称 $N(\boldsymbol{A}) = \|\boldsymbol{A}\|$ 是 $R^{n\times n}$ 上一个矩阵范数（或称为模）。

在大多数应用问题中，矩阵和向量是有关系的，下面借助于向量范数来定义矩阵范数。

定义 5 （矩阵的算子范数）

设 $\boldsymbol{x} \in R^n$，$\boldsymbol{A} \in R^{n\times n}$，且给出一种向量范数 $\|\boldsymbol{x}\|_\nu$，相应地定义一个矩阵的非负函数 $N(\boldsymbol{A}) = \|\boldsymbol{A}\|_\nu$，即

$$\|\boldsymbol{A}\|_\nu = \max_{\substack{\boldsymbol{x}\neq 0 \\ \boldsymbol{x}\in R^n}} \frac{\|\boldsymbol{Ax}\|_\nu}{\|\boldsymbol{x}\|_\nu} \quad \text{（最大比值）} \tag{6.7.1}$$

显然，由(6.7.1)式对任意 $\boldsymbol{x} \in R^n$，$\boldsymbol{A} \in R^{n\times n}$ 有

$$\|\boldsymbol{Ax}\|_\nu \leqslant \|\boldsymbol{A}\|_\nu \|\boldsymbol{x}\|_\nu \tag{6.7.2}$$

且容易验证 $N(\boldsymbol{A}) = \|\boldsymbol{A}\|_\nu$ 满足矩阵范数条件(1) ～ (4)，所以 $\|\boldsymbol{A}\|_\nu$ 是 $R^{n\times n}$ 上矩阵的范数，称为 $\boldsymbol{A}$ 的算子范数。下面验证条件(3) 成立。事实上，利用向量范数的三角不等式及式(6.7.2)则有

$$\begin{aligned}\|(\boldsymbol{A}+\boldsymbol{B})\boldsymbol{x}\|_\nu &\leqslant \|\boldsymbol{Ax}\|_\nu + \|\boldsymbol{Bx}\|_\nu \\ &\leqslant \|\boldsymbol{A}\|_\nu \|\boldsymbol{x}\|_\nu + \|\boldsymbol{B}\|_\nu \|\boldsymbol{x}\|_\nu\end{aligned}$$

设 $\boldsymbol{x} \neq 0$，故有

$$\frac{\|(\boldsymbol{A}+\boldsymbol{B})\boldsymbol{x}\|_\nu}{\|\boldsymbol{x}\|_\nu} \leqslant \|\boldsymbol{A}\|_\nu + \|\boldsymbol{B}\|_\nu, \forall\ \boldsymbol{x} \in R^n$$

于是 $$\|\boldsymbol{A}+\boldsymbol{B}\|_\nu \leqslant \|\boldsymbol{A}\|_\nu + \|\boldsymbol{B}\|_\nu$$

下面给出 $\nu = 1, \nu = \infty$ 时的向量范数，来推导矩阵算子范数 $\|\boldsymbol{A}\|_\nu$ 的计算公式。

定理 8 （矩阵范数计算公式）

设 $\boldsymbol{x}\in R^n,\boldsymbol{A}\in R^{n\times n}$,则

(1) $\|\boldsymbol{x}\|_1=\sum_{i=1}^{n}|x_i|$ 对应 $\|\boldsymbol{A}\|_1=\max_{1\leqslant j\leqslant n}\sum_{i=1}^{n}|a_{ij}|$

(称为 $\boldsymbol{A}$ 的列范数);

(2) $\|\boldsymbol{x}\|_\infty=\max_{1\leqslant i\leqslant n}|x_i|$ 对应 $\|\boldsymbol{A}\|_\infty=\max_{1\leqslant i\leqslant n}\sum_{j=1}^{n}|a_{ij}|$

(称为 $\boldsymbol{A}$ 的行范数)。

证明　只证(2),同理可证(1)。

设 $\boldsymbol{x}=(x_1,x_2,\cdots,x_n)^T\neq 0$ 且设 $\boldsymbol{A}\neq 0$,引进记号

$$t=\max_{1\leqslant i\leqslant n}|x_i|,\mu=\max_{1\leqslant i\leqslant n}\sum_{j=1}^{n}|a_{ij}|=\sum_{j=1}^{n}|a_{i_0j}|$$

于是

$$\begin{aligned}\|\boldsymbol{Ax}\|_\infty&=\max_{1\leqslant i\leqslant n}\left|\sum_{j=1}^{n}a_{ij}x_j\right|\leqslant\max_{1\leqslant i\leqslant n}\sum_{j=1}^{n}|a_{ij}||x_j|\\&\leqslant t\max_{1\leqslant i\leqslant n}\sum_{j=1}^{n}|a_{ij}|\end{aligned}$$

即对任何非零向量 $\boldsymbol{x}\in R^n$,则有

$$\frac{\|\boldsymbol{Ax}\|_\infty}{\|\boldsymbol{x}\|_\infty}\leqslant\mu$$

下面说明存在 $\boldsymbol{x}_0\in R^n$,使比值 $\dfrac{\|\boldsymbol{Ax}_0\|_\infty}{\|\boldsymbol{x}_0\|_\infty}=\mu$。

事实上,选取向量 $\boldsymbol{x}_0=(x_1,x_2,\cdots,x_n)^T$ 为

$$x_j=\begin{cases}1,当\ a_{i_0j}\geqslant 0\ 时\\-1,当\ a_{i_0j}<0\ 时\end{cases}$$

且有 $\|\boldsymbol{x}_0\|_\infty=1,\boldsymbol{Ax}_0$ 的第 i_0 个分量为

$$\sum_{j=1}^{n}a_{i_0j}x_j=\sum_{j=1}^{n}|a_{i_0j}|=\mu_0$$

故

$$\frac{\|\boldsymbol{Ax}_0\|_\infty}{\|\boldsymbol{x}_0\|_\infty}=\|\boldsymbol{Ax}_0\|_\infty=\mu$$

即 $$\max_{x\neq 0}\frac{\|\boldsymbol{Ax}\|_\infty}{\|\boldsymbol{x}\|_\infty}=\mu$$

例 9 设 $\boldsymbol{A}=\begin{bmatrix}1 & 3\\ -4 & 5\end{bmatrix}$,计算 $\|\boldsymbol{A}\|_1$,$\|\boldsymbol{A}\|_\infty$。

解

$$\|\boldsymbol{A}\|_1=\max\{5,8\}=8$$

$$\|\boldsymbol{A}\|_\infty=\max\{4,9\}=9$$

定理 9 如果 $\|\boldsymbol{B}\|<1$,则 $\boldsymbol{I}\pm\boldsymbol{B}$ 为非奇异阵,且有估计

$$\|(\boldsymbol{I}\pm\boldsymbol{B})^{-1}\|\leqslant\frac{1}{1-\|\boldsymbol{B}\|}$$

$\|\cdot\|$ 是矩阵的算子范数。

证明 反证法,如果 $\det(\boldsymbol{I}-\boldsymbol{B})=0$,则齐次方程组 $(\boldsymbol{I}-\boldsymbol{B})\boldsymbol{x}=0$ 有非零解 $\boldsymbol{x}_0$,即 $\boldsymbol{Bx}_0=\boldsymbol{x}_0$ 且 $\boldsymbol{x}_0\neq 0$,于是有

$$\frac{\|\boldsymbol{Bx}_0\|}{\|\boldsymbol{x}_0\|}=1$$

故有 $\|\boldsymbol{B}\|\geqslant 1$,此与假设矛盾。

由 $(\boldsymbol{I}-\boldsymbol{B})\cdot(\boldsymbol{I}-\boldsymbol{B})^{-1}=\boldsymbol{I}$,于是

$$(\boldsymbol{I}-\boldsymbol{B})^{-1}=\boldsymbol{I}+\boldsymbol{B}(\boldsymbol{I}-\boldsymbol{B})^{-1}$$

$$\|(\boldsymbol{I}-\boldsymbol{B})^{-1}\|\leqslant\|\boldsymbol{I}\|+\|\boldsymbol{B}\|\,\|(\boldsymbol{I}-\boldsymbol{B})^{-1}\|$$

所以 $$\|(\boldsymbol{I}-\boldsymbol{B})^{-1}\|\leqslant\frac{1}{1-\|\boldsymbol{B}\|}$$

§8 解线性方程组的迭代法

前面我们介绍了解线性方程组的直接法(例如选主元的高斯消去法等),但是对于科学和工程中产生的大型稀疏矩阵方程组,则利用迭代法求解是合适的,迭代法在计算机内存和运算两方面通常都可利用 $\boldsymbol{A}$ 中有大量零元素的特点。

设有方程组 $\boldsymbol{Ax}=\boldsymbol{b}$,其中 $\boldsymbol{A}$ 为非奇异阵。解方程组的迭代法,首先需要将 $\boldsymbol{Ax}=\boldsymbol{b}$ 转化为一个等价方程组

$$x = Bx + f \tag{6.8.1}$$

任取初始向量 $\boldsymbol{x}^{(0)}$ 按下述逐次代入方法构造向量序列 $\{\boldsymbol{x}^{(k)}\}$：

$$\boldsymbol{x}^{(k+1)} = \boldsymbol{B}\boldsymbol{x}^{(k)} + \boldsymbol{f} \quad (k = 0,1,\cdots) \tag{6.8.2}$$

其中，$\boldsymbol{B}$ 与 k 无关，称此迭代法为一阶定常迭代法。如果 $\lim\limits_{k\to\infty}\boldsymbol{x}^{(k)} = \boldsymbol{x}^*$，则称此迭代法收敛且 $\boldsymbol{x}^*$ 为方程(6.8.1)解。事实上，在方程(6.8.2)式两边取极限即可知。

例 10 设有方程组

$$\begin{cases} 10x_1 - x_2 + 2x_3 = 6 \\ -x_1 + 11x_2 - x_3 + 3x_4 = 25 \\ 2x_1 - x_2 + 10x_3 - x_4 = -11 \\ 3x_2 - x_3 + 8x_4 = 15 \end{cases} \quad \text{或简记 } \boldsymbol{A}\boldsymbol{x} = \boldsymbol{b}$$

解 精确解 $\boldsymbol{x}^* = (1,2,-1,1)^T$。

首先将 $\boldsymbol{A}\boldsymbol{x} = \boldsymbol{b}$ 转化为等价方程组

$$\begin{cases} x_1 = \dfrac{1}{10}(6 + x_2 - 2x_3) \\ x_2 = \dfrac{1}{11}(25 + x_1 + x_3 - 3x_4) \\ x_3 = \dfrac{1}{10}(-11 - 2x_1 + x_2 + x_4) \\ x_4 = \dfrac{1}{8}(15 - 3x_2 + x_3) \end{cases} \quad \text{或写为 } \boldsymbol{x} = \boldsymbol{B}\boldsymbol{x} + \boldsymbol{f}$$

迭代公式：初始向量 $\boldsymbol{x}^{(0)} = (0,0,0,0)^T$

$$\begin{cases} x_1^{(k+1)} = \dfrac{1}{10}(6 + x_2^{(k)} - 2x_3^{(k)}) \\ x_2^{(k+1)} = \dfrac{1}{11}(25 + x_1^{(k)} + x_3^{(k)} - 3x_4^{(k)}) \\ x_3^{(k+1)} = \dfrac{1}{10}(-11 - 2x_1^{(k)} + x_2^{(k)} + x_4^{(k)}) \\ x_4^{(k+1)} = \dfrac{1}{8}(15 - 3x_1^{(k)} + x_3^{(k)}) \end{cases}$$

$$(k = 0,1,2,\cdots)$$

计算结果见表 6-2。

表 6-2

$\boldsymbol{x}^{(k)}$	$\boldsymbol{x}^{(0)}$	$\boldsymbol{x}^{(1)}$	$\boldsymbol{x}^{(2)}$	$\boldsymbol{x}^{(3)}$
$x_1^{(k)}$	0.0	0.6000	1.0473	0.9326
$x_2^{(k)}$	0.0	2.2727	1.7159	2.0533
$x_3^{(k)}$	0.0	−1.100	−0.8052	−1.0493
$x_4^{(k)}$	0.0	1.8750	0.8852	1.1309
$\boldsymbol{x}^{(k)}$	$\boldsymbol{x}^{(4)}$	$\boldsymbol{x}^{(5)}$	$\boldsymbol{x}^{(6)}$	$\boldsymbol{x}^{(7)}$
$x_1^{(k)}$	1.0152	0.9890	1.0032	0.9981
$x_2^{(k)}$	1.9637	2.0114	1.9922	2.0023
$x_3^{(k)}$	−0.9681	−1.0103	−0.9945	−1.0020
$x_4^{(k)}$	0.9739	1.0214	0.9944	1.0036

$$\boldsymbol{x}^{(8)} = (1.0006, 1.9987, -0.9990, 0.9989)^T$$
$$\boldsymbol{x}^{(9)} = (0.9997, 2.0004, -1.0004, 1.0006)^T$$
$$\boldsymbol{x}^{(10)} = (1.0001, 1.9998, -0.9998, 0.9998)^T$$

且有误差

$$\| \boldsymbol{x}^* - \boldsymbol{x}^{(10)} \|_\infty \approx 0.0002$$

从此例看出，由迭代法产生的向量序列 $\{\boldsymbol{x}^{(k)}\}$ 逐次逼近方程组的精确解。但是，并不是对任何一个方程组(6.8.1)由迭代法产生的向量序列 $\{\boldsymbol{x}^{(k)}\}$ 都收敛。

设有方程组

$$\sum_{j=1}^{n} a_{ij} x_j = b_i, (i = 1, 2, \cdots, n) \quad 或 \quad \boldsymbol{A}\boldsymbol{x} = \boldsymbol{b} \quad (6.8.3)$$

其中，$\boldsymbol{A}$ 为非奇异矩阵，且 $a_{ii} \neq 0(i = 1,2,\cdots,n)$。

将 $\boldsymbol{A}$ 写为：

$$\boldsymbol{A} = \begin{bmatrix} a_{11} & & & \\ & a_{22} & & \\ & & \ddots & \\ & & & a_{nn} \end{bmatrix} - \begin{bmatrix} 0 & & & \\ -a_{21} & 0 & & \\ \vdots & & \ddots & \\ -a_{n1} & -a_{n2} & \cdots & 0 \end{bmatrix}$$

$$- \begin{bmatrix} 0 & -a_{12} & -a_{13} & \cdots & -a_{1n} \\ & 0 & -a_{23} & \cdots & -a_{2n} \\ & & \ddots & & \vdots \\ & & & & 0 \end{bmatrix} \tag{6.8.4}$$

$$\equiv \boldsymbol{D} - \boldsymbol{L} - \boldsymbol{U}$$

现将 $\boldsymbol{A}$ 分裂为

$$\boldsymbol{A} = \boldsymbol{M} - \boldsymbol{N}$$

于是方程组(6.8.3) 等价于方程组

$$\boldsymbol{M}\boldsymbol{x} = \boldsymbol{N}\boldsymbol{x} + \boldsymbol{b} \tag{6.8.5}$$

其中，$\boldsymbol{M}$ 为可选择的一个非奇异矩阵，应选择 $\boldsymbol{M}$ 使 $\boldsymbol{M}\boldsymbol{x} = \boldsymbol{f}$ 容易求解，一般选择为 $\boldsymbol{A}$ 的某种近似。

对应于方程(6.8.5) 可构造一个迭代过程：

$$\begin{cases} \boldsymbol{x}^{(0)} (\text{初始向量}) \\ \boldsymbol{x}^{(k+1)} = \boldsymbol{M}^{-1}\boldsymbol{N}\boldsymbol{x}^{(k)} + \boldsymbol{M}^{-1}\boldsymbol{b} \quad (k = 0,1,\cdots) \end{cases} \tag{6.8.6}$$

8.1 雅可比(Jacobi) 迭代法

选取 $\boldsymbol{M} = \boldsymbol{D}$，于是

$$\boldsymbol{N} = \boldsymbol{M} - \boldsymbol{A} = (\boldsymbol{L} + \boldsymbol{U})$$

方程(6.8.3) 转化为等价方程组

$$\boldsymbol{D}\boldsymbol{x} = (\boldsymbol{L} + \boldsymbol{U})\boldsymbol{x} + \boldsymbol{b}$$

于是得到雅可比(Jacobi) 迭代公式：

$$\begin{cases} \boldsymbol{x}^{(0)} (\text{初始向量}) \\ \boldsymbol{x}^{(k+1)} = \boldsymbol{J}\boldsymbol{x}^{(k)} + \boldsymbol{f} \end{cases} \tag{6.8.7}$$

其中，$\boldsymbol{J}=\boldsymbol{D}^{-1}(\boldsymbol{L}+\boldsymbol{U})$，$\boldsymbol{f}=\boldsymbol{D}^{-1}\boldsymbol{b}$。$\boldsymbol{J}$ 称为 Jacobi 迭代法的**迭代矩阵**。

Jacobi 迭代公式的分量形式：

引进记号 $\boldsymbol{x}^{(k)}=(x_1^{(k)},x_2^{(k)},\cdots,x_n^{(k)})^T$ 为第 k 次近似，由(6.8.7)式可写为

$$a_{ii}x_i^{(k+1)}=b_i-\sum_{\substack{j=1\\j\neq i}}^{n}a_{ij}x_j^{(k)}$$

或

$$\left.\begin{aligned}&\boldsymbol{x}^{(0)}=(x_1^{(0)},x_i^{(0)},\cdots,x_n^{(0)})^T\\&x_i^{(k+1)}=\frac{1}{a_{ii}}\Big(b_i-\sum_{\substack{j=1\\j\neq i}}^{n}a_{ij}x_j^{(k)}\Big)\end{aligned}\right\}\qquad(6.8.8)$$

$$(i=1,2,\cdots,n;k=0,1,\cdots)$$

Jacobi 迭代法公式简单，由公式(6.8.7)或(6.8.8)可知，每迭代一次只需计算一次矩阵与向量的乘法，例 10 的迭代法就是解 $\boldsymbol{Ax}=\boldsymbol{b}$ 的 Jacobi 迭代法。电算时 Jacobi 方法需要两组工作单元用来保存 $\boldsymbol{x}^{(k)}$ 及 $\boldsymbol{x}^{(k+1)}$ 且可用 $\|\boldsymbol{x}^{(k+1)}-\boldsymbol{x}^{(k)}\|_\infty<\varepsilon$ 来控制迭代终止。由迭代法计算公式可知，此迭代法的一个重要特点是计算过程中原来矩阵 $\boldsymbol{A}$ 数据始终不变。

8.2 高斯 — 塞德尔迭代法

在(6.8.5)式中选取 $\boldsymbol{M}=\boldsymbol{D}-\boldsymbol{L}$(下三角矩阵)，于是 $\boldsymbol{N}=\boldsymbol{M}-\boldsymbol{A}=\boldsymbol{U}$。

方程(6.8.3)转化为等价方程组

$$(\boldsymbol{D}-\boldsymbol{L})\boldsymbol{x}=\boldsymbol{U}\boldsymbol{x}+\boldsymbol{b}$$

于是得到高斯 — 塞德尔(G-S)迭代公式

$$\left.\begin{aligned}&\boldsymbol{x}^{(0)}(\text{初始向量})\\&\boldsymbol{x}^{(k+\#x)}=\boldsymbol{G}\boldsymbol{x}^{(k)}+\boldsymbol{f}\end{aligned}\right\}\qquad(6.8.9)$$

其中，$\boldsymbol{G}=(\boldsymbol{D}-\boldsymbol{L})^{-1}\boldsymbol{U}$，$\boldsymbol{f}=(\boldsymbol{D}-\boldsymbol{L})^{-1}\boldsymbol{b}$。$\boldsymbol{G}$ 称为 G-S 迭代法的迭

代矩阵。

G-S 迭代法的分量形式：

记 $\boldsymbol{x}^{(k)}=(x_1^{(k)},x_2^{(k)},\cdots,x_n^{(k)})^T$，公式(6.8.9)可写为

$$(\boldsymbol{D}-\boldsymbol{L})\boldsymbol{x}^{(k+1)}=\boldsymbol{U}\boldsymbol{x}^{(k)}+\boldsymbol{b}$$

$$a_{ii}x_i^{(k+1)}=-\sum_{j=1}^{i-1}a_{ij}x_j^{(k+1)}-\sum_{j=i+1}^{n}a_{ij}x_j^{(k)}+b_i$$

或

$$\begin{cases}\boldsymbol{x}^{(0)}=(x_1^{(0)},x_2^{(0)},\cdots,x_n^{(0)})^T\\ x_i^{(k+1)}=\dfrac{1}{a_{ii}}\left(b_i-\sum_{j=1}^{i-1}a_{ij}x_j^{(k+1)}-\sum_{j=i+1}^{n}a_{ij}x_j^{(k)}\right)\end{cases}$$

$$(i=1,2,\cdots,n;k=0,1,2,\cdots)\qquad(6.8.10)$$

G-S 迭代法每迭代一次只需计算一次矩阵与向量的乘法。但 G-S 迭代法比 Jacobi 迭代法有一个明显的优点，就是电算时仅需用一维数组 $X(n)$ 存放 $\boldsymbol{x}^{(k)}$ 分量(或 $\boldsymbol{x}^{(k+1)}$ 分量)。当计算出 $x_i^{(k+1)}$ 就冲掉旧分量 $x_i^{(k)}$。从 G-S 迭代公式(6.8.10)可看出在 $\boldsymbol{x}^{(k)}\rightarrow\boldsymbol{x}^{(k+1)}$ 的一步迭代中，计算分量 $x_i^{(k+1)}$ 时利用了已经计算出的最新分量 $x_j^{(k+1)}(j=1,2,\cdots,i-1)$。因此 G-S 迭代法可看作是 Jacobi 迭代法的一种修正。

G-S 迭代法计算：

(1) $x_i\leftarrow 0.0\quad(i=1,2,\cdots,n)$

(2) 对于 $k=1,2,\cdots,N_0$；

对于 $i=1,2,\cdots,n$

$$x_i\leftarrow\left(b_i-\sum_{j=1}^{i-1}a_{ij}x_j-\sum_{j=i+1}^{n}a_{ij}x_j\right)/a_{ii}$$

例 11 用 G-S 迭代法解例 10 方程组。

解 G-S 迭代公式(结果如表 6-3)

$$
\begin{cases}
x_1^{(k+1)} = \dfrac{1}{10}(6 + x_2^{(k)} - 2x_3^{(k)}) \\
x_2^{(k+1)} = \dfrac{1}{11}(25 + x_1^{(k+1)} + x_3^{(k)} - 3x_4^{(k)}) \\
x_3^{(k+1)} = \dfrac{1}{10}(-11 - 2x_1^{(k+1)} + x_2^{(k+1)} + x_4^{(k)}) \\
x_4^{(k+1)} = \dfrac{1}{8}(15 - 3x_2^{(k+1)} + x_3^{(k+1)})
\end{cases}
$$

$$(k = 0,1,\cdots)$$

表 6-3

$\boldsymbol{x}^{(k)}$	$\boldsymbol{x}^{(0)}$	$\boldsymbol{x}^{(1)}$	$\boldsymbol{x}^{(2)}$	$\boldsymbol{x}^{(3)}$	$\boldsymbol{x}^{(4)}$	$\boldsymbol{x}^{(5)}$
$x_1^{(k)}$	0.0	0.6000	1.030	1.0065	1.0009	1.0001
$x_2^{(k)}$	0.0	2.3272	2.037	2.0036	2.0003	2.0000
$x_3^{(k)}$	0.0	−0.9873	−1.014	−1.0025	−1.0003	−1.0000
$x_4^{(k)}$	0.0	0.8789	0.9844	0.9983	0.9999	1.0000

且 $$\| \boldsymbol{x}^* - \boldsymbol{x}^{(5)} \|_\infty \approx 0.0001$$

从此例看出,G-S 迭代法比 Jacobi 迭代法收敛快(初始向量相同,达到同样精度,所需要迭代次数较少)。但这个结论对 $\boldsymbol{Ax} = \boldsymbol{b}$ 的矩阵 $\boldsymbol{A}$ 满足某些条件时才是对的,甚至有这样的方程组,用 Jacobi 方法是收敛的,而用 G-S 迭代法却是发散的。

8.3 解线性方程组的超松弛迭代法

逐次超松弛迭代(Successive Over-Relaxation),简称 SOR 方法是 G-S 迭代法的一种加速方法,是解大型稀疏矩阵方程组的有效方法之一,它有着广泛的应用。

设有方程组

$$\boldsymbol{Ax} = \boldsymbol{b}\ ,\ \boldsymbol{A} \in R^{n\times n}$$

且 $a_{ii} \neq 0(i = 1,2,\cdots,n)$，$\boldsymbol{A}$ 为非奇异矩阵。分解 $\boldsymbol{A}$ 为 $\boldsymbol{A} = \boldsymbol{D} - \boldsymbol{L} - \boldsymbol{U}$。

设已知第 k 次近似 $\boldsymbol{x}^{(k)}$ 及第 $k+1$ 次近似的分量 $x_j^{(k+1)}(j=1,2,\cdots,i-1)$，首先用 G-S 迭代法计算一个辅助量 $\widetilde{x}_i^{(k+1)}$：

$$\widetilde{x}_i^{(k+1)} = \frac{1}{a_{ii}}\Big(b_i - \sum_{j=1}^{i-1} a_{ij}x_j^{(k+1)} - \sum_{j=i+1}^{n} a_{ij}x_j^{(k)}\Big) \qquad (6.8.11)$$

再由 $\boldsymbol{x}^{(k)}$ 的第 i 个分量 $x_i^{(k)}$ 与 $\widetilde{x}_i^{(k+1)}$ 加权平均，定义 $x_i^{(k+1)}$：

$$\begin{aligned} x_i^{(k+1)} &= (1-\omega)x_i^{(k)} + \omega\widetilde{x}_i^{(k+1)} \\ &= x_i^{(k)} + \omega(\widetilde{x}_i^{(k+1)} - x_i^{(k)}) \end{aligned} \qquad (6.8.12)$$

将(6.8.11)式代入(6.8.12)式，得到解 $\boldsymbol{Ax} = \boldsymbol{b}$ 的 SOR 方法：

$$\begin{cases} \boldsymbol{x}^{(0)} = (x_1^{(0)},\cdots,x_n^{(0)})^T \\ x_i^{(k+1)} = x_i^{(k)} + \dfrac{\omega}{a_{ii}}\Big(b_i - \displaystyle\sum_{j=1}^{i-1} a_{ij}x_j^{(k+1)} - \sum_{j=i}^{n} a_{ij}x_j^{(k)}\Big) \end{cases}$$

$$(i = 1,2,\cdots,n) \qquad (6.8.13)$$

其中，$\boldsymbol{x}^{(k)} = (x_1^{(k)},\cdots,x_n^{(k)})^T$，$\omega$ 称为**松弛因子**。

或写为

$$\begin{cases} x_i^{(k+1)} = x_i^{(k)} + \Delta x_i \\ \Delta x_i = \dfrac{\omega}{a_{ii}}\Big(b_i - \displaystyle\sum_{j=1}^{i-1} a_{ij}x_j^{(k+1)} - \sum_{j=i}^{n} a_{ij}x_j^{(k)}\Big) \end{cases}$$

$$(i = 1,2,\cdots,n),(k = 0,1,\cdots)$$

在 SOR 方法(6.8.13)式中取 $\omega = 1$，则 SOR 方法就是 G-S 迭代法，当松弛因子 ω 满足 $0 < \omega < 1$ 时，迭代法(6.8.13)式称为**低松弛方法**。当 $1 < \omega < 2$ 时迭代法(6.8.13)式称为**超松弛方法**。

SOR 方法每迭代一次主要计算量是计算一次矩阵乘向量。电算时可用 $\|\boldsymbol{x}^{(k+1)} - \boldsymbol{x}^{(k)}\|_\infty = \max\limits_{1\leqslant i\leqslant n}|x_i^{(k+1)} - x_i^{(k)}| < \varepsilon$ 来控制迭代，且这时 SOR 方法只需一组工作单元 $X(n)$ 存放 $\boldsymbol{x}^{(k+1)}$ 或 $\boldsymbol{x}^{(k)}$。也可用剩余向量 $\|\boldsymbol{r}^{(k)}\|_\infty = \|\boldsymbol{b} - \boldsymbol{Ax}^{(k)}\|_\infty < \varepsilon$ 来控制迭代终止。

例 12 用 SOR 方法解方程组

$$\begin{bmatrix} -4 & 1 & 1 & 1 \\ 1 & -4 & 1 & 1 \\ 1 & 1 & -4 & 1 \\ 1 & 1 & 1 & -4 \end{bmatrix} \begin{bmatrix} x_1 \\ x_2 \\ x_3 \\ x_4 \end{bmatrix} = \begin{bmatrix} 1 \\ 1 \\ 1 \\ 1 \end{bmatrix}$$

解 精确解 $\boldsymbol{x}^* = (-1, -1, -1, -1)^T$

取初始向量 $\boldsymbol{x}^{(0)} = (0.0, 0.0, 0.0, 0.0)^T$，SOR 迭代公式：

$$\begin{cases} x_1^{(k+1)} = x_1^{(k)} - \dfrac{\omega}{4}(1 + 4x_1^{(k)} - x_2^{(k)} - x_3^{(k)} - x_4^{(k)}) \\ x_2^{(k+1)} = x_2^{(k)} - \dfrac{\omega}{4}(1 - x_1^{(k+1)} + 4x_2^{(k)} - x_3^{(k)} - x_4^{(k)}) \\ x_3^{(k+1)} = x_3^{(k)} - \dfrac{\omega}{4}(1 - x_1^{(k+1)} - x_2^{(k+1)} + 4x_3^{(k)} - x_4^{(k)}) \\ x_4^{(k+1)} = x_4^{(k)} - \dfrac{\omega}{4}(1 - x_1^{(k+1)} - x_2^{(k+1)} - x_3^{(k+1)} + 4x_4^{(k)}) \end{cases}$$

$$(k = 0, 1, \cdots)$$

(1) 取松弛因子 $\omega = 1.3$ 计算结果为：

$$\boldsymbol{x}^{(11)} = (-0.99999646, -1.00000310, -0.99999953, -0.99999912)^T$$

且

$$\|\varepsilon^{(11)}\|_2 = \|\boldsymbol{x}^* - \boldsymbol{x}^{(11)}\|_2 \leqslant 0.46 \times 10^{-5}$$

迭代次数 $k = 11$。

(2) 当取 $\omega = 1.0$ 时，初始向量相同，达到同样精度，所需要迭代次数 $k = 22$。

(3) 当取 $\omega = 1.7$ 时，初始向量相同，达到同样精度，则需要迭代 $k = 33$ 次。

对于此例，最佳松弛因子是 $\omega_{op} = 1.3$，即达到同样精度 $\|\boldsymbol{x}^* - \boldsymbol{x}^{(k)}\|_2 < 10^{-5}$，所需要迭代次数最少。由此可知，利用 SOR 方法解线性方程时，松弛因子选择得较好，常常会使 SOR 迭代收敛大

大加速。我们指出，解 $\boldsymbol{Ax}=\boldsymbol{b}$，SOR 方法收敛的必要条件是：$0<\omega<2$。因此，用 SOR 方法解 $\boldsymbol{Ax}=\boldsymbol{b}$ 时松弛因子 ω 应在 $0<\omega<2$ 内选择（这时 SOR 方法可能收敛）。

解 $\boldsymbol{Ax}=\boldsymbol{b}$ 的 SOR 方法的矩阵形式：

由 SOR 迭代公式(6.8.13)，即

$$a_{ii}x_i^{(k+1)}=(1-\omega)a_{ii}x_i^{(k)}+\omega\Big(b_i-\sum_{j=1}^{i-1}a_{ij}x_j^{(k+1)}-\sum_{j=i+1}^{n}a_{ij}x_j^{(k)}\Big)\quad(i=1,2,\cdots,n)$$

即 $\boldsymbol{D}\boldsymbol{x}^{(k+1)}=(1-\omega)\boldsymbol{D}\boldsymbol{x}^{(k)}+\omega(\boldsymbol{b}+\boldsymbol{L}\boldsymbol{x}^{(k+1)}+\boldsymbol{U}\boldsymbol{x}^{(k)})$

$$(\boldsymbol{D}-\omega\boldsymbol{L})\boldsymbol{x}^{(k+1)}=((1-\omega)\boldsymbol{D}+\omega\boldsymbol{U})\boldsymbol{x}^{(k)}+\omega\boldsymbol{b}$$

由设 $a_{ii}\neq0(i=1,2,\cdots,n)$，于是$(\boldsymbol{D}-\omega\boldsymbol{L})$ 为非奇异阵。

解 $\boldsymbol{Ax}=\boldsymbol{b}$ 的 SOR 方法（设 $\boldsymbol{A}$ 为非奇异且 $a_{ii}\neq0(i=1,2,\cdots,n)$ 的迭代公式的矩阵形式：

$$\begin{cases}\boldsymbol{x}^{(0)}\\ \boldsymbol{x}^{(k+1)}=\boldsymbol{L}\omega\boldsymbol{x}^{(k)}+\boldsymbol{f}\end{cases}\tag{6.8.14}$$

其中，$\boldsymbol{L}\omega=(\boldsymbol{D}-\omega\boldsymbol{L})^{-1}[(1-\omega)\boldsymbol{D}+\omega\boldsymbol{U}]$，$\boldsymbol{f}=\omega(\boldsymbol{D}-\omega\boldsymbol{L})^{-1}\boldsymbol{b}$。$\boldsymbol{L}\omega$ 称为 SOR 方法的迭代矩阵。

用 SOR 方法解 $\boldsymbol{Ax}=\boldsymbol{b}$ 的框图见图 6-3。

设有方程组 $\boldsymbol{Ax}=\boldsymbol{b}$，其中 $\boldsymbol{A}$ 满足条件：

(1)$\boldsymbol{A}$ 为对称正定阵，或(2)$\boldsymbol{A}$ 为严格对角占优阵（即 $|a_{ii}|>\sum\limits_{j\neq i}^{n}|a_{ij}|(i=1,2,\cdots,n)$）等。数组 $X(n)$ 存放近似解，N_0 表示迭代的最大次数。当 $\|\boldsymbol{r}^{(k)}\|_\infty=\max\limits_{1\leqslant i\leqslant n}\Big|b_i-\sum\limits_{j=1}^{n}a_{ij}x_j\Big|<\varepsilon$ 时迭代终止。

8.4 迭代法的收敛性

由上面讨论可知，解 $\boldsymbol{Ax}=\boldsymbol{b}$ 的 Jacobi 迭代法、G-S 迭代法以及 SOR 方法，都是一阶定常迭代法。下面讨论一阶定常迭代法的收

敛条件。

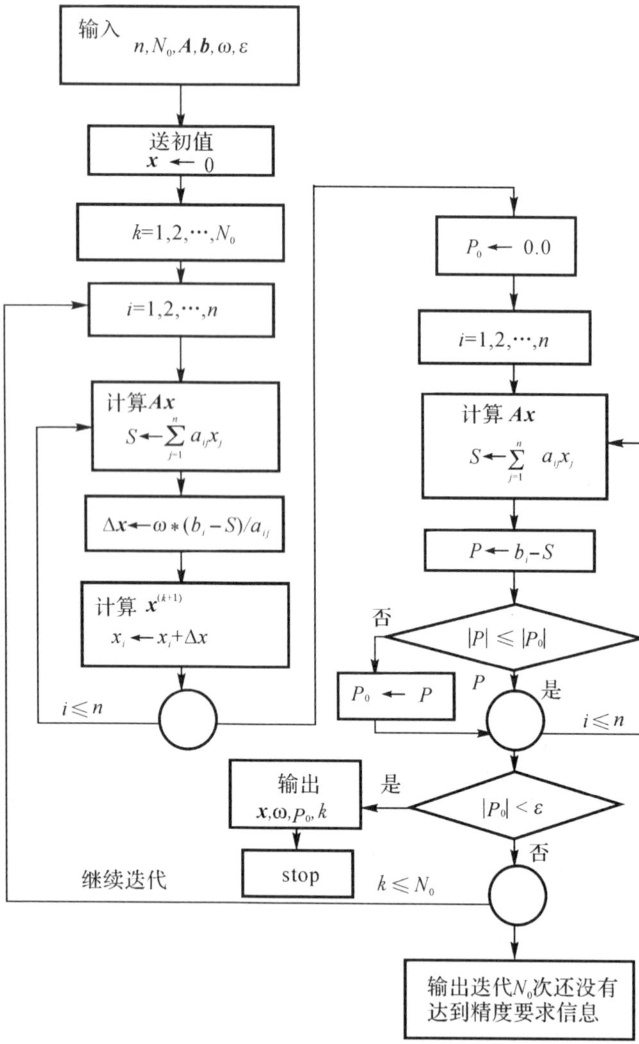

输入
$n, N_0, \boldsymbol{A}, \boldsymbol{b}, \omega, \varepsilon$
送初值
$\boldsymbol{x} \leftarrow 0$
$k=1,2,\cdots,N_0$
$i=1,2,\cdots,n$
计算$\boldsymbol{Ax}$
$S \leftarrow \sum_{j=1}^{n} a_{ij}x_j$
$\Delta \boldsymbol{x} \leftarrow \omega * (b_i - S)/a_{ij}$
计算 $\boldsymbol{x}^{(k+1)}$
$x_i \leftarrow x_i + \Delta x$
$i \leqslant n$
$P_0 \leftarrow 0.0$
$i=1,2,\cdots,n$
计算 $\boldsymbol{Ax}$
$S \leftarrow \sum_{j=1}^{n} a_{ij}x_j$
$P \leftarrow b_i - S$
否
$|P| \leqslant |P_0|$
$P_0 \leftarrow P$
P
是
$i \leqslant n$
输出
$\boldsymbol{x}, \omega, P_0, k$
是
$|P_0| < \varepsilon$
否
stop
继续迭代
$k \leqslant N_0$
输出迭代N_0次还没有达到精度要求信息

图 6-3

设有方程组

$$\boldsymbol{x} = \boldsymbol{B}\boldsymbol{x} + \boldsymbol{f}\ ,\ \boldsymbol{x}^* = \boldsymbol{B}\boldsymbol{x}^* + \boldsymbol{f} \tag{6.8.15}$$

及迭代法

$$\boldsymbol{x}^{(k+1)} = \boldsymbol{B}\boldsymbol{x}^{(k)} + \boldsymbol{f} \tag{6.8.16}$$

需要研究 $\{\boldsymbol{x}^{(k)}\}$ 收敛性，引进误差向量

$$\boldsymbol{e}^{(k+1)} = \boldsymbol{x}^{(k)} - \boldsymbol{x}^*$$

由(6.8.16)式减去(6.8.15)式得到误差向量的递推公式

$$\boldsymbol{e}^{(k+1)} = \boldsymbol{B}\boldsymbol{e}^{(k)} \qquad (k = 0,1,2,\cdots) \tag{6.8.17}$$

于是有

$$\boldsymbol{e}^{(k)} = \boldsymbol{B}\boldsymbol{e}^{(k-1)} = \cdots = \boldsymbol{B}^k\boldsymbol{e}^{(0)} \qquad (\boldsymbol{e}^{(0)} = \boldsymbol{x}^{(0)} - \boldsymbol{x}^*) \tag{6.8.18}$$

上式表明，要考查 $\{\boldsymbol{x}^{(k)}\}$ 收敛性，就是要研究迭代矩阵 $\boldsymbol{B}$ 在什么条件下有 $\boldsymbol{e}^{(k)} \to 0$(当 $k \to \infty$)，即需要研究 $\boldsymbol{B}$ 满足什么条件有 $\boldsymbol{B}^k \to 0$(零矩阵)$(k \to \infty)$(即元素 $(B^k)_{ij} \to 0$，当 $k \to \infty$ 时)。

由(6.8.18)式，显然有

$$\begin{aligned} \|\boldsymbol{e}^{(k)}\| &= \|\boldsymbol{B}^k\boldsymbol{e}^{(0)}\| \\ &\leqslant \|\boldsymbol{B}\|^k \|\boldsymbol{e}^{(0)}\| = q^k \|\boldsymbol{e}^{(0)}\| \end{aligned} \tag{6.8.19}$$

于是，如果给出的迭代法其迭代矩阵 $\boldsymbol{B}$ 满足 $\|\boldsymbol{B}\| = q < 1$，则 $\boldsymbol{x}^{(k)} - \boldsymbol{x}^* = \boldsymbol{e}^{(k)} \to 0$(当 $k \to \infty$)，即迭代法(6.8.16)收敛。

总结上述讨论有：

定理 10 （迭代法收敛的充分条件）

设有方程组 $\boldsymbol{x} = \boldsymbol{B}\boldsymbol{x} + \boldsymbol{f}$，且 $\{\boldsymbol{x}^{(k)}\}$ 为由迭代法 $\boldsymbol{x}^{(k+1)} = \boldsymbol{B}\boldsymbol{x}^{(k)} + \boldsymbol{f}$ ($\boldsymbol{x}^{(0)}$ 为任意选取初始向量)产生的向量序列。

如果迭代矩阵 $\boldsymbol{B}$ 有某一种算子范数 $\|\boldsymbol{B}\| = q < 1$，则

(1) $\{\boldsymbol{x}^{(k)}\}$ 收敛于方程组 $(\boldsymbol{I} - \boldsymbol{B})\boldsymbol{x} = \boldsymbol{f}$ 惟一解 $\boldsymbol{x}^*$；

(2) $\|\boldsymbol{x}^* - \boldsymbol{x}^{(k)}\| \leqslant \dfrac{1}{1-q}\|\boldsymbol{x}^{(k+1)} - \boldsymbol{x}^{(k)}\|$；

(3) 有误差估计 $\|\boldsymbol{x}^* - \boldsymbol{x}^{(k)}\| \leqslant \dfrac{q^k}{1-q}\|\boldsymbol{x}^{(1)} - \boldsymbol{x}^{(0)}\|$。

证明　由定理9可知方程组$(\boldsymbol{I}-\boldsymbol{B})\boldsymbol{x}=\boldsymbol{f}$有惟一解$\boldsymbol{x}^*$，即$\boldsymbol{x}^*$满足方程组

$$\boldsymbol{x}^*=\boldsymbol{B}\boldsymbol{x}^*+\boldsymbol{f}$$

由设及式(6.8.19)即得到(1)。

证(2)，显然，由迭代公式及(6.8.17)式有

1° $\|\boldsymbol{x}^{(k+1)}-\boldsymbol{x}^{(k)}\|\leqslant\|\boldsymbol{B}\|\ \|\boldsymbol{x}^{(k)}-\boldsymbol{x}^{(k-1)}\|$

2° $\|\boldsymbol{e}^{(k+1)}\|\leqslant\|\boldsymbol{B}\|\ \|\boldsymbol{e}^{(k)}\|$

则

$$\begin{aligned}\|\boldsymbol{x}^{(k+1)}-\boldsymbol{x}^{(k)}\|&=\|\boldsymbol{x}^*-\boldsymbol{x}^{(k)}-(\boldsymbol{x}^*-\boldsymbol{x}^{(k+1)})\|\\&\geqslant\|\boldsymbol{x}^*-\boldsymbol{x}^{(k)}\|-\|\boldsymbol{x}^*-\boldsymbol{x}^{(k+1)}\|\\&\geqslant(1-q)\|\boldsymbol{x}^*-\boldsymbol{x}^{(k)}\|\end{aligned}$$

即

$$\begin{aligned}\|\boldsymbol{x}^*-\boldsymbol{x}^{(k)}\|&\leqslant\frac{1}{1-q}\|\boldsymbol{x}^{(k+1)}-\boldsymbol{x}^{(k)}\|\\&\leqslant\frac{q}{1-q}\|\boldsymbol{x}^{(k)}-\boldsymbol{x}^{(k-1)}\|\end{aligned}$$

反复利用1°情况，即得(3)。

例 13　考查用Jacobi方法解例10中方程组的收敛性。

解

$$\boldsymbol{A}=\begin{bmatrix}10&-1&2&0\\-1&11&-1&3\\2&-1&10&-1\\0&3&-1&8\end{bmatrix}=\begin{bmatrix}10&&&\\&11&&\\&&10&\\&&&8\end{bmatrix}-\begin{bmatrix}0&&&\\1&0&&\\-2&1&0&\\0&-3&1&0\end{bmatrix}-\begin{bmatrix}0&1&-2&0\\&0&1&-3\\&&0&1\\&&&0\end{bmatrix}$$

$$=\boldsymbol{D}-\boldsymbol{L}-\boldsymbol{U}$$

Jacobi迭代阵为：

$$
\boldsymbol{J}=\boldsymbol{D}^{-1}(\boldsymbol{L}+\boldsymbol{U})=\begin{bmatrix} 0 & \frac{1}{10} & -\frac{2}{10} & 0 \\ \frac{1}{11} & 0 & \frac{1}{11} & -\frac{3}{11} \\ -\frac{2}{10} & \frac{1}{10} & 0 & \frac{1}{10} \\ 0 & -\frac{3}{8} & \frac{1}{8} & 0 \end{bmatrix}
$$

计算 $\|\boldsymbol{J}\|_{\infty}=\max\left\{\frac{3}{10},\frac{5}{11},\frac{4}{10},\frac{4}{8}\right\}=\frac{1}{2}<1$,故解此方程组的 Jacobi 方法收敛。

定义 6 设 $\boldsymbol{A}\in R^{n\times n}$ 的特征值为 $\lambda_1,\lambda_2,\cdots,\lambda_n$,称值

$$
\rho(A)=\max_{1\leqslant i\leqslant n}|\lambda_i| \qquad (\boldsymbol{A}\text{ 特征值按模的最大值})
$$

为矩阵 $\boldsymbol{A}$ 的谱半径。

例 14 设 $\boldsymbol{A}=\begin{bmatrix} 1 & 0 & 1 \\ 2 & 2 & 1 \\ -1 & 0 & 0 \end{bmatrix}$,计算 $\boldsymbol{A}$ 的谱半径。

解 计算 $\boldsymbol{A}$ 的特征值,即求特征方程

$$
\begin{aligned}
\det(\lambda\boldsymbol{I}-\boldsymbol{A})&=\begin{vmatrix} \lambda-1 & 0 & -1 \\ -2 & \lambda-2 & -1 \\ 1 & 0 & \lambda \end{vmatrix} \\
&=(\lambda-2)(\lambda^2-\lambda+1) \\
&=0
\end{aligned}
$$

的根。

于是 $\boldsymbol{A}$ 的特征值为

$$
\lambda_1=2,\lambda_2=\frac{1}{2}+\frac{\sqrt{3}}{2}\mathrm{i},\lambda_3=\frac{1}{2}-\frac{\sqrt{3}}{2}\mathrm{i}
$$

$\boldsymbol{A}$ 的谱半径为

$$
\rho(A)=\max\{2,1,1\}=2
$$

我们给出下述结论,可见参考文献[1]。

定理 11　设 $\boldsymbol{B} \in R^{n\times n}$,则

$\boldsymbol{B}^k \to 0$(零矩阵)(当 $k \to \infty$)$\Longleftrightarrow \boldsymbol{B}$ 所有特征值满足

$$|\lambda_i(B)| < 1 \text{ 或 } B \text{ 的谱半径 } \rho(B) < 1$$

$$(i = 1,2,\cdots,n)$$

定理 12　(迭代法基本定理)

(1) 设有方程组　　$\boldsymbol{x} = \boldsymbol{Bx} + \boldsymbol{f}$　$(\boldsymbol{B} \in R^{n\times n})$

(2) 设有一阶定常迭代法　　$\boldsymbol{x}^{(k+1)} = \boldsymbol{Bx}^{(k)} + \boldsymbol{f}$

对任意选取初始向量 $\boldsymbol{x}^{(0)}$,迭代法(2) 收敛的 $\Longleftrightarrow \boldsymbol{B}$ 的特征值满足 $|\lambda_i(B)| < 1(i = 1,2,\cdots,n)$ 或 $\rho(B) < 1$。

推论:

(1) 雅可比迭代法收敛的充要条件是 $\rho(J) < 1$。

(2)高斯—塞德尔迭代法收敛的充要条件是 $\rho(G)<1$。

(3) 超松弛迭代法收敛的充要条件是 $\rho(L\omega) < 1$。

定理 12 是一阶定常迭代法的收敛准则,在理论上是重要的,当 n 较大时,一般计算 $\rho(B)$ 是困难的。

例 15　设

$$\begin{cases} x_1 + 2x_2 - 2x_3 = 1 \\ x_1 + x_2 + x_3 = 1 \\ 2x_1 + 2x_2 + x_3 = 1 \end{cases}$$

考查用雅可比迭代法和 G-S 迭代法解此方程组的收敛性。

解

$$\boldsymbol{A} = \begin{bmatrix} 1 & & \\ & 1 & \\ & & 1 \end{bmatrix} - \begin{bmatrix} 0 & & \\ -1 & 0 & \\ -2 & -2 & 0 \end{bmatrix} - \begin{bmatrix} 0 & -2 & 2 \\ & 0 & -1 \\ & & 0 \end{bmatrix}$$

$$= \boldsymbol{D} - \boldsymbol{L} - \boldsymbol{U}$$

雅可比迭代法的迭代矩阵为

$$\boldsymbol{J} = \boldsymbol{D}^{-1}(\boldsymbol{L}+\boldsymbol{U}) = \begin{bmatrix} 0 & -2 & 2 \\ -1 & 0 & -1 \\ -2 & -2 & 0 \end{bmatrix}$$

计算 $\boldsymbol{J}$ 的特征值

$$\det(\lambda \boldsymbol{I} - \boldsymbol{J}) = \lambda^3 = 0$$

得到 $\rho(J) = 0 < 1$

因此,用雅可比迭代法解此方程组收敛。

G-S 方法的迭代矩阵为

$$\boldsymbol{G} = (\boldsymbol{D}-\boldsymbol{L})^{-1}\boldsymbol{U} = \begin{bmatrix} 0 & -2 & 2 \\ 0 & 2 & -3 \\ 0 & 0 & 2 \end{bmatrix}$$

计算 $\boldsymbol{G}$ 的特征值

$$\det(\lambda \boldsymbol{I} - \boldsymbol{A}) = \lambda(\lambda-2)(\lambda-2) = 0$$

得到 $\lambda_1 = 0$, $\lambda_2 = \lambda_3 = 2$, $\rho(G) = 2 > 1$

所以用 G-S 迭代法解此方程组不收敛。

定义 7 (严格对角占优阵)设 $\boldsymbol{A} = (a_{ij})_{n\times n}$

如果 $\boldsymbol{A}$ 满足条件

$$|a_{ii}| > \sum_{\substack{j=1 \\ j\neq i}}^{n} |a_{ij}| \quad (i = 1,2,\cdots,n)$$

即 $\boldsymbol{A}$ 的每一行对角元素的绝对值都严格大于同行其他元素绝对值之和,称 $\boldsymbol{A}$ 为**严格对角占优阵**。

定理 13 如果 $\boldsymbol{A} = (a_{ij})_{n\times n}$ 为严格对角占优阵,则 $\boldsymbol{A}$ 为非奇异矩阵。

证明 用反证法。若 $\det(\boldsymbol{A}) = 0$,则 $\boldsymbol{Au} = 0$ 有非零解,记为 $\boldsymbol{u} = (u_1, u_2, \cdots, u_n)^T$。且记 $|u_t| = \max\limits_{1\leqslant i\leqslant n} |u_i| \neq 0$,于是由 $\boldsymbol{Au} = 0$ 的第 t 个方程

$$\sum_{j=1}^{n} a_{tj} u_j = 0$$

得到

$$|a_{tt}||u_t| = \left|\sum_{j\neq t}^{n} a_{tj}u_j\right| \leqslant \sum_{j\neq t}^{n}|a_{tj}||u_j|$$

$$\leqslant |u_t|\sum_{j\neq t}^{n}|a_{tj}|$$

即 $$|a_{tt}| \leqslant \sum_{j\neq t}^{n}|a_{tj}|$$

与假设矛盾。

定理 14 设 $\boldsymbol{Ax}=\boldsymbol{b}, \boldsymbol{A}\in R^{n\times n}$。

如果 $\boldsymbol{A}$ 为严格对角占优阵，则解 $\boldsymbol{Ax}=\boldsymbol{b}$ 的 Jacobi 方法，G-S 迭代法都收敛。

证明 (1) 首先证明解 $\boldsymbol{Ax}=\boldsymbol{b}$ 的 Jacobi 方法收敛。由假设有

$$\sum_{\substack{j=1\\ j\neq i}}^{n}\left|\frac{a_{ij}}{a_{ii}}\right| < 1 \quad (i=1,2,\cdots,n) \tag{6.8.20}$$

解 $\boldsymbol{Ax}=\boldsymbol{b}$ 的 Jacobi 方法迭代矩阵为 $\boldsymbol{J}=\boldsymbol{D}^{-1}(\boldsymbol{L}+\boldsymbol{U})$，且由式(6.8.20)有

$$\|\boldsymbol{J}\|_\infty = \max_{1\leqslant i\leqslant n}\sum_{\substack{j=1\\ j\neq i}}^{n}\left|\frac{a_{ij}}{a_{ii}}\right| < 1$$

故由定理 10 知解 $\boldsymbol{Ax}=\boldsymbol{b}$ 的 Jacobi 方法收敛。

(2) 记 $\alpha_i=\sum_{j=1}^{i-1}|a_{ij}|, \beta_i=\sum_{j=i+1}^{n}|a_{ij}|(i=1,2,\cdots,n;\alpha_1=\beta_n=0)$

由假设有

$$\alpha_i+\beta_i < |a_{ii}| \qquad (i=1,\cdots,n)$$

即有 $$M_i \equiv \frac{\beta_i}{|a_{ii}|-\alpha_i} < 1 \quad 或 \quad M=\max_{1\leqslant i\leqslant n} M_i < 1 \tag{6.8.21}$$

由 G-S 迭代法的迭代矩阵为 $\boldsymbol{G}=(\boldsymbol{D}-\boldsymbol{L})^{-1}\boldsymbol{U}$，假设 $\boldsymbol{A}$ 为严格对角占优阵，下面来说明

$$\| \boldsymbol{G} \|_{\infty} = \max_{x \neq 0} \frac{\| \boldsymbol{G}\boldsymbol{x} \|_{\infty}}{\| \boldsymbol{x} \|_{\infty}} \leqslant M < 1$$

记　　$\boldsymbol{y} = \boldsymbol{G}\boldsymbol{x} = (\boldsymbol{D} - \boldsymbol{L})^{-1}\boldsymbol{U}\boldsymbol{x}$

即　　$\boldsymbol{D}\boldsymbol{y} = \boldsymbol{L}\boldsymbol{y} + \boldsymbol{U}\boldsymbol{x}$

或　　$$\boldsymbol{y} = \boldsymbol{D}^{-1}(\boldsymbol{L}\boldsymbol{y} + \boldsymbol{U}\boldsymbol{x}) \tag{6.8.22}$$

记　　$\| \boldsymbol{y} \|_{\infty} = \max_{1 \leqslant i \leqslant n} |y_i| = |y_k|$

取(6.8.22)式第 k 个分量得到

$$y_k = \frac{1}{a_{kk}}\left(- \sum_{j=1}^{k-1} a_{kj} y_j - \sum_{j=k+1}^{n} a_{kj} x_j \right)$$

于是　　$$\| \boldsymbol{y} \|_{\infty} = |y_k| \leqslant \frac{1}{|a_{kk}|}(\alpha_k \| \boldsymbol{y} \|_{\infty} + \beta_k \| \boldsymbol{x} \|_{\infty}) \tag{6.8.23}$$

由(6.8.23)式整理即得到

$$\frac{\| \boldsymbol{G}\boldsymbol{x} \|_{\infty}}{\| \boldsymbol{x} \|_{\infty}} = \frac{\| \boldsymbol{y} \|_{\infty}}{\| \boldsymbol{x} \|_{\infty}} \leqslant \frac{\beta_k}{(|a_{kk}| - \alpha_k)} \leqslant M < 1$$

（对任何 $\boldsymbol{x} \neq 0, \boldsymbol{x} \in R^n$）

则有　　$$\| \boldsymbol{G} \|_{\infty} = \max_{x \neq 0} \frac{\| \boldsymbol{G}\boldsymbol{x} \|_{\infty}}{\| \boldsymbol{x} \|_{\infty}} \leqslant M < 1$$

故由定理 10 知解 $\boldsymbol{A}\boldsymbol{x} = \boldsymbol{b}$ 的 G-S 迭代法收敛。

定理 15　(1) 设 $\boldsymbol{A}\boldsymbol{x} = \boldsymbol{b}$，其中 $\boldsymbol{A}$ 为对称正定阵；

(2)$0 < \omega < 2$；

且解 $\boldsymbol{A}\boldsymbol{x} = \boldsymbol{b}$ 的 SOR 方法收敛。

例 16　设有方程组如下，试考查用Jacobi 方法，G-S 迭代法解此方程组的收敛性：

$$\begin{cases} 6x_1 + x_2 - 3x_3 = 17.5 \\ x_1 + 8x_2 + 3x_3 = 10 \\ -x_1 + 4x_2 + 12x_3 = -12 \end{cases}$$

解　由于

$$A = \begin{bmatrix} 6 & 1 & -3 \\ 1 & 8 & 3 \\ -1 & 4 & 12 \end{bmatrix}$$

为严格对角占优阵，于是由定理 14 可知解 $\boldsymbol{A}\boldsymbol{x} = \boldsymbol{b}$ 的 Jacobi 迭代，G-S 迭代均收敛。

§9　解非线性方程组的迭代法*

在科学技术领域里常常提出求解非线性方程组问题，例如，用非线性函数拟合实验数据问题、非线性网络问题，用差分法求解非线性微分方程问题等。

设有非线性方程组

$$\left.\begin{aligned} f_1(x_1,x_2,\cdots,x_n) &= 0 \\ f_2(x_1,x_2,\cdots,x_n) &= 0 \\ &\vdots \\ f_n(x_1,x_2,\cdots,x_n) &= 0 \end{aligned}\right\} \tag{6.9.1}$$

其中，$f_i(x_1,x_2,\cdots,x_n)(i = 1,2,\cdots,n)$ 为实变量的非线性函数，它是给定的多元函数。一般表示为：

$$f_i:\quad R^n \to R。$$

式(6.9.1)可用向量形式表示，引进记号

$$F(\boldsymbol{x}) = \begin{bmatrix} f_1(\boldsymbol{x}) \\ f_2(\boldsymbol{x}) \\ \vdots \\ f_n(\boldsymbol{x}) \end{bmatrix}, \boldsymbol{x} = \begin{bmatrix} x_1 \\ x_2 \\ \vdots \\ x_n \end{bmatrix} \in R^n$$

于是式(6.9.1)可写为

$$F(\boldsymbol{x}) = 0$$

其中，$F: R^n \to R^n$ 的一个映象。

我们的问题是寻求 $\boldsymbol{x}^*$ 使 $F(\boldsymbol{x}^*) = 0$，本节介绍求解非线性方

程组 $F(\boldsymbol{x})=0$ 的数值方法。

例 17 设有非线性方程组

$$\begin{cases} f_1(x_1,x_2)=x_1{}^2+x_2{}^2-4=0 \\ f_2(x_1,x_2)=\mathrm{e}^{x_1}+x_2-1=0 \end{cases}$$

从几何上看其解就是圆 $x_1{}^2+x_2{}^2=4$ 与曲线 $x_2=1-\mathrm{e}^{x_1}$ 的交点(见图 6-4)。

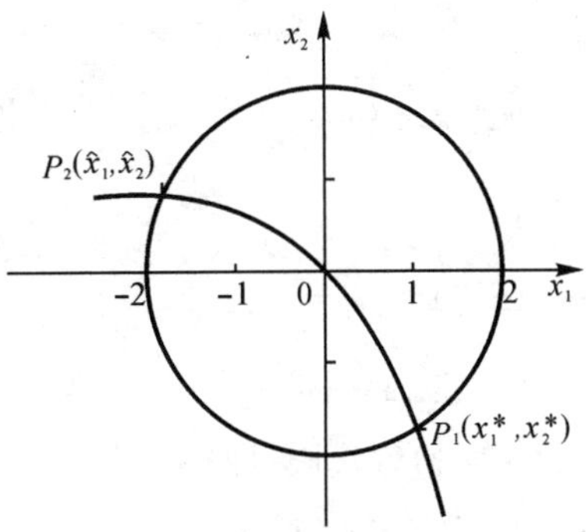

图 6-4

从图 6-4 可见方程组有两个解:$\begin{pmatrix} x_1^* \\ x_2^* \end{pmatrix}$ 及 $\begin{pmatrix} \hat{x}_1 \\ \hat{x}_2 \end{pmatrix}$。

然而,对于一般非线性方程组(6.9.1),可能没有解,或可能有有限个解,或可能有无限个解。

9.1 解非线性方程组的迭代法

解非线性方程组的迭代法和解非线性方程式一样,首先需要将 $F(\boldsymbol{x})=0$ 转化为等价的方程组

$$x_i=g_i(x_1,x_2,\cdots,x_n) \quad (i=1,2,\cdots,n) \tag{6.9.2}$$

或者简记为

$$\boldsymbol{x}=g(\boldsymbol{x})$$

其中,$g_i:R^n\to R$,$\boldsymbol{g}:R^n\to R^n$

$$g(\boldsymbol{x}) = \begin{bmatrix} g_1(\boldsymbol{x}) \\ g_2(\boldsymbol{x}) \\ \vdots \\ g_n(\boldsymbol{x}) \end{bmatrix}, \boldsymbol{x} = \begin{bmatrix} x_1 \\ x_2 \\ \vdots \\ x_n \end{bmatrix} \in R^n$$

迭代法:首先从某个初始向量 $\boldsymbol{x}^{(0)}$ 开始,按下述逐次代入方法构造一向量序列$\{\boldsymbol{x}^{(k)}\}$:

$$x_i^{(k+1)} = g_i(x_1^{(k)}, \cdots, x_n^{(k)}) \quad (i = 1, 2, \cdots, n) \qquad (6.9.3)$$

其中,$\boldsymbol{x}^{(k)} = (x_1^{(k)}, x_2^{(k)}, \cdots, x_n^{(k)})^T$。

或写为向量形式:

$$\boldsymbol{x}^{(k+1)} = g(\boldsymbol{x}^{(k)}) \quad (k = 0, 1, 2, \cdots)$$

如果$\lim\limits_{k\to\infty}\boldsymbol{x}^{(k)} \equiv \boldsymbol{x}^*$(存在),称$\{\boldsymbol{x}^{(k)}\}$为收敛。且当 $g_i(\boldsymbol{x})$ 为连续函数时,由式(6.9.3)两边取极限,即得

$$\boldsymbol{x}^* = g(\lim_{k\to\infty}\boldsymbol{x}^{(k)}) = g(\boldsymbol{x}^*)$$

说明 $\boldsymbol{x}^*$ 为方程组(6.9.2)的解。$\boldsymbol{x}^*$ 又称为 $\boldsymbol{x} = g(\boldsymbol{x})$ 的不动点。

例 18 用迭代法求解

$$\begin{cases} x_1 = -\sqrt{4 - x_2^{\,2}} \\ x_2 = 1 - \mathrm{e}^{x_1} \end{cases}$$

解 迭代公式:

$$\begin{cases} x_1^{(k+1)} = -\sqrt{4 - (x_2^{(k)})^2} \\ x_2^{(k+1)} = 1 - \mathrm{e}^{x_1^{(k)}} \end{cases}$$

$$(k = 0, 1, 2, \cdots)$$

取初始向量 $\boldsymbol{x}^{(0)} = (-1.8, 0.8)^T$,计算结果见表 6-4。

表 6-4

k	$x_1^{(k)}$	$x_2^{(k)}$
0	-1.8	0.8
1	-1.833030	0.834701
2	-1.817491	0.840072
3	-1.815015	0.837567
4	-1.816172	0.837165
5	-1.816358	0.837353
6	-1.816271	0.837383
7	-1.816257	0.837369
8	-1.8162635	0.8373669

且
$$\begin{cases} f_1(x_1^{(8)},x_2^{(8)}) \approx -3.909\times 10^{-6} \\ f_2(x_1^{(8)},x_2^{(8)}) \approx -1.01\times 10^{-6} \end{cases}$$
$$\| \boldsymbol{x}^{(8)} - \boldsymbol{x}^{(7)} \|_\infty \approx 1.05\times 10^{-5}$$

由计算表明，由迭代法构造$\{\boldsymbol{x}^{(k)}\}$收敛到方程组 $F(\boldsymbol{x})=0$ 一个解 $\boldsymbol{x}^* = \begin{bmatrix} \hat{x}_1 \\ \hat{x}_2 \end{bmatrix}$。

下面不加证明地给出迭代过程收敛的充分条件。

定理 16　设有非线性方程组 $\boldsymbol{x}=g(\boldsymbol{x})$

(1) 设 $\boldsymbol{x}^*$ 是方程 $\boldsymbol{x}=g(\boldsymbol{x})$ 解；

(2) 设 $g_i(\boldsymbol{x})$ 于 $\boldsymbol{x}^*$ 充分小的邻域连续可微；

(3) 且满足条件 $\|G(\boldsymbol{x}^*)\|_\infty = r < 1$，其中

$$G(\boldsymbol{x}) = \begin{bmatrix} \dfrac{\partial g_1(\boldsymbol{x})}{\partial x_1} & \cdots & \dfrac{\partial g_1(\boldsymbol{x})}{\partial x_n} \\ \vdots & & \vdots \\ \dfrac{\partial g_n(\boldsymbol{x})}{\partial x_1} & \cdots & \dfrac{\partial g_n(\boldsymbol{x})}{\partial x_n} \end{bmatrix} \tag{6.9.4}$$

则当初始向量 $\boldsymbol{x}^{(0)}$ 选择充分接近 $\boldsymbol{x}^*$ 时，迭代方程 $\boldsymbol{x}^{(k+1)} = g(\boldsymbol{x}^{(k)})$

产生的向量序列$\{\boldsymbol{x}^{(k)}\}$收敛于$\boldsymbol{x}^*$。

我们指出，解非线性方程组的迭代过程，初始向量选取不好，迭代过程可能不收敛。由定理16可知，当$g(\boldsymbol{x})$满足一定条件时，迭代过程具有局部收敛性。

9.2 解非线性方程组的牛顿法

设有非线性方程组

$$F(\boldsymbol{x}) = 0$$

其中 $$F(\boldsymbol{x}) = (f_1(\boldsymbol{x}), f_2(\boldsymbol{x}), \cdots, f_k(\boldsymbol{x}))^T$$

由$f_i(\boldsymbol{x})$偏导数作成的矩阵记为$J(\boldsymbol{x})$或$F'(\boldsymbol{x})$称为$F(\boldsymbol{x})$的Jacobi矩阵

$$J(\boldsymbol{x}) \equiv F'(\boldsymbol{x}) \equiv \begin{bmatrix} \dfrac{\partial f_1(\boldsymbol{x})}{\partial x_1} & \dfrac{\partial f_1(\boldsymbol{x})}{\partial x_2} & \cdots & \dfrac{\partial f_1(\boldsymbol{x})}{\partial x_n} \\ \dfrac{\partial f_2(\boldsymbol{x})}{\partial x_1} & \dfrac{\partial f_2(\boldsymbol{x})}{\partial x_2} & \cdots & \dfrac{\partial f_2(\boldsymbol{x})}{\partial x_n} \\ \vdots & \vdots & \cdots & \vdots \\ \dfrac{\partial f_n(\boldsymbol{x})}{\partial x_1} & \dfrac{\partial f_n(\boldsymbol{x})}{\partial x_2} & \cdots & \dfrac{\partial f_n(\boldsymbol{x})}{\partial x_n} \end{bmatrix} \tag{6.9.5}$$

设$\boldsymbol{x}^*$为$F(\boldsymbol{x}) = 0$的解，且设$\boldsymbol{x}^{(k)} = (x_1^{(k)}, x_2^{(k)}, \cdots, x_n^{(k)})^T$，为$\boldsymbol{x}^*$近似解，现利用多元函数$f_i(\boldsymbol{x})$在$\boldsymbol{x}^{(k)}$点的泰勒公式有

$$\begin{aligned} f_i(\boldsymbol{x}) = & f_i(\boldsymbol{x}^{(k)}) + (x_1 - x_1^{(k)}) \frac{\partial f_i(\boldsymbol{x}^{(k)})}{\partial x_1} \\ & + \cdots + (x_n - x_n^{(k)}) \frac{\partial f_i(\boldsymbol{x}^{(k)})}{\partial x_n} \\ & + \frac{1}{2} \sum_{j,l=1}^{n} (x_j - x_j^{(k)})(x_l - x_l^{(k)}) \frac{\partial^2 f_i(\boldsymbol{C}_i)}{\partial x_j \partial x_l} \\ \equiv & P_i(\boldsymbol{x}) + R \end{aligned}$$

$$(i = 1, 2, \cdots, n) \tag{6.9.6}$$

其中，$\boldsymbol{C}_i$在$\boldsymbol{x}^{(k)}$与$\boldsymbol{x}$的所连的线段内。

如果用式(6.9.6)中线性函数 $P_i(\boldsymbol{x})$ 近似代替 $f_i(\boldsymbol{x})$，并将线性方程组

$$\begin{aligned}P_i(\boldsymbol{x}) \equiv f_i(\boldsymbol{x}^{(k)}) &+ (x_1 - x_1^{(k)})\frac{\partial f_i(\boldsymbol{x}^{(k)})}{\partial x_1} + \cdots \\ &+ (x_n - x_n^{(k)})\frac{\partial f_i(\boldsymbol{x}^{(k)})}{\partial x_n} \\ &= 0\end{aligned}$$

$$(i = 1,2,\cdots,n) \qquad (6.9.7)$$

的解作为 $\boldsymbol{x}^*$ 的第 $k+1$ 次近似解记为 $\boldsymbol{x}^{(k+1)}$。

将式(6.9.7)写成矩阵形式，即

$$F(\boldsymbol{x}^{(k)}) + J(\boldsymbol{x}^{(k)})(\boldsymbol{x} - \boldsymbol{x}^{(k)}) = 0$$

如果 $J(\boldsymbol{x}^{(k)})$ 为非奇异矩阵，则得到牛顿迭代公式

$$\begin{cases}\boldsymbol{x}^{(0)}(\text{初始向量}) \\ \boldsymbol{x}^{(k+1)} = \boldsymbol{x}^{(k)} - [J(\boldsymbol{x}^{(k)})]^{-1}F(\boldsymbol{x}^{(k)}) \quad (k = 0,1,2,\cdots)\end{cases} \qquad (6.9.8)$$

求解非线性方程组 $F(\boldsymbol{x}) = 0$ 牛顿方法或为

$$\left.\begin{aligned}\boldsymbol{x}^{(0)} \\ J(\boldsymbol{x}^{(k)})\Delta\boldsymbol{x}^{(k)} = -F(\boldsymbol{x}^{(k)}) \\ \boldsymbol{x}^{(k+1)} = \boldsymbol{x}^{(k)} + \Delta\boldsymbol{x}^{(k)}\end{aligned}\right\} \qquad (6.9.9)$$

用牛顿方法计算公式(6.9.9)可知，每计算一步 $\boldsymbol{x}^{(k)} \to \boldsymbol{x}^{(k+1)}$，需要：

(1) 计算矩阵 $J(\boldsymbol{x}^{(k)})$ 及 $F(\boldsymbol{x}^{(k)})$；

(2) 求解一个线性方程组：$J(\boldsymbol{x}^{(k)})\Delta\boldsymbol{x}^{(k)} = -F(\boldsymbol{x}^{(k)})$；

(3) 计算 $\boldsymbol{x}^{(k+1)} = \boldsymbol{x}^{(k)} + \Delta\boldsymbol{x}^{(k)}$。

例 19 用牛顿法求解非线性方程组

$$\begin{cases}f_1(x_1,x_2) = x_2 - x_1{}^2 = 0 \\ f_2(x_1,x_2) = x_1 - x_1x_2 + 1 = 0\end{cases}$$

解 取初始向量 $\boldsymbol{x}^{(0)} = (1.5,1.5)^T$

计算 $F(\boldsymbol{x})$ 的 Jacobi 矩阵

$$J(\boldsymbol{x})=\begin{bmatrix}\dfrac{\partial f_1(\boldsymbol{x})}{\partial x_1} & \dfrac{\partial f_1(\boldsymbol{x})}{\partial x_2}\\ \dfrac{\partial f_2(\boldsymbol{x})}{\partial x_1} & \dfrac{\partial f_2(\boldsymbol{x})}{\partial x_2}\end{bmatrix}=\begin{bmatrix}-2x_1 & 1\\ 1-x_2 & -x_1\end{bmatrix}$$

(1) 计算 $J(\boldsymbol{x}^{(0)})$ 及 $F(\boldsymbol{x}^{(0)})$

$$J(\boldsymbol{x}^{(0)})=\begin{bmatrix}-3 & 1\\ -0.5 & -1.5\end{bmatrix},F(\boldsymbol{x}^{(0)})=\begin{bmatrix}-0.75\\ 0.25\end{bmatrix}$$

求解线性方程组

$$J(\boldsymbol{x}^{(0)})\Delta\boldsymbol{x}^{(0)}=-F(\boldsymbol{x}^{(0)})$$

得到 $\boldsymbol{x}^{(1)}=\boldsymbol{x}^{(0)}+\Delta\boldsymbol{x}^{(0)}=(1.325,1.725)^T$

(2) 计算 $J(\boldsymbol{x}^{(1)})$ 及 $F(\boldsymbol{x}^{(1)})$

$$J(x^{(1)})=\begin{bmatrix}-2.65 & 1\\ 0.725 & -1.325\end{bmatrix},F(\boldsymbol{x}^{(1)})=\begin{bmatrix}-0.030625\\ 0.039375\end{bmatrix}$$

求解线性方程组

$$J(\boldsymbol{x}^{(1)})\Delta\boldsymbol{x}^{(1)}=-F(\boldsymbol{x}^{(1)})$$

得到 $\boldsymbol{x}^{(2)}=\boldsymbol{x}^{(1)}+\Delta\boldsymbol{x}^{(1)}=(1.324716,1.754873)^T$

计算 $F(\boldsymbol{x}^{(2)})=\begin{bmatrix}f_1(\boldsymbol{x}^{(2)})\\ f_2(\boldsymbol{x}^{(2)})\end{bmatrix}=\begin{bmatrix}-8\times 10^{-8}\\ 8.45\times 10^{-6}\end{bmatrix}$

我们指出，当 $f_i(\boldsymbol{x})(i=1,2,\cdots,n)$ 具有连续二阶偏导数时，且 $J(\boldsymbol{x}^*)$ 为非奇异矩阵，$\boldsymbol{x}^*$ 为 $F(\boldsymbol{x})=0$ 的解，则当初始向量 $\boldsymbol{x}^{(0)}$ 选取充分接近 $\boldsymbol{x}^*$ 时，牛顿法产生向量序列 $\{\boldsymbol{x}^{(k)}\}$ 收敛于 $\boldsymbol{x}^*$，且为二阶收敛。

牛顿法框图见图 6-5 所示。

用牛顿法求解非线性方程组 $F(\boldsymbol{x})=0$，设 $\boldsymbol{x}^{(0)}$ 为选定的 $\boldsymbol{x}^*$ 的初始近似解，存放在数组 $X(n)$ 内，$\Delta\boldsymbol{x}^{(k)}$ 存放在 $Y(n)$ 内，$J(\boldsymbol{x}^{(k)})$ 存放在数组 $A(n,n)$ 内，$F(\boldsymbol{x}^{(k)})$ 存放在 $F(n)$ 内。N_0 表示最大迭代次数，且用 $S=\sum_{i=1}^{n}f_i^2(\boldsymbol{x})<\varepsilon$ 控制迭代。

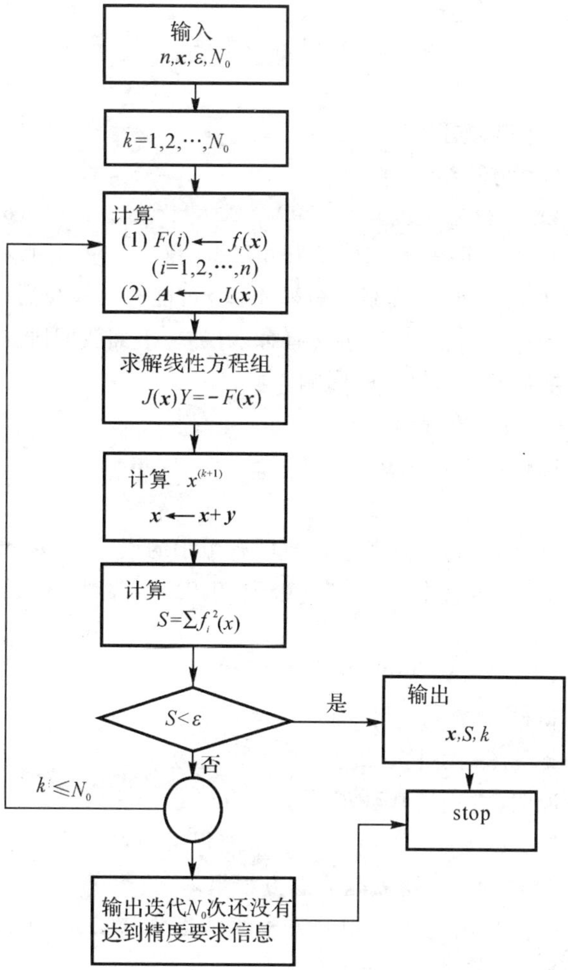
输入
n,x,ε,N0
k=1,2,…,N0
计算
(1) F(i)← fi(x)
(i=1,2,…,n)
(2) A← J(x)
求解线性方程组
J(x)Y=−F(x)
计算 x(k+1)
x←x+y
计算
S=Σfi2(x)
S<ε
是
否
输出
x,S,k
k≤N0
stop
输出迭代N0次还没有达到精度要求信息

图 6-5

§10 病态方程组和迭代改善法

10.1 病态方程组

考虑线性方程组

$$\boldsymbol{Ax} = \boldsymbol{b} \tag{6.10.1}$$

假设 $\boldsymbol{A} \in R^{n\times n}$ 为非奇异矩阵，$\boldsymbol{x}$ 为方程组的解。在应用问题归结为求解方程组 $\boldsymbol{Ax} = \boldsymbol{b}$ 时，其系数矩阵 $\boldsymbol{A}$ 和 $\boldsymbol{b}$ 可能有某些观测误差，或者 $\boldsymbol{A}$，$\boldsymbol{b}$ 是计算的结果，从而包含有舍入误差。下面我们研究数据 $\boldsymbol{A}$ 或 $\boldsymbol{b}$ 的误差对方程组解 $\boldsymbol{x}$ 的影响。

例 20 设有方程组

$$\begin{cases} 5x_1 + 7x_2 = 0.7 \\ 7x_1 + 10x_2 = 1 \end{cases}$$

其解 $\boldsymbol{x} = (0.0, 0.1)^T$，现考虑常数项有微小的误差，即 $\boldsymbol{b} \to \boldsymbol{b} + \delta\boldsymbol{b} = (0.69, 1.01)^T$，其中 $\delta\boldsymbol{b} = (-0.01, 0.01)^T$，得到一个扰动方程组

$$\begin{cases} 5\hat{\boldsymbol{x}}_1 + 7\hat{\boldsymbol{x}}_2 = 0.69 \\ 7\hat{\boldsymbol{x}}_1 + 10\hat{\boldsymbol{x}}_2 = 1.01 \end{cases}$$

其解为 $\quad \hat{\boldsymbol{x}} = (-0.17, 0.22)^T$

此例说明，方程组常数项分量只有微小变化(1/100)，而方程组的解有较大的变化。也就是说这个方程组的解对于问题的数据 $\boldsymbol{b}$ 很灵敏。这样的方程组就是病态方程组。

下面我们找出能用来刻画方程组病态性质的量，为此，考查 $\boldsymbol{A}$(或 $\boldsymbol{b}$) 微小误差对解的影响。

首先考查常数项 $\boldsymbol{b}$ 的微小误差对解的影响。设 $\boldsymbol{A}$ 是精确的，$\boldsymbol{b}$ 有误差(或扰动)$\delta\boldsymbol{b}$，显然，方程组 $\boldsymbol{A}\hat{\boldsymbol{x}} = \boldsymbol{b} + \delta\boldsymbol{b}$ 的解与 $\boldsymbol{x}$ 有差别，记为 $\hat{\boldsymbol{x}} - \boldsymbol{x} = \delta\boldsymbol{x}$，即有

$$\boldsymbol{A}(\boldsymbol{x} + \delta\boldsymbol{x}) = \boldsymbol{b} + \delta\boldsymbol{b}$$

即 $\quad A(\delta x) = \delta b \quad$ （由设 $Ax = b \neq 0$）

于是
$$\| \delta x \| \leqslant \| A^{-1} \| \, \| \delta b \| \tag{6.10.2}$$

另一方面，由 $Ax = b \neq 0$，则有

$$\| b \| \leqslant \| A \| \, \| x \|$$

或
$$\frac{1}{\| x \|} \leqslant \frac{\| A \|}{\| b \|} \tag{6.10.3}$$

由(6.10.2)式及(6.10.3)式即得：

定理 17 （b 扰动对解的影响）

(1)$Ax = b \neq 0$，x 为精确解，A 为非奇异矩阵；

(2) 且设 $A(x + \delta x) = b + \delta b$

则有

$$\frac{\| \delta x \|}{\| x \|} \leqslant \| A^{-1} \| \, \| A \| \, \frac{\| \delta b \|}{\| b \|} \tag{6.10.4}$$

式(6.10.4)说明，当 b 有一相对误差时，引起 $Ax = b$ 解的变化。式(6.10.4)给出了引起解相对误差的一个上界，且引起的解的相对误差可能是常数项相对误差的 $\| A^{-1} \| \, \| A \|$ 倍。因此，引起的解的相对误差的大小与数 $\| A^{-1} \| \, \| A \|$ 大小有关。

下面考查 A 扰动对 $Ax = b$ 解 x 的影响。

设 A 有微小误差(扰动)δA，即 $A \to A + \delta A$，b 是精确的，记$(A + \delta A)\hat{x} = b$ 的解为 $x + \delta x$，即

$$(A + \delta A)(x + \delta x) = b$$

由于 $Ax = b$ 上式即

$$(A + \delta A)(\delta x) = -(\delta A)x \tag{6.10.5}$$

设 $\| A^{-1} \| \, \| \delta A \| < 1$，则由定理 9，$A + \delta A = A(I + A^{-1}\delta A)$ 为非奇异阵且有

$$\| (A + \delta A)^{-1} \| \leqslant \frac{\| A^{-1} \|}{1 - \| A^{-1} \| \, \| \delta A \|} \tag{6.10.6}$$

由式(6.10.5)

$$\delta x = -(A + \delta A)^{-1}(\delta A)x$$

利用式(6.10.6),则

$$\frac{\|\delta \boldsymbol{x}\|}{\|\boldsymbol{x}\|} \leqslant \frac{\|\boldsymbol{A}^{-1}\| \ \|\boldsymbol{A}\| \ \dfrac{\|\delta \boldsymbol{A}\|}{\|\boldsymbol{A}\|}}{1-\|\boldsymbol{A}^{-1}\| \ \|\boldsymbol{A}\| \ \dfrac{\|\delta \boldsymbol{A}\|}{\|\boldsymbol{A}\|}} \tag{6.10.7}$$

定理 18 ($\boldsymbol{A}$ 扰动对解的影响)

(1) 设 $\boldsymbol{Ax}=\boldsymbol{b}$,其中 $\boldsymbol{A}$ 为非奇异矩阵,$\boldsymbol{x}$ 为精确解;

(2) 设$(\boldsymbol{A}+\delta\boldsymbol{A})(\boldsymbol{x}+\delta\boldsymbol{x})=\boldsymbol{b}$,且设

$$\|\delta \boldsymbol{A}\| < \frac{1}{\|\boldsymbol{A}^{-1}\|}$$

则 $\boldsymbol{A}$ 的微小误差引起解的相对误差有估计式(6.10.7),且式(6.10.7)说明,如果 $\|\boldsymbol{A}^{-1}\| \ \|\boldsymbol{A}\|$ 数愈大,$\boldsymbol{A}$ 的微小相对误差可能引起解的相对误差就愈大,因而 $\|\boldsymbol{A}^{-1}\| \ \|\boldsymbol{A}\|$ 数的大小刻画了方程组的解对问题数据 $\boldsymbol{A}$(或 $\boldsymbol{b}$) 的灵敏程度。

定义 8 (矩阵的条件数)

设 $\boldsymbol{A}$ 为非奇异矩阵,称

$$\mathrm{Cond}(\boldsymbol{A})_\nu = \|\boldsymbol{A}^{-1}\|_\nu \|\boldsymbol{A}\|_\nu$$

为**矩阵 A 的条件数**(其中 ν 取 ∞ 或 1 或 2)。

定义 9 (病态方程组)

设 $\boldsymbol{Ax}=\boldsymbol{b}$,其中 $\boldsymbol{A}$ 为非奇异矩阵,如果 $\mathrm{Cond}(\boldsymbol{A}) \gg 1$(相对大的条件数) 称 $\boldsymbol{Ax}=\boldsymbol{b}$ 为**病态方程组**,如果 $\mathrm{Cond}(\boldsymbol{A})$ 相对的小,称 $\boldsymbol{Ax}=\boldsymbol{b}$ 为**良态方程组**。$\boldsymbol{A}$ 的条件数愈大,方程组病态愈严重。

要注意,方程组的病态性质,是方程组本身的特性。对于病态的方程组用一般的计算方法不容易求得较精确的解。且方程组病态愈严重,求解愈困难。

显然,对任何非奇异矩阵 $\boldsymbol{A}$,都有

$$\mathrm{Cond}(\boldsymbol{A})_\nu = \|\boldsymbol{A}^{-1}\|_\nu \|\boldsymbol{A}\|_\nu \geqslant \|\boldsymbol{A}^{-1}\boldsymbol{A}\|_\nu = \|\boldsymbol{I}\|_\nu = 1$$

例 21 设$\begin{bmatrix} 3 & 1.001 \\ 6 & 1.997 \end{bmatrix}\begin{bmatrix} x_1 \\ x_2 \end{bmatrix} = \begin{bmatrix} 1.999 \\ 4.003 \end{bmatrix}$,试计算

$\text{Cond}(\boldsymbol{A})_\infty$。

解 $\boldsymbol{A}=\begin{bmatrix}3 & 1.001\\ 6 & 1.997\end{bmatrix}$

$$\boldsymbol{A}^{-1}=\frac{1}{-0.015}\begin{bmatrix}1.997 & -1.001\\ -6 & 3\end{bmatrix}$$

且 $\|\boldsymbol{A}\|_\infty=7.997$，$\|\boldsymbol{A}^{-1}\|_\infty=600$

所以 $\text{Cond}(\boldsymbol{A})_\infty=4798.2$

方程组为病态方程组。

定理 19 (事后误差估计)

(1) 设 $\boldsymbol{A}$ 为非奇异阵，且 $\boldsymbol{x}$ 是精确解，$\boldsymbol{Ax}=\boldsymbol{b}\neq 0$；

(2) 设 $\bar{\boldsymbol{x}}$ 为 $\boldsymbol{Ax}=\boldsymbol{b}$ 的一个近似解，剩余向量 $\boldsymbol{r}=\boldsymbol{b}-\boldsymbol{A}\bar{\boldsymbol{x}}$，则有误差估计

$$\frac{\|\boldsymbol{x}-\bar{\boldsymbol{x}}\|}{\|\boldsymbol{x}\|}\leqslant \text{cond}(\boldsymbol{A})\frac{\|\boldsymbol{r}\|}{\|\boldsymbol{b}\|}$$

证明 利用 $\boldsymbol{x}-\bar{\boldsymbol{x}}=\boldsymbol{A}^{-1}\boldsymbol{r}$ 及 $\boldsymbol{Ax}=\boldsymbol{b}$ 再取范数，即可得证。

由定理 19 可知，近似解 $\bar{\boldsymbol{x}}$ 的精度不仅依赖于剩余向量 $\boldsymbol{r}$ 的大小，且还依赖于 $\boldsymbol{A}$ 的条件数。如果 $\boldsymbol{Ax}=\boldsymbol{b}$ 是病态方程组，即使有很小的剩余向量，也不能保证 $\bar{\boldsymbol{x}}$ 是高精度的近似解。

10.2 迭代改善法

设有方程组 $\boldsymbol{Ax}=\boldsymbol{b}$，其中 $\boldsymbol{A}\in R^{n\times n}$ 为非奇异阵，且若方程组不过分病态，又设用高斯消去法(或部分选主元消去法)求得计算解 $\boldsymbol{x}_1$(精度不高)，我们希望获得方程组高精度的解，一般可采用下述的迭代改善法，用来改善 $\boldsymbol{x}_1$ 精度。

设 $\boldsymbol{x}_1$ 为用高斯法求得计算解，计算剩余向量

$$\boldsymbol{r}_1=\boldsymbol{b}-\boldsymbol{Ax}_1 \tag{6.10.8}$$

求解 $\boldsymbol{Ad}_1=\boldsymbol{r}_1$

(6.10.9)

且计算 $\boldsymbol{x}_2 = \boldsymbol{x}_1 + \boldsymbol{d}_1$

$$(6.10.10)$$

显然,如果计算 $\boldsymbol{r}_1$ 及 $\boldsymbol{d}_1$ 没有误差,则 $\boldsymbol{x}_2$ 是方程组 $\boldsymbol{Ax} = \boldsymbol{b}$ 的精确解。

事实上

$$\boldsymbol{Ax}_2 = \boldsymbol{A}(\boldsymbol{x}_1 + \boldsymbol{d}_1) = \boldsymbol{Ax}_1 + \boldsymbol{Ad}_1 = \boldsymbol{Ax}_1 + \boldsymbol{r}_1 = \boldsymbol{b}$$

但实际计算时,由于有舍入误差,因此我们得到 $\boldsymbol{x}_2$ 是一个近似解(要求用双精度计算 $\boldsymbol{r}$)。

对 $\boldsymbol{x}_2$ 重复上述过程(6.10.8) ~ (6.10.10),就求得 $\boldsymbol{r}_2$ 及 $\boldsymbol{d}_2$,$\boldsymbol{x}_2$,即可求得方程组的一个近似解序列$\{\boldsymbol{x}_k\}$。当 $\boldsymbol{Ax} = \boldsymbol{b}$ 不是过分病态时,通常$\{\boldsymbol{x}_k\}$很快收敛到方程组的解 $\boldsymbol{x}^*$;当 $\boldsymbol{Ax} = \boldsymbol{b}$ 过分病态时,$\{\boldsymbol{x}_k\}$ 可能不收敛于 $\boldsymbol{x}^*$。

例 22 用迭代改善法解

$$\begin{bmatrix} 7.000 & 6.990 \\ 4.000 & 4.000 \end{bmatrix}\begin{bmatrix} x_1 \\ x_2 \end{bmatrix} = \begin{bmatrix} 34.97 \\ 20.00 \end{bmatrix}$$

解 方程组精确解 $\boldsymbol{x}^* = (2,3)^T$

且有

$$\boldsymbol{A} = \begin{bmatrix} 7.000 & 6.990 \\ 4.000 & 4.000 \end{bmatrix}, \boldsymbol{A}^{-1} \approx \begin{bmatrix} 100.05 & -174.84 \\ -100.05 & -175.09 \end{bmatrix}$$

于是

$$\begin{aligned} \mathrm{Cond}(\boldsymbol{A})_\infty &= \|\boldsymbol{A}^{-1}\|_\infty \|\boldsymbol{A}\|_\infty \\ &\approx 13.99 \times 275.14 \\ &\approx 3849 \end{aligned}$$

因此,方程组为病态方程组。

(1) 用高斯消去法解 $\boldsymbol{Ax} = \boldsymbol{b}$(用具有舍入的四位浮点数进行计算)且实现 $\boldsymbol{A} \approx \boldsymbol{LU}$ 分解,即

$$\boldsymbol{x}_1 = (1.667, 3.333)^T$$

$$\boldsymbol{A} \approx \begin{bmatrix} 1 & 0 \\ 0.5714 & 1 \end{bmatrix}\begin{bmatrix} 7.000 & 6.990 \\ 0 & 0.006 \end{bmatrix} = \boldsymbol{LU}$$

(2) 计算 $\boldsymbol{r}_1 = \boldsymbol{b} - \boldsymbol{A}\boldsymbol{x}_1 = (0.00333, 0)^T$。

求解 $\boldsymbol{A}\boldsymbol{d}_1 = \boldsymbol{r}_1$，或求解 $\boldsymbol{L}\boldsymbol{U}\boldsymbol{d}_1 = \boldsymbol{r}_1$

$$\begin{cases} \boldsymbol{d}_1 = (0.3214, -0.3172)^T \\ \boldsymbol{x}_2 = \boldsymbol{x}_1 + \boldsymbol{d}_1 = (1.988, 3.016)^T \end{cases}$$

(3) 计算 $\boldsymbol{r}_2 = \boldsymbol{b} - \boldsymbol{A}\boldsymbol{x}_2 = (-0.02784, -0.01600)^T$。

$$\text{求解} \quad \begin{cases} \boldsymbol{L}\boldsymbol{U}\boldsymbol{d}_2 = \boldsymbol{r}_2 \\ \boldsymbol{d}_2 = (0.1600, -0.02000)^T \\ \boldsymbol{x}_3 = \boldsymbol{x}_2 + \boldsymbol{d}_2 = (2.004, 2.996)^T \end{cases}$$

(4) 计算 $\boldsymbol{r}_3 = \boldsymbol{b} - \boldsymbol{A}\boldsymbol{x}_3 = (-0.00004, 0)^T$。

$$\text{求解} \quad \begin{cases} \boldsymbol{L}\boldsymbol{U}\boldsymbol{d}_3 = \boldsymbol{r}_3 \\ \boldsymbol{d}_3 = (-0.00381, 0.00381)^T \\ \boldsymbol{x}_4 = \boldsymbol{x}_3 + \boldsymbol{d}_3 = (2.000, 3.000)^T \text{（较精确）} \end{cases}$$

迭代改善法：设 $\boldsymbol{A}\boldsymbol{x} = \boldsymbol{b}$，$\boldsymbol{A}$ 为非奇异阵且方程组不是过分病态。

用数组 $A(n,n)$ 保存 $\boldsymbol{A}$ 元素，用数组 $C(n,n)$ 保存三角矩阵 $\boldsymbol{L}$，$\boldsymbol{U}$，用 $IP(n)$ 记录行交换信息，用 $X(n)$ 存放 $\boldsymbol{x}_1$ 及 $\boldsymbol{x}_k$，用数组 $R(n)$ 存放 $\boldsymbol{r}_k$ 或 $\boldsymbol{d}_k$。

(1) 用高斯消去法（或列主元消去法）计算近似解 $\boldsymbol{x}_1$ 且实现分解 $\boldsymbol{A} \approx \boldsymbol{L}\boldsymbol{U}$（或 $\boldsymbol{P}\boldsymbol{A} \approx \boldsymbol{L}\boldsymbol{U}$）。

(2) 对于 $k = 1, 2, \cdots, N_0$

1° 计算 $\boldsymbol{r}_k = \boldsymbol{b} - \boldsymbol{A}\boldsymbol{x}_k$（双精度）；

2° 求解 $\boldsymbol{L}\boldsymbol{U}\boldsymbol{d}_k = \boldsymbol{r}_k$（或 $\boldsymbol{L}\boldsymbol{U}\boldsymbol{d}_k = \boldsymbol{P}\boldsymbol{r}_k$）；

（解两个三角形方程组）

3° 计算 $\boldsymbol{x}_{k+1} = \boldsymbol{x}_k + \boldsymbol{d}_k$。

可以用 $\| \boldsymbol{d}_k \|_\infty / \| \boldsymbol{x}_k \|_\infty < 10^{-t}$ 控制迭代。

小　结

本章介绍了在计算机上解方程组(线性方程组和非线性方程组)的数值方法。

在解线性方程组的高斯消去法中,我们引进了选主元的技巧,从而导出了解线性方程组的完全主元消去法和列主元消去法。选主元素消去法是数值稳定的方法,且一般具有较高精度,因此,选主元素消去法是目前在计算机上解中、小型稠密矩阵方程组(计算机内存能够存放 $\boldsymbol{A}$ 的全部元素)或带状方程组可靠而有效的方法。

解三对角矩阵方程组($\boldsymbol{A}$ 的对角元占优)的追赶法,解对称正定矩阵方程组的平方根法都是三角分解法,且都是数值稳定的方法,这些方法不选主元素,也具有较高精度。平方根法在计算机上被广泛用来解对称正定矩阵方程组。

对于求解大型稀疏矩阵方程组,由于直接法受到计算机内存容量的限制,这时采用迭代法是合适的。比较有效的迭代法是 SOR 迭代法,且 SOR 迭代法应用广泛。在使用 SOR 迭代法解线性方程组时,应选取较佳的松弛因子,使得收敛得到加速。

本章还介绍了向量、矩阵的范数、矩阵的条件数和病态方程组的概念,这些都是数值计算中一些基本概念。对于不是过分病态的方程组可用迭代改善法求解,一般可获得较高精度的解。

牛顿法是解非线性方程组的一个重要方法,它具有二阶收敛速度,一般要求初始向量要选取在解的邻近,如果初值向量选取不好,牛顿法可能不收敛。本章的学习可参见参考文献[1],[4],[6],[7]。

习　题　六

1. 设 $\boldsymbol{A}$ 为对称矩阵，且 $a_{11} \neq 0$，经高斯消去法第一步 $\boldsymbol{A}$ 约化为

$$\boldsymbol{A} \rightarrow \boldsymbol{A}^{(2)} = \begin{bmatrix} a_{11} & \boldsymbol{A}_{12} \\ 0 & \boldsymbol{A}_2 \end{bmatrix}$$

试证明 $\boldsymbol{A}_2$ 亦是对称阵。

2. 设 $\boldsymbol{Ux} = \boldsymbol{d}$，其中 $\boldsymbol{U}$ 为上三角阵或下三角阵，试计算解 $\boldsymbol{Ux} = \boldsymbol{d}$ 乘除法次数。

3. 用列主元消去法解下述方程组

$$\begin{bmatrix} 0 & 3 & 4 \\ 1 & -1 & 1 \\ 2 & 1 & 2 \end{bmatrix} \begin{bmatrix} x_1 \\ x_2 \\ x_3 \end{bmatrix} = \begin{bmatrix} 1 \\ 2 \\ 3 \end{bmatrix}$$

且实现 $\boldsymbol{PA} = \boldsymbol{LU}$。

4. 用平方根法解方程组

$$\begin{bmatrix} 4 & 2 & -2 \\ 2 & 2 & -3 \\ -2 & -3 & 14 \end{bmatrix} \begin{bmatrix} x_1 \\ x_2 \\ x_3 \end{bmatrix} = \begin{bmatrix} 10 \\ 5 \\ 4 \end{bmatrix}$$

5. 设 $\boldsymbol{A}$ 为对称正定阵，求证 $\boldsymbol{A}$ 的对角元素 $a_{ii} > 0 (i = 1,2,\cdots,n)$。

6. 画出用平方根法解对称正定矩阵方程组的框图。

7. 用追赶法解方程组

$$\begin{bmatrix} 4 & -1 & & & \\ -1 & 4 & -1 & & \\ & -1 & 4 & -1 & \\ & & -1 & 4 & -1 \\ & & & -1 & 4 \end{bmatrix} \begin{bmatrix} x_1 \\ x_2 \\ x_3 \\ x_4 \\ x_5 \end{bmatrix} = \begin{bmatrix} 100 \\ 200 \\ 200 \\ 200 \\ 100 \end{bmatrix}$$

8. 设

$$\boldsymbol{A} = \begin{bmatrix} 1 & 3 \\ -2 & 4 \end{bmatrix}, \boldsymbol{x} = \begin{bmatrix} 1 \\ -1 \end{bmatrix}$$

试计算 $\|\boldsymbol{x}\|_1, \|\boldsymbol{x}\|_\infty, \|\boldsymbol{x}\|_2, \|\boldsymbol{Ax}\|_2, \|\boldsymbol{A}\|_\infty, \|\boldsymbol{A}\|_1$。

9. 求证

$$\|\boldsymbol{x}\|_\infty \leqslant \|\boldsymbol{x}\|_1 \leqslant n\|\boldsymbol{x}\|_\infty$$

10. 证明不等式

$|\|\boldsymbol{x}\| - \|\boldsymbol{y}\|| \leqslant \|\boldsymbol{x}-\boldsymbol{y}\|$，对任意向量 $\boldsymbol{x},\boldsymbol{y} \in R^n$。

11. 证明单位矩阵的算子范数 $\|\boldsymbol{I}\| = 1$。

12. 计算 $\boldsymbol{A}$ 的谱半径，其中

$$\boldsymbol{A} = \begin{bmatrix} 1 & 0 & 1 \\ 2 & 2 & 1 \\ -1 & 0 & 0 \end{bmatrix}$$

13. 用 SOR 方法（分别取 $\omega = 1.0, \omega = 1.1$）解方程组

$$\begin{bmatrix} 4 & -1 & 0 & -1 & 0 & 0 \\ -1 & 4 & -1 & 0 & -1 & 0 \\ 0 & -1 & 4 & 0 & 0 & -1 \\ -1 & 0 & 0 & 4 & -1 & 0 \\ 0 & -1 & 0 & -1 & 4 & -1 \\ 0 & 0 & -1 & 0 & -1 & 4 \end{bmatrix} \begin{bmatrix} x_1 \\ x_2 \\ x_3 \\ x_4 \\ x_5 \\ x_6 \end{bmatrix} = \begin{bmatrix} 2 \\ 3 \\ 2 \\ 2 \\ 1 \\ 2 \end{bmatrix}$$

（要求当 $\|\boldsymbol{r}^{(k)}\|_\infty < 10^{-5}$ 时迭代终止），要求输出迭代次数，计算解。

14. 用牛顿法解非线性方程组

(1) $\begin{cases} x_1{}^2 + x_2{}^2 - x_1 = 0 \\ x_1{}^2 - x_2{}^2 - x_2 = 0 \end{cases}$，（取 $\boldsymbol{x}^{(0)} = (1.0, 1.0)^T$；

(2) $\begin{cases} x_1 - \dfrac{1}{2}\cos x_2 = 0 \\ x_2 - \dfrac{1}{2}\sin x_1 = 0 \end{cases}$，（取 $\boldsymbol{x}^{(0)} = (0,0)^T$，要求 $\|\boldsymbol{x}^{(k+1)} - \boldsymbol{x}^{(k)}\|_\infty < 10^{-3}$）。

15. 计算矩阵的条件数 $\mathrm{Cond}(\boldsymbol{A})_\infty$

(1) $\boldsymbol{A} = \begin{bmatrix} 1 & 2 \\ 1.001 & 2.001 \end{bmatrix}$

(2) $\boldsymbol{A} = \begin{bmatrix} 1 & 2 \\ 3 & 4 \end{bmatrix}$

16. 设 $\boldsymbol{A}$ 为正交矩阵，试证明 $\mathrm{Cond}(\boldsymbol{A})_2 = 1$。

17. 用迭代改善法解

$$\begin{bmatrix} 51 & 82 \\ \dfrac{151}{3} & 81 \end{bmatrix} \begin{bmatrix} x_1 \\ x_2 \end{bmatrix} = \begin{bmatrix} 235 \\ 232 \end{bmatrix}$$

第七章　常微分方程的数值解法

§1　引　　言

在工程和科学技术的实际问题中，常需求解常微分方程。但常微分方程中往往只有少数较简单和典型的常微分方程(例如线性常系数常微分方程等)可求出其解析解。对于变系数常微分方程的解析求解就比较困难，而一般的非线性常微分方程就更不用说了。在大多数情况下，常微分方程只能用近似法求解。这种近似解法可分为两大类：一类是近似解析法，如级数解法、逐次逼近法等；另一类则是数值解法，它给出方程在一些离散点上的近似解。

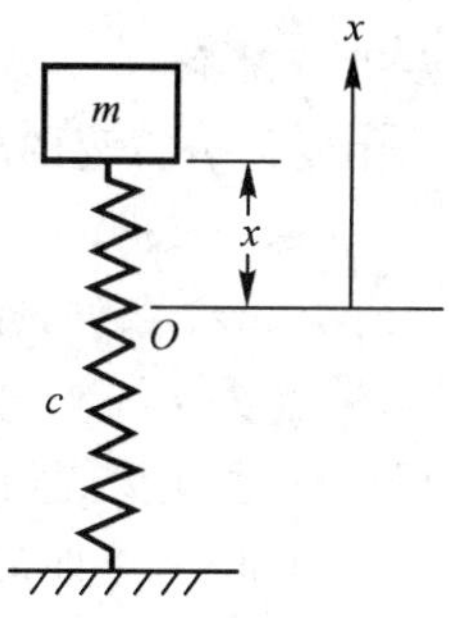

图 7-1

在具体求解微分方程时，需要具备某种定解条件，微分方程和定解条件合在一起组成定解问题。定解条件有两种：一种是给出积分曲线在初始点的状态，称为**初始条件**，相应的定解问题称为**初值问题**；另一种是给出积分曲线首尾两端的状态，称为**边界条件**，相应的定解问题则称为**边值问题**。

例如，弹簧—质量系统的振动问题(图 7-1)，作一定的简化后，可用一个二阶常微分方程

$$\frac{\mathrm{d}^2x}{\mathrm{d}t^2}+\frac{c}{m}x=0$$

来描述。式中，x 是质量 m 离平衡位置(O 点)的距离；t 是时间；c 是

弹簧常数。

当弹簧的振动开始时刻 $t = t_0$ 时的初始位置 $x(t_0) = x_0$ 和初始速度 $\left.\frac{\mathrm{d}x}{\mathrm{d}t}\right|_{t=t_0} = x'(t_0) = x_0'$ 都确定时，弹簧的振动规律 $x(t)$ 也就惟一确定。这就是一个常微分方程的初值问题，可写成

$$\begin{cases}\dfrac{\mathrm{d}^2x}{\mathrm{d}t^2} + \dfrac{c}{m}x = 0 \quad (t > t_0) \\ x(t_0) = x_0 \\ x'(t_0) = x_0'\end{cases}$$

本章介绍常微分方程的数值解法。先从最简单的一阶常微分方程的初值问题

$$\begin{cases}\dfrac{\mathrm{d}y}{\mathrm{d}x} = f(x,y) \quad x \in [a,b] \\ y(a) = \alpha\end{cases} \tag{7.1.1}$$

出发进行讨论。

由常微分方程的理论可知，只要上式中的函数 $f(x,y)$ 在区域 $G = \{a \leqslant x \leqslant b, -\infty < y < \infty\}$ 内连续，且关于 y 满足李普希兹(Lipschitz) 条件，即存在常数 L(它与 x,y 无关) 使

$$|f(x,y_1) - f(x,y_2)| \leqslant L|y_1 - y_2|$$

对 G 内任意两个 y_1 和 y_2 都成立，则方程(7.1.1) 的解 $y = y(x)$ 必定存在且惟一。下面的分析均假定满足上述条件。

至于初值问题(7.1.1) 式的数值解法，常采用差分方法，即把一个连续的初值问题离散化为一个差分方程来求解。具体地说，就是将方程(7.1.1) 离散化后，求找其解 $y = y(x)$ 在一系列离散节点

$$a = x_0 < x_1 < x_2 < \cdots < x_i < \cdots < x_n = b$$

上的近似值 $y_0, y_1, y_2, \cdots, y_i, \cdots, y_n$。

两相邻节点间的距离

$$h_i = x_{i+1} - x_i \quad (i = 0,1,2,\cdots,n-1)$$

称为步长。当 $h_i = h$(常值) 时称为等步长，有

$$x_i = x_0 + ih \quad (i = 1,2,\cdots,n)$$

或 $$x_{i+1} = x_i + h \quad (i = 0,1,2,\cdots,n-1)$$

因为初值问题中的初始条件 $y(a)=y_0=\alpha$ 为已知，即可利用已知的 y_0 来求出下一节点处 $y(x_1)$的近似值 y_1，再从 y_1 来求出 y_2……如此继续，直到求出 y_n 为止。这种用按节点的排列顺序一步一步地向前推进的方式求解的差分算法称为**步进式**或**递推式**算法。它是初值问题数值解法的各种差分格式的共同特点。因此，只要能写出由前几步已知信息 $y_0,y_1,\cdots,y_i$ 来计算 y_{i+1}的递推公式（即差分格式），即可完全表达该种算法。

§2 欧拉方法

2.1 欧拉格式

对于初值问题(7.1.1)式，先将其离散化，即把$[a,b]$作 n 等分，得各离散节点

$$x_i = a + ih \quad (i = 0,1,2,\cdots,n)$$

式中，$h = \dfrac{b-a}{n}$。

设 $y = y(x)$ 为方程的解，则 $y(x_{i+1})$ 在点(x_i,y_i)处的泰勒展开式为

$$y(x_{i+1}) = y(x_i) + hy'(x_i) + \frac{h^2}{2}y''(\xi_i)$$

$$(x_i < \xi_i < x_{i+1}),(i = 0,1,2,\cdots,n-1) \qquad (7.2.1)$$

当 $|y''(\xi_i)|$ 有界且 h 充分小时，可忽略高阶无穷小量$\dfrac{h^2}{2}y''(\xi_i)$，将上式写成

$$y(x_{i+1}) \approx y(x_i) + hy'(x_i) \quad (i = 0,1,2\cdots,n-1)$$

或 $$y(x_{i+1}) \approx y(x_i) + hf(x_i,y(x_i))$$

$$(i = 0,1,2,\cdots,n-1)$$

若将 $y(x_{i+1})$ 和 $y(x_i)$ 的近似值分别记为 y_{i+1} 和 y_i，则得

$$y_{i+1} = y_i + hf(x_i, y_i) \quad (i = 0,1,2,\cdots,n-1) \tag{7.2.2}$$

这就是**欧拉(Euler)公式**,又称**欧拉格式**。利用它可由已知的初值 y_0 出发,逐步算出 $y_1, y_2, \cdots, y_n$。这类形式的方程也称为**差分方程**。

当假定 y_i 为准确的,即在 $y_i = y(x_i)$ 的前提下来估计误差 $y(x_{i+1}) - y_{i+1}$,这种截断误差称为**局部截断误差**。由式(7.2.1)和(7.2.2)可知,欧拉格式在节点 x_i 处的局部截断误差显然为

$$\begin{aligned} R_i &= y(x_{i+1}) - y_{i+1} \\ &= \frac{h^2}{2} y''(\xi_i) \quad (x_i < \xi_i < x_{i+1}),(i = 0,1,2,\cdots,n-1) \\ &= O(h^2) \end{aligned} \tag{7.2.3}$$

如果局部截断误差为 $O(h^{p+1})$,则称这种数值算法的精度为 p 阶。故欧拉格式的精度为一阶。

从图 7-2 可看出欧拉格式的几何意义。由方程(7.1.1)知,其积分曲线 $y = y(x)$ 上任意一点 (x, y) 的切线斜率 $\frac{\mathrm{d}y}{\mathrm{d}x}$ 都等于函数 $f(x, y)$ 的值。从初始点 P_0(即点 (x_0, y_0))出发,作积分曲线 $y = y(x)$ 在 P_0 点上的切线 $\overline{P_0P_1}$(其斜率为 $f(x_0, y_0)$),与直线 $x = x_1$ 相交于 P_1 点(即点 (x_1, y_1)),得到 y_1 作为 $y(x_1)$ 的近似值,则有

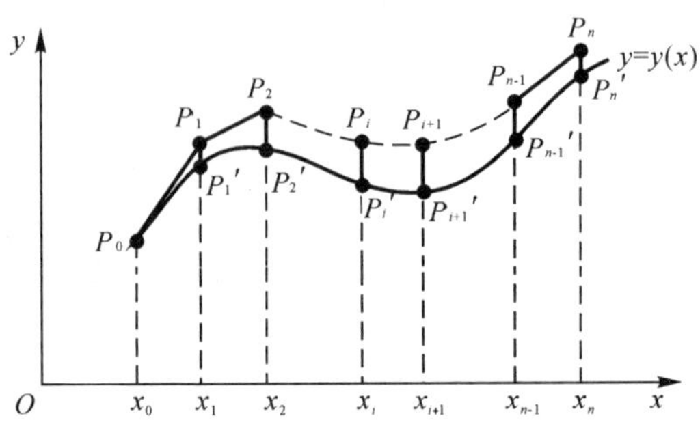

图 7-2

$$y_1 = y_0 + (x_1 - x_0) \cdot \left.\frac{\mathrm{d}y}{\mathrm{d}x}\right|_{x=x_0}$$
$$= y_0 + hf(x_0, y_0)$$

与 $$y(x_1) = y(x_0) + \int_{x_0}^{x_1} f(x, y(x))\mathrm{d}x$$

相比较可知，这时是用切线段$\overline{P_0P_1}$近似代替了曲线 P_0P_1'；P_1 点近似代替了 P_1' 点；y_1 近似代替了 $y(x_1)$；$hf(x_0, y_0)$ 近似代替了 $\int_{x_0}^{x_1} f(x, y(x))\mathrm{d}x$。

递推：继续从 P_1 点出发，作一斜率为 $f(x_1, y_1)$ 的直线$\overline{P_1P_2}$，与直线 $x = x_2$ 相交于 P_2 点（即点(x_2, y_2)），得到 y_2 作为 $y(x_2)$ 的近似值…… 如此继续，直到 P_n 点。这样，得出一条折线 $P_0P_1P_2\cdots P_i\cdots P_n$ 近似代替积分曲线 $P_0P_1'P_2'\cdots P_i'\cdots P_n'$。当步数越多时，由于误差的积累，折线 $P_0P_1P_2\cdots P_n$ 可能会越来越偏离真解 $P_0P_1'P_2'\cdots P_n'$ 曲线。

因为差分是微分的近似运算，所以欧拉格式也可用差商近似代替导数的离散方法来得到。在节点 x_i 处，有

$$y'(x_i) = f(x_i, y(x_i)) \quad (i = 1, 2, \cdots, n) \tag{7.2.4}$$

用向前差商 $\dfrac{y(x_{i+1}) - y(x_i)}{h}$ 近似代替上式中的导数项 $y'(x_i)$，即

$$y'(x_i) \approx \frac{y(x_{i+1}) - y(x_i)}{h} \quad (i = 0, 1, 2, \cdots, n-1) \tag{7.2.5}$$

代入式(7.2.4)，可得

$$y(x_{i+1}) \approx y(x_i) + hf(x_i, y(x_i))$$
$$(i = 0, 1, 2, \cdots, n-1)$$

$y(x_{i+1})$ 和 $y(x_i)$ 分别用其近似值 y_{i+1} 和 y_i 代入，则得

$$y_{i+1} = y_i + hf(x_i, y_i) \quad (i = 0, 1, 2, \cdots, n-1)$$

此即为式(7.2.2)(欧拉格式)。

显然，欧拉格式具有递推性，在计算 y_{i+1} 时只要用到前一步所得结果 y_i 一个信息就够了，因此是一种单步格式，或称一步格式。

其中，式(7.2.5)是一个数值微分公式。故用其他数值微分公式也可导出略异于式(7.2.2)的其他形式的算式来。例如，用向后差商表示的两点数值微分公式

$$y'(x_{i+1}) = \frac{1}{h}[y(x_{i+1}) - y(x_i)] + \frac{h}{2}y''(\xi_i) \quad (i = 0,1,2,\cdots,n-1)$$

代入

$$y'(x_{i+1}) = f(x_{i+1}, y(x_{i+1})) \quad (i = 0,1,2,\cdots,n-1)$$

可得

$$\begin{aligned} y(x_{i+1}) &= y(x_i) + hf(x_{i+1}, y(x_{i+1})) - \frac{h^2}{2}y''(\xi_i) \quad (x_i < \xi_i < x_{i+1}) \\ &\approx y(x_i) + hf(x_{i+1}, y(x_{i+1})) \quad (i = 0,1,2,\cdots,n-1) \end{aligned}$$

$y(x_{i+1})$ 和 $y(x_i)$ 分别用其近似值 y_{i+1} 和 y_i 代入，则得

$$y_{i+1} = y_i + hf(x_{i+1}, y_{i+1}) \quad (i = 0,1,2,\cdots,n-1) \tag{7.2.6}$$

其局部截断误差显然为

$$\begin{aligned} R_i &= -\frac{h^2}{2}y''(\xi_i) \quad (x_i < \xi_i < x_{i+1}) \\ &= O(h^2) \quad (i = 0,1,2,\cdots,n-1) \end{aligned} \tag{7.2.7}$$

式(7.2.6)称为**向后欧拉格式**，又称为**隐式欧拉格式**。因为在此式的右边也包含未知的 y_{i+1}，所以式(7.2.6)是 y_{i+1} 的一个函数方程，故称它为隐式格式。式(7.2.2)的右边则没有未知的 y_{i+1}，因此是一种显式格式。隐式格式的计算当然比显式格式要困难得多，一般情况下，只能用迭代法求解，计算工作量较大。

再如，用中心差商表示的三点数值微分公式

$$y'(x_i)=\frac{1}{2h}[y(x_{i+1})-y(x_{i-1})]-\frac{h^2}{6}y^{(3)}(\xi_i)$$
$$(i=0,1,2,\cdots,n-1)$$

代入

$$y'(x_i)=f(x_i,y(x_i))\quad(i=0,1,2,\cdots,n)$$

可得

$$\begin{aligned}y(x_{i+1})&=y(x_{i-1})+2hf(x_i,y(x_i))+\frac{h^3}{3}y^{(3)}(\xi_i)\\&\approx y(x_{i-1})+2hf(x_i,y(x_i))\\&\quad(i=0,1,2,\cdots,n-1)\end{aligned}$$

$y(x_{i+1})$，$y(x_i)$ 和 $y(x_{i-1})$ 分别用其近似值 y_{i+1}，y_i 和 y_{i-1} 代入，则得

$$y_{i+1}=y_{i-1}+2hf(x_i,y_i)\quad(i=0,1,2\cdots,n-1)\tag{7.2.8}$$

显然，其局部截断误差为

$$\begin{aligned}R_i&=\frac{h^3}{3}y^{(3)}(\xi_i)\quad(i=0,1,2,\cdots,n-1)\\&=O(h^3)\end{aligned}\tag{7.2.9}$$

不论是显式欧拉格式(7.2.2)，还是隐式欧拉格式(7.2.6)，它们都是单步格式，或称一步格式。因为它们在计算 y_{i+1} 时，只用到前一步所得结果 y_i 一个信息就够了；而格式(7.2.8)则除了 y_i 外，还需用到更前一步所得信息 y_{i-1}，即需调用前两步的信息，因此式(7.2.8)称为**两步欧拉格式**，或称**中点欧拉格式**(因为用到中心差商)。

比较式(7.2.3)，(7.2.7)和(7.2.9)可知，两步欧拉格式比显式或隐式欧拉格式具有更高的精度，因为它的局部截断误差是 $O(h^3)$。

由式(7.2.3)和(7.2.7)可见，显式欧拉格式与隐式欧拉格式的局部截断误差的符号正好相反，因此可以设想取式(7.2.2)和

(7.2.6) 的平均，即两式相加除以 2，可得

$$y_{i+1} = y_i + \frac{h}{2}[f(x_i, y_i) + f(x_{i+1}, y_{i+1})]$$

$$(i = 0, 1, 2, \cdots, n-1) \qquad (7.2.10)$$

将会使误差相互抵消，提高误差阶数，从而提高算法的精度。事实上，格式(7.2.10) 的局部截断误差为 $O(h^3)$，即其精度为二阶。式(7.2.10) 称为**梯形格式**，是一种隐式格式。

从几何角度上来看，梯形格式是取$[x_i, x_{i+1}]$ 的两端点的平均斜率。由图 7-3 可见，用梯形格式得到的 P 点，显然比用显式欧拉格式得到的 A 点和用隐式欧拉格式得到的 B 点都要合理。

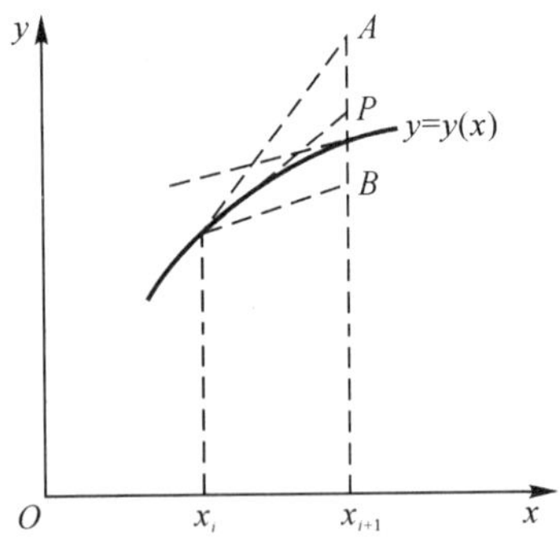

图 7-3

欧拉格式(7.2.2) 的程序框图见图 7-4。

2.2 改进的欧拉格式

显式欧拉格式计算工作量小，但精度低。梯形格式虽提高了精度，但为隐式格式，需用迭代法求解，计算工作量大。综合这两种格式可得到改进的欧拉格式。

选用欧拉格式(7.2.2) 求出一个初步的近似值$\overline{y_{i+1}}$，称为预测值，它的精度不高，接着用梯形格式(7.2.10) 对它校正一次，即迭代一次，求得 y_{i+1}，称为校正值。这种预测 — 校正方法称为改进的

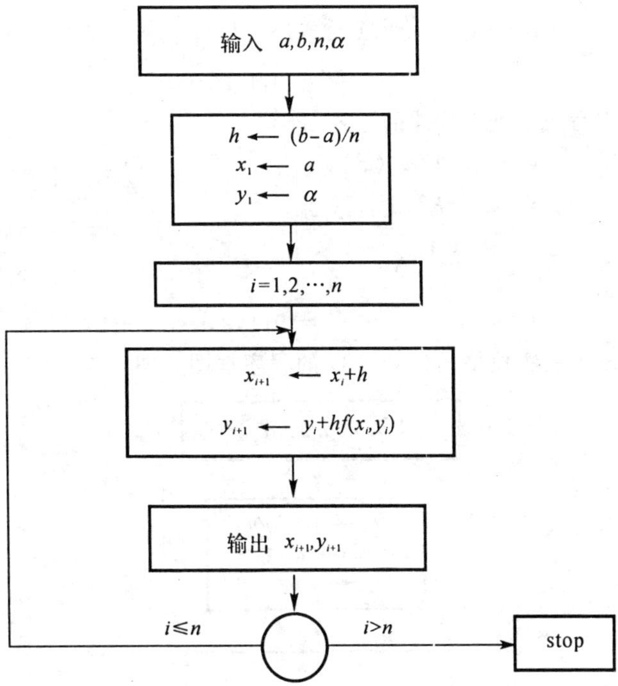

图 7-4

欧拉格式：

$$\begin{cases}\text{预测：}\\ \overline{y_{i+1}} = y_i + hf(x_i, y_i)\\ \text{校正：}\\ y_{i+1} = y_i + \dfrac{h}{2}[f(x_i, y_i) + f(x_{i+1}, \overline{y_{i+1}})]\end{cases}$$

$$(i = 0,1,2,\cdots,n-1) \qquad (7.2.11)$$

可以证明，(7.2.11) 格式的精度为二阶。它是一种一步显式格式。

式(7.2.11) 也可写成

$$y_{i+1} = y_i + \frac{h}{2}[f(x_i, y_i) + f(x_{i+1}, y_i + hf(x_i, y_i))]$$

$$(i = 0,1,2,\cdots,n-1) \qquad (7.2.12)$$

或将它写成下列平均化的形式

$$\left.\begin{aligned} y_p &= y_i + hf(x_i, y_i) \\ y_c &= y_i + hf(x_{i+1}, y_p) \\ y_{i+1} &= \frac{1}{2}(y_p + y_c) \end{aligned}\right\} \qquad (7.2.13)$$

$$(i = 0,1,2,\cdots,n-1)$$

改进的欧拉格式(7.2.13)的程序框图见图 7-5。

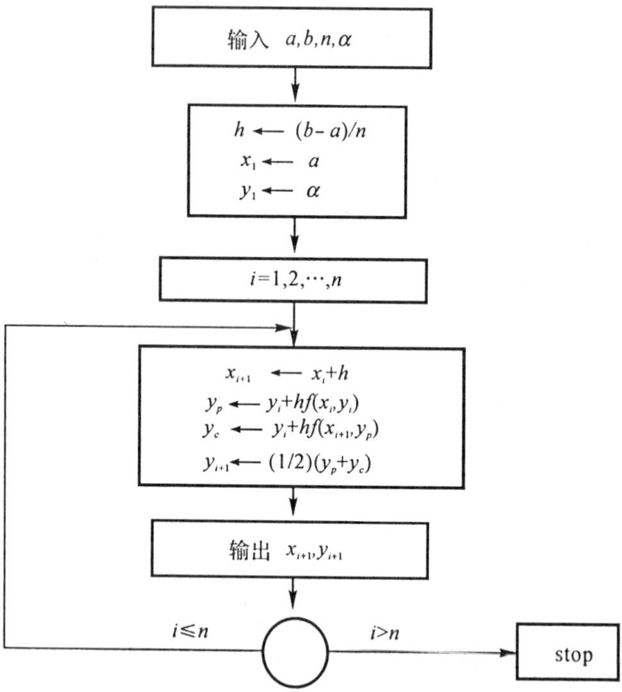

图 7-5

例 1 试分别用欧拉格式和改进的欧拉格式求解下列初值问题,并比较两法所得计算结果的精度:

$$\begin{cases} \dfrac{dy}{dx} = -y, & x \in [0,1] \\ y(0) = 1 \end{cases}$$

解 取步长 $h = 0.1$。这样,欧拉格式和改进的欧拉格式的具体算式分别为

$$y_{i+1} = y_i + 0.1(-y_i) = 0.9y_i$$

及

$$\begin{cases} y_p = y_i + 0.1(-y_i) = 0.9y_i \\ y_c = y_i + 0.1(-y_p) = 0.91y_i \\ y_{i+1} = \dfrac{1}{2}(y_p + y_c) = 0.905y_i \end{cases}$$

两种格式的计算结果分别列于表 7-1 中。

表 7-1

x_i	欧拉格式		改进的欧拉格式		精确解
	y_i	$\lvert y(x_i) - y_i \rvert$	y_i	$\lvert y(x_i) - y_i \rvert$	$y(x_i)$
0	1		1		1
0.1	0.9000000	4.8374×10^{-3}	0.9050000	1.626×10^{-4}	0.9048374
0.2	0.8100000	8.7308×10^{-3}	0.8190250	2.942×10^{-4}	0.8187308
0.3	0.7290000	1.18182×10^{-2}	0.7412176	3.994×10^{-4}	0.7408182
0.4	0.6561000	1.4220×10^{-2}	0.6708020	4.820×10^{-4}	0.6703200
0.5	0.5904900	1.60407×10^{-2}	0.6070758	5.451×10^{-4}	0.6065307
0.6	0.5314410	1.73706×10^{-2}	0.5494036	5.920×10^{-4}	0.5488116
0.7	0.4782969	1.82884×10^{-2}	0.4972102	6.249×10^{-4}	0.4965853
0.8	0.4304672	1.88618×10^{-2}	0.4499753	6.463×10^{-4}	0.4493290
0.9	0.3874205	1.91492×10^{-2}	0.4072276	6.579×10^{-4}	0.4065697
1	0.3486784	1.92010×10^{-2}	0.3685410	6.616×10^{-4}	0.3678794

由上表可见，与精确解 $y = e^{-x}$ 相比，改进的欧拉格式的精度较欧拉格式有明显的提高。

§3 龙格 — 库塔方法

如欲再进一步提高求解的精度，可用一种高精度的单步法 —— 龙格 — 库塔(Runge-Kutta) 方法，简称 R-K 法。它采用了间接使用泰勒级数法的技术。

3.1 龙格 — 库塔公式的导出

对于一阶常微分方程(7.1.1) 的解 $y = y(x)$，可以利用微分中值定理得

$$y(x_{i+1}) - y(x_i) = y'(x_i + \xi_i h)(x_{i+1} - x_i) \quad (0 < \xi_i < 1)$$

即
$$y(x_{i+1}) = y(x_i) + hy'(x_i + \xi_i h) \quad (0 < \xi_i < 1)$$

也即

$$y(x_{i+1}) = y(x_i) + h \cdot K \tag{7.3.1}$$

式中

$$K = y'(x_i + \xi_i h) = f((x_i + \xi_i h), y(x_i + \xi_i h)) \tag{7.3.2}$$

K 可看作是 $y = y(x)$ 在区间$[x_i, x_{i+1}]$ 上的平均斜率。这样，欧拉格式(7.2.2) 相当于取(x_i, y_i) 点上的斜率$\left.\dfrac{\mathrm{d}y}{\mathrm{d}x}\right|_{x=x_i} = f(x_i, y_i)$ 作为平均斜率 K 的近似值，这当然是十分粗糙的，因此精度必然很低。而改进的欧拉格式(7.2.12) 可改写成

$$\begin{cases} y_{i+1} = y_i + \dfrac{h}{2}(K_1 + K_2) \\ K_1 = f(x_i, y_i) \\ K_2 = f(x_{i+1}, y_i + hK_1) \end{cases}$$

$$(i = 0, 1, 2, \cdots, n-1)$$

与式(7.3.1) 比较可知，它相当于把(x_i, y_i) 和(x_{i+1}, y_{i+1}) 两个点

上的斜率 K_1 和 K_2 的算术平均值作为(7.3.1)式中的平均斜率 K 的近似值。其中 K_2 是通过已知信息 y_i 来近似地预测的。

由此可以设想,取区间 $[x_i, x_{i+1}]$ 内的某一个节点

$$x_{i+p} = x_i + ph \quad (0 < p \leqslant 1)$$

上的斜率 K_2 与 (x_i, y_i) 点上的斜率 K_1 作线性组合(即加权平均),作为平均斜率 K 的近似值,即

$$y_{i+1} = y_i + h(\lambda_1 K_1 + \lambda_2 K_2)$$

为了要得到 (x_{i+p}, y_{i+p}) 点上的斜率 K_2,需先预测

$$y_{i+p} = y_i + phK_1$$

根据预测值 y_{i+p} 再来算出 K_2,即

$$K_2 = f(x_{i+p}, y_{i+p}) = f(x_i + ph, y_i + phK_1)$$

由此构成的计算格式为

$$\left.\begin{aligned} y_{i+1} &= y_i + h(\lambda_1 K_1 + \lambda_2 K_2) \\ K_1 &= f(x_i, y_i) \\ K_2 &= f(x_i + ph, y_i + phK_1) \end{aligned}\right\} \tag{7.3.3}$$

$$(i = 0, 1, 2, \cdots, n-1)$$

式(7.3.3)中含有三个待定参数:λ_1, λ_2 和 p,适当选定它们的值可使算法的局部截断误差为 $O(h^3)$,从而具有二阶精度。

假定 $y_i = y(x_i)$,分别将 K_1 和 K_2 作泰勒展开:

$$K_1 = f(x_i, y_i) = y'(x_i)$$

$$\begin{aligned} K_2 &= f(x_i + ph, y_i + phK_1) \\ &= f(x_i, y_i) + ph[f_x(x_i, y_i) \\ &\quad + f(x_i, y_i) f_y(x_i, y_i)] + O(h^2) \\ &= y'(x_i) + phy''(x_i) + O(h^2) \end{aligned}$$

代入式(7.3.3),得

$$y_{i+1} = y(x_i) + h(\lambda_1 + \lambda_2) y'(x_i) + \lambda_2 ph^2 y''(x_i) + O(h^3)$$

把它与 $y(x)$ 在 x_{i+1} 处的二阶泰勒展开式

$$y(x_{i+1}) = y(x_i) + hy'(x_i) + \frac{h^2}{2}y''(x_i) + O(h^3)$$

进行比较系数后可知，只要

$$\left.\begin{aligned} \lambda_1 + \lambda_2 &= 1 \\ \lambda_2 p &= \frac{1}{2} \end{aligned}\right\} \tag{7.3.4}$$

成立，格式(7.3.3)的局部截断误差就等于$O(h^3)$，从而能具有二阶精度。

式(7.3.4)中有λ_1，λ_2和p三个待定参数，但却只有两个方程式，因此还有一个自由度。凡满足条件(7.3.4)式的一族格式(7.3.3)统称为**二阶龙格—库塔(R-K)格式**。

当$p = 1, \lambda_1 = \lambda_2 = \frac{1}{2}$时，二阶R-K格式(7.3.3)即为改进的欧拉格式(7.2.12)。

如取$p = \frac{1}{2}$，则$\lambda_1 = 0$及$\lambda_2 = 1$，式(7.3.3)就成为

$$\left.\begin{aligned} y_{i+1} &= y_i + hK_2 \\ K_1 &= f(x_i, y_i) \\ K_2 &= f\left(x_i + \frac{h}{2}, y_i + \frac{h}{2}K_1\right) \end{aligned}\right\} \tag{7.3.5}$$

$$(i = 0, 1, 2, \cdots, n-1)$$

称为**变形的欧拉格式**。

由于式(7.3.5)中的$y_{i+\frac{1}{2}} = y_i + \frac{h}{2}K_1$是由欧拉格式预测出来的区间$[x_i, x_{i+1}]$的中点$x_{i+\frac{1}{2}}$的近似解，$K_2$就近似地等于此中点的斜率$f(x_{i+\frac{1}{2}}, y(x_{i+\frac{1}{2}}))$，因此式(7.3.5)就相当于用中点$x_{i+\frac{1}{2}}$的斜率作为式(7.3.1)的平均斜率$K$的近似值，故格式(7.3.5)也称为**中点格式**。

粗看起来，$y_{i+1} = y_i + hK_2$中只显含一个斜率值K_2，但实际上K_2是通过K_1才能算出来的，因此，式中还隐含着K_1。这样，每完成一

步仍需计算函数 f 值两次，其计算工作量仍与改进的欧拉格式一样。

3.2 高阶龙格 — 库塔格式

如欲再提高精度，可在区间 $[x_i, x_{i+1}]$ 内取两个节点：

$$\begin{cases} x_{i+p} = x_i + ph \\ x_{i+q} = x_i + qh \end{cases}$$

$$(0 < p < q \leqslant 1)$$

上的斜率 K_2 和 K_3，与 (x_i, y_i) 点上的斜率 K_1 加权平均，作为平均斜率 K 的近似值，即

$$y_{i+1} = y_i + h(\lambda_1 K_1 + \lambda_2 K_2 + \lambda_3 K_3)$$

其中，K_1 和 K_2 仍如式(7.3.3)。

利用区间 $[x_i, x_{i+q}]$ 内的两个斜率 K_1 和 K_2，加权平均作为其平均斜率 K，来预测 $y(x_{i+q})$：

$$y_{i+q} = y_i + qh(\alpha_1 K_1 + \alpha_2 K_2)$$

从而得到

$$\begin{aligned} K_3 &= f(x_{i+q}, y_{i+q}) \\ &= f(x_{i+q}, y_i + qh(\alpha_1 K_1 + \alpha_2 K_2)) \end{aligned}$$

由此构成的计算格式为

$$\left.\begin{aligned} y_{i+1} = y_i + h(\lambda_1 K_1 + \lambda_2 K_2 + \lambda_3 K_3) \\ K_1 = f(x_i, y_i) \\ K_2 = f(x_i + ph, y_i + phK_1) \\ K_3 = f(x_i + qh, y_i + qh(\alpha_1 K_1 + \alpha_2 K_2)) \end{aligned}\right\} \qquad (7.3.6)$$

类似于二阶龙格 — 库塔格式的导出过程，运用泰勒展开的方法，可找出欲使格式(7.3.6)的局部截断误差为 $O(h^4)$，从而具有三阶精度所必须满足的条件为：

$$
\left.\begin{aligned}
\alpha_1+\alpha_2&=1\\
\lambda_1+\lambda_2+\lambda_3&=1\\
\lambda_2 p+\lambda_3 q&=\frac{1}{2}\\
\lambda_2 p^2+\lambda_3 q^2&=\frac{1}{3}\\
\lambda_3 pq\alpha_2&=\frac{1}{6}
\end{aligned}\right\}\tag{7.3.7}
$$

其中,共有七个待定参数 $\lambda_1,\lambda_2,\lambda_3,p,q,\alpha_1$ 和 α_2,但只有五个方程式,因此还有两个自由度。凡满足条件(7.3.7)式的一族格式(7.3.6)统称为**三阶龙格—库塔格式**。

当待定系数取为

$$\lambda_1=\lambda_3=1/6\ ,\ \lambda_2=2/3\ ,\ p=1/2$$

$$q=1\ ,\ \alpha_1=-1\ ,\ \alpha_2=2$$

时的三阶龙格—库塔格式称为**库塔格式**,其具体形式为:

$$
\left.\begin{aligned}
y_{i+1}&=y_i+\frac{h}{6}(K_1+4K_2+K_3)\\
K_1&=f(x_i,y_i)\\
K_2&=f\left(x_i+\frac{h}{2},y_i+\frac{h}{2}K_1\right)\\
K_3&=f(x_i+h,y_i-hK_1+2hK_2)
\end{aligned}\right\}\tag{7.3.8}
$$

继续推广这种处理过程,可得四阶龙格—库塔格式,是最常用的一种经典龙格—库塔格式,其具体形式如下:

$$
\left.\begin{aligned}
y_{i+1}&=y_i+\frac{h}{6}(K_1+2K_2+2K_3+K_4)\\
K_1&=f(x_i,y_i)\\
K_2&=f\left(x_i+\frac{h}{2},y_i+\frac{h}{2}K_1\right)\\
K_3&=f(x_i+\frac{h}{2},y_i+\frac{h}{2}K_2)\\
K_4&=f(x_i+h,y_i+hK_3)
\end{aligned}\right\}\tag{7.3.9}
$$

经典龙格 — 库塔方法的程序框图见图 7-6。

例 2 试分别用欧拉方法($h=0.025$)、改进的欧拉方法($h=$

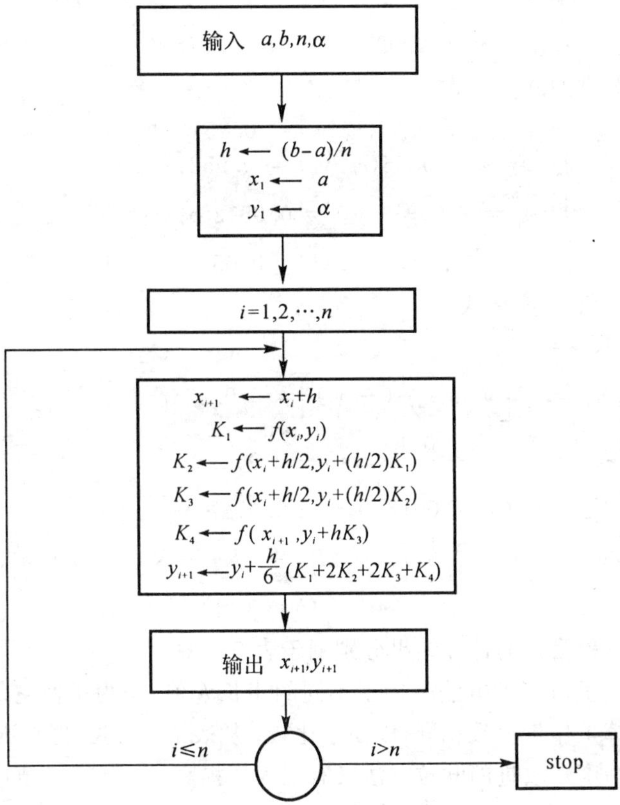

图 7-6

0.05)及经典R-K方法($h=0.1$)求解下列初值问题,并比较三种方法所得结果的精度:

$$\begin{cases}\dfrac{\mathrm{d}y}{\mathrm{d}x}=-y & x\in[0,1]\\ y(0)=1\end{cases}$$

解　三种方法的具体算式分别如下:

欧拉格式

$$y_{i+1} = y_i + 0.025(-y_i) = 0.975y_i \quad (h = 0.025)$$

改进的欧拉格式

$$\begin{cases} y_p = y_i + 0.05(-y_i) = 0.95y_i \\ y_c = y_i + 0.05(-y_p) = 0.9525y_i \\ y_{i+1} = \dfrac{1}{2}(y_p + y_c) = 0.95125y_i \end{cases}$$

$$(h = 0.05)$$

经典 R-K 格式

$$\begin{cases} K_1 = -y_i \\ K_2 = -\left[y_i + \dfrac{0.1}{2}(-y_i)\right] = -0.95y_i \\ K_3 = -\left(y_i + \dfrac{0.1}{2}K_2\right) = -0.9525y_i \\ K_4 = -(y_i + 0.1K_3) = -0.90475y_i \\ y_{i+1} = y_i + \dfrac{0.1}{6}(K_1 + 2K_2 + 2K_3 + K_4) = 0.9048375y_i \end{cases}$$

$$(h = 0.1)$$

三种格式的计算结果分别列于表 7-2 中。

这里对三种方法采用了不同的步长 h 值，是为了使它们所耗的计算工作量大致相同，以便于比较。从表 7-2 可见，经典 R-K 方法的精度较改进的欧拉方法又有很大的提高。关于这一结论也可从理论上大致分析出来：

欧拉方法的局部截断误差为 $R_E' = C_1h_E^2 = \dfrac{C_1}{16} \times 10^{-2}$，计算四步后的 $R_E = 4 \times \dfrac{C_1}{16} \times 10^{-2} = \dfrac{C_1}{4} \times 10^{-2}$。

而经典 R-K 方法的局部截断误差则为

$$R_R = C_2h_R^5 = C_2 \times 10^{-5}$$

所以 C_1,C_2 为大致相同数量级下的常数，故有

$$R_R \ll R_E$$

表 7-2

x_i	欧拉方法($h=0.025$)		改进的欧拉方法($h=0.05$)		经典 R-K 方法($y=0.1$)		精确解 $h(x_i)$
	y_i	$\lvert y(x_i)-y_i\rvert$	y_i	$\lvert y(x_i)-y_i\rvert$	y_i	$\lvert y(x_i)-y_i\rvert$	
0	1		1		1		1
0.1	0.903687890	1.1495×10^{-3}	0.904876562	3.9144×10^{-5}	0.904837500	8.2×10^{-8}	0.904837418
0.2	0.816651803	2.0790×10^{-3}	0.818801593	7.0840×10^{-5}	0.818730901	1.48×10^{-7}	0.818730753
0.3	0.737998345	2.820×10^{-3}	0.740914371	9.6151×10^{-5}	0.740818422	2.02×10^{-7}	0.740818220
0.4	0.666920168	3.400×10^{-3}	0.670436049	1.1600×10^{-4}	0.670320289	2.43×10^{-7}	0.670320046
0.5	0.602687680	3.8430×10^{-3}	0.606661867	1.3121×10^{-4}	0.606530934	2.75×10^{-7}	0.606530659
0.6	0.544641558	4.1701×10^{-3}	0.548954105	1.4247×10^{-4}	0.548811934	2.98×10^{-7}	0.548811636
0.7	0.492185981	4.3993×10^{-3}	0.496735704	1.5040×10^{-4}	0.496585618	3.15×10^{-7}	0.496585303
0.8	0.444782511	4.5465×10^{-3}	0.449484496	1.5553×10^{-4}	0.449329289	3.25×10^{-7}	0.449328964
0.9	0.401944569	4.6251×10^{-3}	0.406727985	1.5833×10^{-4}	0.406569991	3.32×10^{-7}	0.406569659
1	0.363232440	4.6470×10^{-3}	0.368038621	1.5918×10^{-4}	0.367879774	3.33×10^{-7}	0.367879441

但要注意的是,R-K 方法的导出利用了泰勒展开,因此要求所求的解有较好的光滑性,如果解的光滑性差,则采用经典 R-K 法所得的数值解,其精度有可能反而不及改进的欧拉法。因此,在实际计算中,应根据问题的具体情况来选择合适的算法。

3.3 步长的自动选择*

在用数值法求解微分方程的过程中,选取适当的步长是至关重要的。如步长太大则达不到精度要求;步长太小则步数增多,不但会增加计算工作量,而且可能导致舍入误差的严重积累。尤其是当微分方程的解 $y(x)$变化较剧烈时,步长的合理取法是在变化剧烈处步长应取得小些;在变化平缓处步长应取得大些,也就是采用自动选择步长的变步长方法,即根据精度要求,先估计出下一步长的合理大小,然后按此来进行计算。这里介绍一种李查逊(Richardson)外推法。

从节点 x_i 出发,先以 h 为步长,跨一步到节点 x_{i+1},求出一个近似值 $y_{i+1}^{(h)}$。如计算公式是 p 阶的,则

$$y(x_{i+1})-y_{i+1}^{(h)}=Ch^{p+1}+O(h^{p+2}) \tag{7.3.10}$$

当 h 值不大时,式中的系数 C 可近似地看作为常数。

然后将步长减半,即以$\frac{h}{2}$为步长,从节点 x_i 出发,跨两步到节点 x_{i+1},再求得一个近似值 $y_{i+1}^{(h/2)}$。其中每跨一步的截断误差为 $C\left(\frac{h}{2}\right)^{p+1}$,故有

$$y(x_{i+1})-y_{i+1}^{(h/2)}=2C\left(\frac{h}{2}\right)^{p+1}+O(h^{p+2}) \tag{7.3.11}$$

式(7.3.11)$\times 2^p-$式(7.3.10)得

$$2^p y_{i+1}^{(h/2)}-y_{i+1}^{(h)}=(2^p-1)[y(x_{i+1})-O(h^{p+1})]$$

即
$$y(x_{i+1})=\frac{2^p y_{i+1}^{(h/2)}-y_{i+1}^{(h)}}{2^p-1}+O(h^{p+1})$$

由上式可见,如取

$$y(x_{i+1})=\frac{2^p y_{i+1}^{(h/2)}-y_{i+1}^{(h)}}{2^p-1}$$

作为近似值，则 y_{i+1} 显然比 $y_{i+1}^{(h)}$ 和 $y_{i+1}^{(h/2)}$ 的精度都要高。

当 $p=4$ 时，可取

$$y_{i+1}=\frac{1}{15}(16y_{i+1}^{(h/2)}-y_{i+1}^{(h)})$$

这种修正的方法与龙贝格数值积分法的思路是一致的。

式(7.3.11)除以式(7.3.10)得

$$\frac{y(x_{i+1})-y_{i+1}^{(h/2)}}{y(x_{i+1})-y_{i+1}^{(h)}}\approx\frac{1}{2^p}$$

由此可得误差事后估计式

$$y(x_{i+1})-y_{i+1}^{(h/2)}\approx\frac{1}{2^p-1}(y_{i+1}^{(h/2)}-y_{i+1}^{(h)})$$

我们就可从步长减半前后的两次计算结果的偏差

$$\Delta=|y_{i+1}^{(h/2)}-y_{i+1}^{(h)}|$$

来判别所选步长是否适当。当要求的数值精度为 ε 时：

(1)如果 $\Delta<\varepsilon$，则反复加倍步长进行计算，直到 $\Delta>\varepsilon$ 时为止，并以上一次步长的计算结果作为 y_{i+1}；

(2)如果 $\Delta>\varepsilon$，则反复减半步长进行计算，直到 $\Delta<\varepsilon$ 时为止，并取其最后一次步长的计算结果作为 y_{i+1}。

这样做时，为了选择步长，每一步都要反复判别 Δ，增加了计算工作量，但在方程的解 $y(x)$ 变化剧烈的情况下，总的计算工作量可以得到减少，结果还是合算的。

§4 阿达姆斯方法

4.1 线性多步方法

前面介绍的几种步进方法在计算 y_{i+1} 时，大多只用到前一个节点上的近似值 y_i，而没有用到前几步计算所得出的信息，故称单

步法。实际上，经过多次单步法计算后，已得出一系列近似值 y_0，$y_1,\cdots,y_i$ 和 $y_0',y_1',\cdots,y_i'$ 等。为了充分利用这些信息来计算 y_{i+1}，以减少计算工作量和获得较高的精度，可采用如下的计算公式：

$$y_{i+1}=\sum_{j=1}^{k}\alpha_j y_{i+1-j}+h\sum_{j=0}^{k}\beta_j f_{i+1-j} \tag{7.4.1}$$

其中，α_j 和 β_j 为常数，$f_{i+1-j}=f(x_{i+1-j},y_{i+1-j})$。

式(7.4.1)是用前面若干节点处的函数值与导数值的线性组合来计算 $y(x_{i+1})$ 的近似值 y_{i+1}，所以通称为**线性多步法**。

当 $k=1$ 时为单步法，$k>1$ 时为多步法(k 步法)。当 $\beta_0=0$ 时为显式，$\beta_0\neq 0$ 时为隐式。前面讲过的中点欧拉格式(7.2.8)就属于多步法(二步法)。

式(7.4.1)的系数可利用泰勒展开后的待定系数法来确定。

4.2 显式和隐式阿达姆斯格式

线性多步法(7.4.1)式中的某些特殊公式，也可由数值积分法来导出。

将微分方程(7.1.1)的两边从 x_i 到 x_{i+1} 积分，即可改写成等价的积分方程

$$y(x_{i+1})=y(x_i)+\int_{x_i}^{x_{i+1}}f(x,y(x))\mathrm{d}x \tag{7.4.2}$$

由于上式中的 f 内包含了未知函数 $y(x)$，因此等式右边的积分无法直接算出，但可利用数值积分公式导出一系列计算方法。现用牛顿向后插值多项式来逼近式(7.4.2)中的 f，以导出一种线性多步法 —— **阿达姆斯(Adams)方法**。

设由 $f_i,f_{i-1},\cdots,f_{i-k}$ 共 $k+1$ 个数据来构造一个 k 阶牛顿向后插值多项式 $N_k(x)$，则由第二章可知，k 阶牛顿向后插值公式为

$$\begin{aligned}N_k(x_i+th)=&f_i+t\nabla f_i+\frac{t(t+1)}{2!}\nabla^2 f_i+\cdots\\&+\frac{t(t-1)\cdots(t+k-1)}{k!}\nabla^k f_i\end{aligned}$$

其余项为

$$R_k(x_i + th) = \frac{t(t+1)\cdots(t+k)}{(k+1)!} h^{k+1} f^{(k+1)}(\xi)$$

$$\xi \in (x_{i-k}, x_k)$$

把它们代入式(7.4.2)，且利用 $x = x_i + th(0 \leqslant t \leqslant 1)$，可得

$$\begin{aligned} y(x_{i+1}) = y(x_i) &+ h\int_0^1 N_k(x_i + th)\mathrm{d}t \\ &+ h\int_0^1 R_k(x_i + th)\mathrm{d}t \end{aligned} \tag{7.4.3}$$

当 $|f^{(k+1)}(x)|$ 有界，且 $h \ll 1$ 时，可以估计出上式中的

$$\left|h\int_0^1 R_k(x_i + th)\mathrm{d}t\right| = O(h^{k+2})$$

此即为截断误差项。于是可得

$$y_{i+1} = y_i + h\int_0^1 N_k(x_i + th)\mathrm{d}t \tag{7.4.4}$$

当 $k = 0$ 时：

$$N_0 = f_i$$

$$y_{i+1} = y_i + hf_i = y_i + hf(x_i, y_i)$$

即为显式欧拉格式，其局部截断误差为

$$R_{i+1} = \frac{1}{2}h^2 y''(\xi_{i+1})$$

当 $k = 1$ 时：

$$\begin{aligned} N_1 &= f_i + t\nabla f_i = f_i + t(f_i - f_{i-1}) \\ &= (t+1)f_i - tf_{i-1} \end{aligned}$$

$$\begin{aligned} y_{i+1} &= y_i + h\left(f_i\int_0^1 (t+1)\mathrm{d}t - f_{i-1}\int_0^1 t\mathrm{d}t\right) \\ &= y_i + \frac{h}{2}(3f_i - f_{i-1}) \end{aligned}$$

$$R_{i+1} = \frac{5}{12}h^3 y'''(\xi_{i+1})$$

因为 $\nabla^m f_i = \Delta^m f_{i-m}$ 及 $t = -(-t)$

所以 $$N_k(x_i+th)=\sum_{m=0}^{k}(-1)^m\binom{-t}{m}\Delta^m f_{i-m} \tag{7.4.5}$$

式中 $$\binom{-t}{m}=\frac{-t(-t-1)(-t-2)\cdots(-t-m+1)}{m!}$$

把式(7.4.5)代入式(7.4.4)后,可得

$$y_{i+1}=y_i+h\sum_{m=0}^{k}\alpha_m\Delta^m f_{i-m} \tag{7.4.6}$$

式中

$$\alpha_m=(-1)^m\int_0^1\binom{-t}{m}\mathrm{d}t$$

所以 $$\Delta^m f_{i-m}=\sum_{j=0}^{m}(-1)^j\binom{m}{j}f_{i-j}$$

代入式(7.4.6)后得

$$y_{i+1}=y_i+h\sum_{j=0}^{k}\beta_{kj}f_{i-j}$$

其中

$$\beta_{kj}=(-1)^j\sum_{m=j}^{k}\binom{m}{j}\alpha_m$$

局部截断误差为

$$R_{i+1}=B_k h^{k+2}y^{(k+2)}(\xi_{i+1})$$

对应于不同 k 值下的 β_{kj} 和 B_k 值均可算出,并分别列于表 7-3 中。

从表 7-3 可知:

当 $k=2$ 时,

$$\begin{cases} y_{i+1}=y_i+\dfrac{h}{12}(23f_i-16f_{i-1}+5f_{i-2}) \\ R_{i+1}=\dfrac{3}{8}h^4y^{(4)}(\xi_{i+1}) \end{cases}$$

当 $k=3$ 时,

表 7-3

k \ β_{kj} \ j	0	1	2	3	4	5	B_k
0	1						$\frac{1}{2}$
1	$\frac{3}{2}$	$-\frac{1}{2}$					$\frac{5}{12}$
2	$\frac{23}{12}$	$-\frac{16}{12}$	$\frac{5}{12}$				$\frac{3}{8}$
3	$\frac{55}{24}$	$-\frac{59}{24}$	$\frac{37}{24}$	$-\frac{9}{24}$			$\frac{251}{720}$
4	$\frac{1901}{720}$	$-\frac{2774}{720}$	$\frac{2626}{720}$	$-\frac{1274}{720}$	$\frac{251}{720}$		$\frac{95}{288}$
5	$\frac{4277}{1440}$	$-\frac{7923}{1440}$	$\frac{9982}{1440}$	$-\frac{7298}{1440}$	$\frac{2877}{1440}$	$-\frac{476}{1440}$	$\frac{10987}{60480}$

$$\begin{cases} y_{i+1} = y_i + \dfrac{h}{24}(55f_i - 59f_{i-1} + 37f_{i-2} - 9f_{i-3}) \\ R_{i+1} = \dfrac{251}{720}h^5 y^{(5)}(\xi_{i+1}) \end{cases} \tag{7.4.7}$$

$$\vdots$$

其中，$k = 3$ 时的式(7.4.7)称为**阿达姆斯四步显式方法**，因为它要用到前面四个节点上的 f 值，是一种最常用的多步算法，其精度为四阶。

式(7.4.2)中的 f 也可用牛顿内插多项式来逼近。设由 f_{i+1}，f_i，…，f_{i-k+1} 共 $k+1$ 个数据来构造一个牛顿内插多项式 $N_k(x)$，则与上面类似推导，可得

$$y_{i+1} = y_i + h\sum_{j=0}^{k}\beta_{kj}^{*}f_{i-j+1}$$

局部截断误差为

$$R_{i+1} = B_k^* h^{k+2} y^{(k+2)}(\xi_{i+1})$$

对于不同 k 值下的 β_{kj}^* 和 B_k^* 值均可算出，并分别列于表 7-4 中。

表 7-4

k \ j (β_{kj}^*)	0	1	2	3	4	5	B_k^*
0	1						$-\frac{1}{2}$
1	$\frac{1}{2}$	$\frac{1}{2}$					$-\frac{1}{12}$
2	$\frac{5}{12}$	$\frac{8}{12}$	$-\frac{1}{12}$				$-\frac{1}{24}$
3	$\frac{9}{24}$	$\frac{19}{24}$	$-\frac{5}{24}$	$\frac{1}{24}$			$-\frac{19}{720}$
4	$\frac{251}{720}$	$\frac{646}{720}$	$-\frac{261}{720}$	$\frac{106}{720}$	$-\frac{19}{720}$		$-\frac{3}{160}$
5	$\frac{475}{1440}$	$\frac{1427}{1440}$	$-\frac{798}{1440}$	$\frac{482}{1440}$	$-\frac{173}{1440}$	$\frac{27}{1440}$	$-\frac{863}{60480}$

从表 7-4 可知：

当 $k = 0$ 时，

$$y_{i+1} = y_i + hf_{i+1}$$

即为隐式欧拉格式，其局部截断误差为

$$R_{i+1} = -\frac{1}{2}h^2 y''(\xi_{i+1})$$

当 $k = 1$ 时，

$$y_{i+1} = y_i + \frac{h}{2}(f_{i+1} + f_i)$$

即为梯形格式，其局部截断误差为

$$R_{i+1}=-\frac{1}{12}h^3y''(\xi_{i+1})$$

当 $k=2$ 时，

$$\begin{cases}y_{i+1}=y_i+\dfrac{h}{12}(5f_{i+1}+8f_i-f_{i-1})\\R_{i+1}=-\dfrac{1}{24}h^4y^{(4)}(\xi_{i+1})\end{cases}$$

当 $k=3$ 时，

$$\begin{cases}y_{i+1}=y_i+\dfrac{h}{24}(9f_{i+1}+19f_i-5f_{i-1}+f_{i-2})\\R_{i+1}=-\dfrac{19}{720}h^5y^{(5)}(\xi_{i+1})\end{cases}\tag{7.4.8}$$

其中，$k=3$ 时的式(7.4.8)称为**三步四阶阿达姆斯隐式算法**，它只用到前面三个节点上的 f 值，但其精度却为四阶。

阿达姆斯方法显式与隐式的比较如下：

(1) 同一阶数下，隐式的局部截断误差的系数的绝对值 $|B_k^*|$ 比显式的 $|B_k|$ 要小；

(2) 显式的计算工作量比隐式的小；

(3) 隐式的稳定范围比显式的大。

例 3 试分别用阿达姆斯四步显式方法和三步隐式方法求解下列初值问题，并比较两者所得结果的精度：

$$\begin{cases}\dfrac{\mathrm{d}y}{\mathrm{d}x}=-y\quad x\in[0,1]\\y(0)=1\end{cases}$$

解 取 $h=0.1$

两种方法的具体算式如下：

四步显式方法

$$
\begin{aligned}
y_{i+1} &= y_i + \frac{0.1}{24}[55(-y_i) - 59(-y_{i-1}) + 37(-y_{i-2}) \\
&\quad - 9(-y_{i-3})] \\
&= \frac{1}{24}(18.5y_i + 5.9y_{i-1} - 3.7y_{i-2} + 0.9y_{i-3})
\end{aligned} \tag{7.4.9}
$$

三步隐式方法

$$
\begin{aligned}
y_{i+1} = y_i + \frac{0.1}{24}[&9(-y_{i+1}) + 19(-y_i) - 5(-y_{i-1}) \\
&+ (-y_{i-2})]
\end{aligned}
$$

即

$$
y_{i+1} = \frac{1}{24.9}(22.1y_i + 0.5y_{i-1} - 0.1y_{i-2}) \tag{7.4.10}
$$

预测点(初值)可用同阶的 R-K 法计算。本例题中则是从精确解(已知 $y = e^x$)算出。

由式(7.4.9)及(7.4.10)算出的结果分别列于表 7-5 中。

表 7-5

x_i	四步显式方法		三步隐式方法		精确解 $y(x_i)$
	y_i	$\lvert y(x_i) - y_i\rvert$	y_i	$\lvert y(x_i) - y_i\rvert$	
0.3			0.740818006	2.14×10^{-7}	0.740818220
0.4	0.670322919	2.873×10^{-6}	0.670319661	3.85×10^{-7}	0.670320046
0.5	0.606535474	4.815×10^{-6}	0.606530138	5.21×10^{-7}	0.606530659
0.6	0.548818406	6.770×10^{-6}	0.548811007	6.29×10^{-7}	0.548811636
0.7	0.496593391	8.088×10^{-6}	0.496584592	7.11×10^{-7}	0.496585303
0.8	0.449338154	9.190×10^{-6}	0.449328191	7.73×10^{-7}	0.449328964
0.9	0.406579611	9.952×10^{-6}	0.406568844	8.15×10^{-7}	0.406569659
1	0.367889955	1.051×10^{-5}	0.367878598	8.43×10^{-7}	0.367879441

从表 7-5 可见，隐式的精度比同阶显式的要高。

4.3 阿达姆斯预测 — 校正方法

阿达姆斯隐式方法在计算过程中，一般往往遇到要解超越方程。例如下列定解问题

$$\begin{cases} \dfrac{\mathrm{d}y}{\mathrm{d}x} = \mathrm{e}^y \quad x \in [0, 0.25] \\ y(0) = 1 \end{cases}$$

其阿达姆斯三步隐式方法的算式为

$$y_{i+1} = y_i + \frac{h}{24}(9\mathrm{e}^{y_{i+1}} + 19\mathrm{e}^{y_i} - 5\mathrm{e}^{y_{i-1}} + \mathrm{e}^{y_{i-2}})$$

很难化成 y_{i+1} 的显式表达，只能用迭代的方法，这就会增加计算工作量。因此，在实际计算中，往往仿照改进的欧拉格式的构造方法，把显式和隐式两种阿达姆斯格式结合起来，构成预测 — 校正系统。

以四阶阿达姆斯方法为例，先由显式方法算出近似值，作为隐式方法的预测值，然后再作校正。

$$\begin{cases} \text{预测：} \\ \overline{y_{i+1}} = y_i + \dfrac{h}{24}(55f_i - 59f_{i-1} + 37f_{i-2} - 9f_{i-3}) \\ \overline{f_{i+1}} = f(x_{i+1}, \overline{y_{i+1}}) \\ \text{校正：} \\ y_{i+1} = y_i + \dfrac{h}{24}(9\,\overline{f_{i+1}} + 19f_i - 5f_{i-1} + f_{i-2}) \\ f_{i+1} = f(x_{i+1}, y_{i+1}) \end{cases} \tag{7.4.11}$$

用上式计算 y_{i+1} 时，既要用到它前一步的信息 y_i 和 f_i，还要用到更前面三步的信息 f_{i-1}，f_{i-2} 和 f_{i-3}。它是一种四步法，无法自行启动，需用其他四阶单步法（如四阶 R-K 方法）先从 y_0 算出 y_1，y_2 和 y_3 作为其初值，然后按式（7.4.11）进行迭代。

阿达姆斯预测—校正方法的程序框图见图 7-7。

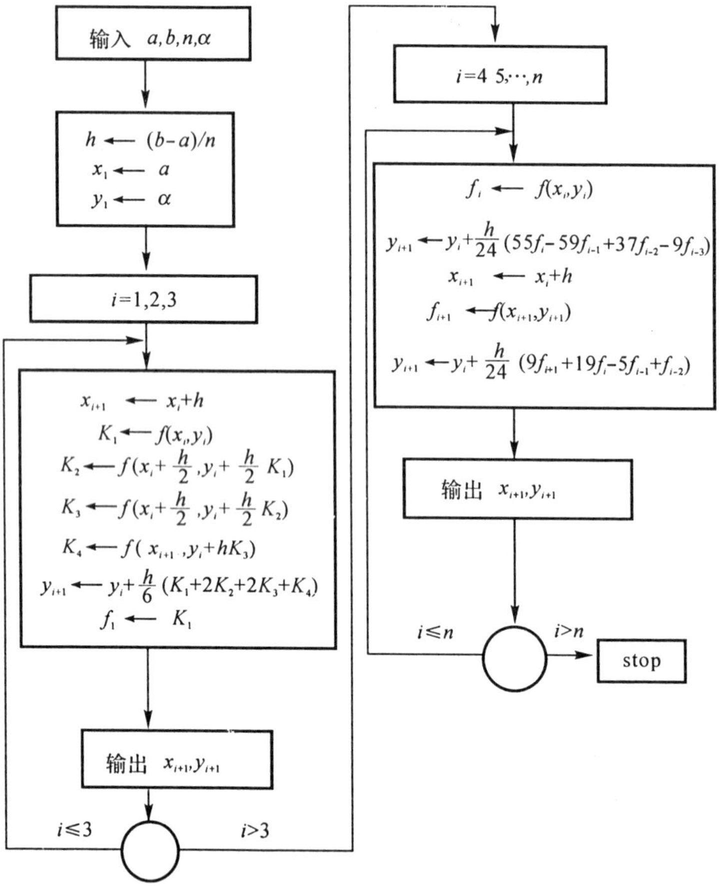

图 7-7

例 4 试用阿达姆斯预测—校正方法求解下列初值问题：

$$\begin{cases}\dfrac{\mathrm{d}y}{\mathrm{d}x}=y-\dfrac{2x}{y} \quad x\in[0,1]\\ y(0)=1\end{cases}$$

解　取 $h = 0.1$。按式(7.4.11)进行计算,计算结果列于表7-6中。

表 7-6

x_i	$\overline{y_i}$	y_i	$y(x_i)$
0		1	1
0.1		1.0954	1.0954
0.2		1.1832	1.1832
0.3		1.2649	1.2649
0.4	1.3415	1.3416	1.3416
0.5	1.4141	1.4142	1.4142
0.6	1.4832	1.4832	1.4832
0.7	1.5491	1.5492	1.5492
0.8	1.6124	1.6124	1.6125
0.9	1.6733	1.6733	1.6733
1	1.7320	1.7320	1.7321

表7-6中的$\overline{y_i}$,y_i 和 $y(x_i)$ 分别为预测值,校正值和精确解($y = \sqrt{1-x}$)。

4.4　阿达姆斯预测—校正方法的改进*

阿达姆斯预测—校正方法与李查逊外推法相结合,可以提高计算精度而不会增加过大的计算工作量。

预测公式的局部截断误差为

$$\begin{aligned}\overline{R_{i+1}} &= y(x_{i+1}) - \overline{y_{i+1}} \\ &= \frac{251}{720}h^5 y^{(5)}(x_i) + O(h^6)\end{aligned}$$

$$\approx \frac{251}{720}h^5 y^{(5)}(x_i) \tag{7.4.12}$$

校正公式的局部截断误差为

$$\begin{aligned} R_{i+1} &= y(x_{i+1}) - y_{i+1} \\ &= -\frac{19}{720}h^5 y^{(5)}(x_i) + O(h^6) \\ &\approx -\frac{19}{720}h^5 y^{(5)}(x_i) \end{aligned} \tag{7.4.13}$$

式(7.4.12) − 式(7.4.13)得

$$y_{i+1} - \overline{y_{i+1}} \approx \frac{270}{720}h^5 y^{(5)}(x_i)$$

即

$$\frac{1}{720}h^5 y^{(5)}(x_i) \approx \frac{1}{270}(y_{i+1} - \overline{y_{i+1}})$$

把上式分别代入式(7.4.12)和(7.4.13)，可得

$$y(x_{i+1}) - \left[\overline{y_{i+1}} + \frac{251}{270}(y_{i+1} - \overline{y_{i+1}})\right] \approx 0$$

及

$$y(x_{i+1}) - \left[y_{i+1} - \frac{19}{270}(y_{i+1} - \overline{y_{i+1}})\right] \approx 0$$

由上两式可知，如果采用式中方括号内的 y_{i+1} 与 $\overline{y_{i+1}}$ 的组合，可望使局部截断误差达到 $O(h^6)$，即精度可望提高一阶。

设 p_i 和 C_i 分别为第 i 步的预测值和校正值，则可取

$$\left[p_{i+1} + \frac{251}{270}(C_{i+1} - p_{i+1})\right]$$

和

$$\left[C_{i+1} - \frac{19}{270}(C_{i+1} - p_{i+1})\right]$$

分别作为 p_{i+1} 和 C_{i+1} 的改进值，其具体算式如下：

$$
\begin{cases}
\text{预测：} \\
p_{i+1} = y_i + \dfrac{h}{24}(55f_i - 59f_{i-1} + 37f_{i-2} - 9f_{i-3}) \\
\text{改进：} \\
\overline{y_{i+1}} = p_{i+1} + \dfrac{251}{270}(C_i - p_i) \\
\overline{f_{i+1}} = f(x_{i+1}, \overline{y_{i+1}}) \\
\text{校正：} \\
C_{i+1} = y_i + \dfrac{h}{24}(9\overline{f_{i+1}} + 19f_i - 5f_{i-1} + f_{i-2}) \\
\text{改进：} \\
y_{i+1} = C_{i+1} - \dfrac{19}{270}(C_{i+1} - p_{i+1}) \\
f_{i+1} = f(x_{i+1}, y_{i+1})
\end{cases}
\tag{7.4.14}
$$

用(7.4.14)式计算 y_{i+1} 时，需要用到前几步的信息 $y_i, f_i, f_{i-1}, f_{i-2}, f_{i-3}$ 和 $C_i - p_i$，故无法自行启动，也需要用其他四阶单步法(如四阶R-K方法)算出 y_1, y_2 和 y_3 作为其初值，然后按式(7.4.14)进行迭代计算。其中，$C_3 - p_3$ 可令其为零。

§5 算法的稳定性及收敛性

5.1 稳定性

稳定性在微分方程的数值解法中是一个极其重要的问题。因为微分方程的数值解法是通过离散化将微分方程转化为差分方程(代数方程)来求解的，而在差分方程的求解过程中，存在着各种计算误差，这些计算误差如舍入误差等引起的扰动，在误差传播过程中，可能会大量积累，以至于“淹没”了差分方程的真解。例如，初值问题

$$\begin{cases} \dfrac{\mathrm{d}y}{\mathrm{d}x} = -30y & x \in [0, 1.5] \\ y(0) = 1 \end{cases}$$

的精确解为

$$y = \mathrm{e}^{-30x}$$

如分别用欧拉方法、经典R-K方法及阿达姆斯四阶预测—校正方法求解，步长取为 $h = 0.1$，算得的 $y(1.5)$ 列于表7-7中。

表 7-7

欧拉方法	经典R-K方法	阿达姆斯预测—校正方法	精确解
-3.27675×10^4	1.18719×10^2	2.41152×10^6	2.86252×10^{-20}

从表7-7可见，三种数值解法所得的结果相差悬殊，都与精确解相差至巨，这就是一个算法稳定性很差的例子。

当在某节点 x_i 上的 y_i 值有大小为 δ 的扰动时，如果在其以后的各节点 $x_j(j > i)$ 上的 y_i 值产生的偏差都不大于 δ，则称这种方法是稳定的。

这里简单地以模型方程（或称为试验方程）

$$\frac{\mathrm{d}y}{\mathrm{d}x} = \lambda y \quad (\lambda < 0) \tag{7.5.1}$$

为例，对欧拉方法作稳定性分析。

先分析显式欧拉格式，对于式(7.5.1)，有

$$y_{i+1} = y_i + h\lambda y_i = (1 + h\lambda) y_i$$

将上式反复递推后，可得

$$y_{i+1} = (1 + h\lambda)^{i+1} y_0$$

或 $$y_i = (1 + h\lambda)^i y_0 = \alpha^i y_0 \quad (i = 1, 2, 3, \cdots)$$

式中 $$\alpha = 1 + h\lambda$$

要使 y_i 有界，其充要条件为

$$|\alpha| \leqslant 1$$

即
$$|1 + h\lambda| \leqslant 1$$

由于 $\lambda < 0$，故有

$$0 < h \leqslant \frac{2}{\lambda} \tag{7.5.2}$$

可见，如欲保证算法的稳定，显式欧拉格式的步长 h 的选取要受到式(7.5.2)的限制。λ 的绝对值越大，则限制的 h 值就越小。

例如，初值问题

$$\begin{cases} \dfrac{\mathrm{d}y}{\mathrm{d}x} = -50y \quad x \in [0,1] \\ y(0) = \dfrac{1}{2} \end{cases}$$

的精确解为

$$y = \frac{1}{2}\mathrm{e}^{-50x}$$

如取步长 $h = 0.05$，作显式欧拉格式计算时，有

$$\begin{aligned} y_{i+1} &= y_i + hf(x_i, y_i) \\ &= y_i + 0.05(-50y_i) \\ &= -1.5y_i \end{aligned}$$

按上式计算所得的结果列于表 7-8 中。

表 7-8

x_i	y_i		精确解 $y(x_i)$
	显式欧拉格式	隐式欧拉格式	
0.05	−0.75000	1.42857×10^{-1}	4.10425×10^{-2}
0.10	1.12500	4.08163×10^{-2}	3.36897×10^{-3}
0.15	−1.68750	1.16618×10^{-2}	2.76542×10^{-4}
0.20	2.53125	3.33195×10^{-3}	2.2699×10^{-5}

续表

x_i	y_i		精确解 $y(x_i)$
	显式欧拉格式	隐式欧拉格式	
0.25	-3.79688	9.51984×10^{-4}	1.863×10^{-6}
⋮	⋮	⋮	⋮
0.90	7.38946×10^{2}	8.04906×10^{-11}	1.43126×10^{-20}
0.95	-1.10842×10^{3}	2.29973×10^{-11}	1.17485×10^{-21}
1	1.66263×10^{3}	6.57066×10^{-12}	9.64375×10^{-23}

从表中的数值显然可见，这时的显式欧拉方法是不稳定的。究其原因，就是由于 h 不符合式(7.5.2)的规定：

$$0<h\leqslant-\frac{2}{\lambda}=-\frac{2}{-50}=0.04$$

再分析隐式欧拉格式，对于式(7.5.1)，有

$$y_{i+1}=y_i+h\lambda y_{i+1}$$

所以 $$y_{i+1}=\frac{1}{1-h\lambda}y_i$$

由于 $\lambda<0$，则恒有

$$\left|\frac{1}{1-h\lambda}\right|\leqslant1 \tag{7.5.3}$$

故恒有 $$|y_{i+1}|\leqslant|y_i|$$

因此，隐式欧拉格式是绝对稳定(无条件稳定)的(对任何 $h>0$)。

对于初值问题

$$\begin{cases}\dfrac{\mathrm{d}y}{\mathrm{d}x}=-50y \quad x\in[0,1]\\ y(0)=\dfrac{1}{2}\end{cases}$$

同样取步长 $h=0.05$，作隐式欧拉格式计算时，有

$$y_{i+1} = y_i + hf(x_{i+1}, y_{i+1})$$
$$= y_i + 0.05(-50y_{i+1})$$

所以 $$y_{i+1} = \frac{1}{3.5}y_i$$

按上式计算所得结果也列于表 7-8 中。从表中的数值可见，同样的步长 $h=0.05$，隐式欧拉方法却是稳定的。因为这时它对任何 $h>0$ 都是绝对稳定的。

稳定区域的定义：能保证该算法稳定的 $\bar{h}$ 的取值范围，称为**稳定区域**，其中

$$\bar{h} = \lambda h \quad (\lambda < 0 \text{ 时})$$
$$\bar{h} = -\lambda h \quad (\lambda > 0 \text{ 时})$$

显然，稳定区域越大，意味着该算法的稳定性越好。

由式(7.5.2)可知，显式欧拉方法的稳定区域为

$$-2 < \bar{h} < 0$$

又由式(7.5.3)可知，隐式欧拉方法的稳定区域为

$$-\infty < \bar{h} < 0$$

可见隐式欧拉方法的稳定性比显式欧拉方法的好。

可用与上述类似的方法来分析 k 步阿达姆斯显式和隐式方法的稳定性。对于典型方程，它们的稳定区域如分别记为$(\alpha_E, 0)$和$(\alpha_I, 0)$，则其数值如表 7-9 所示。

表 7-9

k	1	2	3	4
α_E	-2	-1	$-\frac{6}{11}$	$-\frac{3}{10}$
α_I	$-\infty$	-6	-3	$-\frac{40}{49}$

由表 7-9 可见：

(1) 阿达姆斯隐式方法的稳定区域都比同阶的显式方法的大，这是隐式方法最大的优点；

(2)k 越大（即步数、阶数越大）时稳定区域就越小，只有隐式欧拉方法才是绝对稳定的。

5.2 收敛性

微分方程在离散为差分方程来求解，当步长 $h \to 0$ 时，存在着差分方程的解 y_i 能否收敛到微分方程的准确解 $y(x_i)$ 的问题。对于任意节点 $x_i = x_0 + ih$，当 $h \to 0$（同时 $i \to \infty$）时，y_i 都能趋向于准确解 $y(x_i)$ 的算法，称为是**收敛**的，否则称为**不收敛**。

这里简单地以欧拉方法为例，来分析其收敛性。

在欧拉格式

$$y_{i+1} = y_i + hf(x_i, y_i) \tag{7.5.4}$$

中，如取 $y_i = y(x_i)$，所得 y_{i+1} 为

$$\overline{y_{i+1}} = y(x_i) + hf(x_i, y(x_i)) \tag{7.5.5}$$

由式(7.2.3)可知，其局部截断误差为

$$y(x_{i+1}) - \overline{y_{i+1}} = \frac{h^2}{2}y''(\xi_i) \quad (x_i < \xi_i < x_{i+1})$$

必定存在常数 C，使

$$|y(x_{i+1}) - \overline{y_{i+1}}| < Ch^2 \tag{7.5.6}$$

局部截断误差的积累误差称为**整体截断误差**。下面我们来讨论整体截断误差。记

$$\varepsilon_i = |y(x_i) - y_i|$$

其中，$y(x_i)$ 为式(7.1.1)的精确解，y_i 为欧拉公式得到的近似解。

式(7.5.4) − 式(7.5.5)，有

$$|y_{i+1} - \overline{y_{i+1}}| \leqslant (1 + hL)|y(x_i) - y_i| = (1 + hL)\varepsilon_i \tag{7.5.7}$$

式中，L 是 f 关于 y 的李普希兹(Lipschitz)常数。因

$$\varepsilon_{i+1} = |y(x_{i+1}) - y_{i+1}| \leqslant |y_{i+1} - \overline{y_{i+1}}| + |y(x_{i+1}) - \overline{y_{i+1}}|$$

将式(7.5.7)和(7.5.6)代入上式,可得

$$\varepsilon_{i+1} \leqslant (1 + hL)\varepsilon_i + Ch^2$$

将上式反复递推后,可得

$$\varepsilon_{i+1} \leqslant (1 + hL)^{i+1}\varepsilon_0 + \frac{Ch}{L}[(1 + hL)^{i+1} - 1]$$

或

$$\varepsilon_i \leqslant (1 + hL)^i\varepsilon_0 + \frac{Ch}{L}[(1 + hL)^i - 1] \tag{7.5.8}$$

设 $x_i - x_0 = ih \leqslant T$ (T 为常数)

因为 $1 + hL \leqslant e^{hL}$

所以 $(1 + hL)^i \leqslant e^{ihL} \leqslant e^{TL}$

把上式代入式(7.5.8),得

$$\varepsilon_i \leqslant e^{TL}\varepsilon_0 + \frac{C}{L}(e^{TL} - 1)h$$

如不计初值误差,即 $\varepsilon_0 = 0$,则有

$$\varepsilon_i \leqslant \frac{C}{L}(e^{TL} - 1)h \tag{7.5.9}$$

式(7.5.9)说明,当 $h \to 0$ 时,$\varepsilon_i \to 0$,即 $y_i \to y(x_i)$,因此欧拉方法是收敛的,且其收敛速度为 $O(h)$,即具有一阶收敛速度。式(7.5.9)还说明欧拉方法的整体截断误差为 $O(h)$,即是一阶的,因此算法的精度为一阶。

前面 §2 中的式(7.2.3)有

$$R_i = O(h^2)$$

即欧拉方法的局部截断误差是二阶的,可见其整体截断误差(一阶)要比局部截断误差低一阶。这个结论对其他算法也适用,是带有普遍性的。

§6　方程组及高阶方程的数值解法

6.1　一阶方程组

对于一阶微分方程组的初值问题

$$\begin{cases} y' = f(x,y,z), y(x_0) = y_0 \\ z' = g(x,y,z), z(x_0) = z_0 \end{cases} \tag{7.6.1}$$

可以将单个方程 $y' = f(x,y)$ 中的 f 和 y 看作向量来处理，这样就可把前面介绍的各种差分算法推广应用到求解一阶方程组初值问题中来。

设 $x_i = x_0 + ih(i = 1,2,3,\cdots)$；$y_i, z_i$ 为节点 x_i 上的近似解，则有改进的欧拉格式为

$$\begin{cases} \text{预测：} \\ \overline{y_{i+1}} = y_i + hf(x_i, y_i, z_i) \\ \overline{z_{i+1}} = z_i + hg(x_i, y_i, z_i) \\ \text{校正：} \\ y_{i+1} = y_i + \dfrac{h}{2}[f(x_i, y_i, z_i) + f(x_{i+1}, \overline{y_{i+1}}, \overline{z_{i+1}})] \\ z_{i+1} = z_i + \dfrac{h}{2}[g(x_i, y_i, z_i) + g(x_{i+1}, \overline{y_{i+1}}, \overline{z_{i+1}})] \end{cases} \tag{7.6.2}$$

再如经典 R-K 格式为

$$\begin{cases} y_{i+1} = y_i + \dfrac{h}{6}(K_1 + 2K_2 + 2K_3 + K_4) \\ z_{i+1} = z_i + \dfrac{h}{6}(L_1 + 2L_2 + 2L_3 + L_4) \end{cases} \tag{7.6.3}$$

其中

$$\left.\begin{aligned}K_1&=f(x_i,y_i,z_i)\\L_1&=g(x_i,y_i,z_i)\\K_2&=f\left(x_i+\frac{h}{2},y_i+\frac{h}{2}K_1,z_i+\frac{h}{2}L_1\right)\\L_2&=g\left(x_i+\frac{h}{2},y_i+\frac{h}{2}K_1,z_i+\frac{h}{2}L_1\right)\\K_3&=f\left(x_i+\frac{h}{2},y_i+\frac{h}{2}K_2,z_i+\frac{h}{2}L_2\right)\\L_3&=g\left(x_i+\frac{h}{2},y_i+\frac{h}{2}K_2,z_i+\frac{h}{2}L_2\right)\\K_4&=f(x_i+h,y_i+hK_3,z_i+hL_3)\\L_4&=g(x_i+h,y_i+hK_3,z_i+hL_3)\end{aligned}\right\}\tag{7.6.4}$$

把节点 x_i 上的 y_i 和 z_i 值代入式(7.6.4),依次算出 $K_1,L_1,K_2,L_2,K_3,L_3,K_4$ 和 L_4,然后把它们代入式(7.6.3),算出节点 x_{i+1} 上的 y_{i+1} 和 z_{i+1} 值。

对于具有三个或三个以上方程的方程组的初值问题,也可用类似方法处理,只是所得公式更为繁复而已。

此外,多步方法也同样可以毫无困难地应用于求解方程组初值问题。

6.2 高阶方程

对于高阶微分方程(或方程组)的初值问题,可以把它们化为一阶方程组来求解。例如,有二阶微分方程的初值问题

$$\left.\begin{aligned}y''&=f(x,y,y')\\y(x_0)&=y_0,y'(x_0)=y_0'\end{aligned}\right\}\tag{7.6.5}$$

令新变量 $z=y'$,代入式(7.6.5)得

$$\left.\begin{aligned}y'&=z,y(x_0)=y_0\\z'&=f(x,y,z),z(x_0)=y_0'\end{aligned}\right\}\tag{7.6.6}$$

式(7.6.6)为一个一阶微分方程组的初值问题,对此可用6.1中介

绍的方法来求解。例如用经典 R-K 方法的(7.6.3)式

$$\left.\begin{aligned} y_{i+1} &= y_i + \frac{h}{6}(K_1 + 2K_2 + 2K_3 + K_4) \\ z_{i+1} &= z_i + \frac{h}{6}(L_1 + 2L_2 + 2L_3 + L_4) \end{aligned}\right\} \tag{7.6.7}$$

由式(7.6.4)可知,式中

$$\left.\begin{aligned} K_1 &= z_i \\ L_1 &= f(x_i, y_i, z_i) \\ K_2 &= z_i + \frac{h}{2}L_1 \\ L_2 &= f\left(x_i + \frac{h}{2}, y_i + \frac{h}{2}K_1, z_i + \frac{h}{2}L_1\right) \\ K_3 &= z_i + \frac{h}{2}L_2 \\ L_3 &= f\left(x_i + \frac{h}{2}, y_i + \frac{h}{2}K_2, z_i + \frac{h}{2}L_2\right) \\ K_4 &= z_i + hL_3 \\ L_4 &= f(x_i + h, y_i + hK_3, z_i + hL_3) \end{aligned}\right\} \tag{7.6.8}$$

将式(7.6.8)中的 K_1,K_2,K_3 和 K_4 代入式(7.6.7),可消去 K_1,K_2,K_3 和 K_4,简化成

$$\left.\begin{aligned} y_{i+1} &= y_i + hz_i + \frac{h^2}{6}(L_1 + L_2 + L_3) \\ z_{i+1} &= z_i + \frac{h}{6}(L_1 + 2L_2 + 2L_3 + L_4) \end{aligned}\right\} \tag{7.6.9}$$

式中

$$\begin{cases} L_1 = f(x_i, y_i, z_i) \\ L_2 = f\left(x_i + \frac{h}{2}, y_i + \frac{h}{2}z_i, z_i + \frac{h}{2}L_1\right) \\ L_3 = f\left(x_i + \frac{h}{2}, y_i + \frac{h}{2}z_i + \frac{h^2}{4}L_1, z_i + \frac{h}{2}L_2\right) \\ L_4 = f\left(x_i + h, y_i + hz_i + \frac{h^2}{2}L_2, z_i + hL_3\right) \end{cases} \tag{7.6.10}$$

应该指出,上述办法同样可以用来处理三阶或更高阶的微分

方程(或方程组)的初值问题,只是所得到的公式更繁复而已。

例 5 试求解下列二阶微分方程的初值问题:

$$\begin{cases}\dfrac{d^2y}{dx^2}-\dfrac{dy}{dx}=x \quad x\in[0,1]\\ y(0)=0\\ y'(0)=1\end{cases}$$

解 先作变换:令 $z=y'$,代入上式,得一阶方程组

$$\begin{cases}y'=z,y(0)=0\\ z'=z+x,z(0)=1\end{cases}$$

用经典 R-K 方法求解,按式(7.6.7)及(7.6.8)进行计算:

取 $h=0.1$

$$x_0=0\ ,\ y_0=0\ ,\ z_0=1$$

$i=0$ 时:

$$\begin{cases}K_1=z_0=1\\ L_1=z_0+x_0=1+0=1\end{cases}$$

$$\begin{cases}K_2=z_0+\dfrac{h}{2}L_1=1+\dfrac{0.1}{2}\times 1=1.05\\ L_2=\left(z_0+\dfrac{h}{2}L_1\right)+\left(x_0+\dfrac{h}{2}\right)\\ \quad=\left(1+\dfrac{0.1}{2}\times 1\right)+\left(0+\dfrac{0.1}{2}\right)=1.1\end{cases}$$

$$\begin{cases}K_3=z_0+\dfrac{h}{2}L_2=1+\dfrac{0.1}{2}\times 1.1=1.055\\ L_3=\left(z_0+\dfrac{h}{2}L_2\right)+\left(x_0+\dfrac{h}{2}\right)\\ \quad=\left(1+\dfrac{0.1}{2}\times 1.1\right)+\left(0+\dfrac{0.1}{2}\right)=1.105\end{cases}$$

$$\begin{cases}K_4=z_0+hL_3=1+0.1\times 1.105=1.1105\\ L_4=(z_0+hL_3)+(x_0+h)\\ \quad=(1+0.1\times 1.105)+(0+0.1)=1.2105\end{cases}$$

$$
\begin{cases}
y_1 = y_0 + \dfrac{h}{6}(K_1 + 2K_2 + 2K_3 + K_4) \\
\quad = 0 + \dfrac{0.1}{6}(1 + 2 \times 1.05 + 2 \times 1.055 + 1.1105) \\
\quad = 0.1053 \quad \left(\text{其精确解 } y = x - \dfrac{x^2}{2}, y(x_1) = 0.1050\right) \\
z_1 = z_0 + \dfrac{h}{6}(L_1 + 2L_2 + 2L_3 + L_4) \\
\quad = 1 + \dfrac{0.1}{6}(1 + 2 \times 1.1 + 2 \times 1.105 + 1.2105) \\
\quad = 1.1104
\end{cases}
$$

然后计算 $i = 1$ 时的 $K_1, L_1, K_2, L_2, K_3, L_3, K_4, L_4, y_2$ 和 z_2；再计算 $i = 2$ 时的 $K_1, L_1, \cdots, y_3$ 和 z_3；…… 依此类推，直到 $i = 9$ 时的 y_{10} 和 z_{10}，即可得到数值解：$y_1, y_2, \cdots, y_{10}$。

§7 边值问题的数值解法*

以下列二阶常微分方程为例来讨论边值问题：

$$y'' = f(x, y, y') \quad x \in [a, b] \tag{7.7.1}$$

其边值条件可分为三类：

(1) 第一边值条件

$$y(a) = \alpha, y(b) = \beta$$

(2) 第二边值条件

$$y'(a) = \alpha, y'(b) = \beta$$

(3) 第三边值条件

$$
\begin{cases}
y'(a) - \alpha_0 y(a) = \alpha_1 \\
y'(b) + \beta_0 y(b) = \beta_1
\end{cases}
$$

式中，$\alpha_0 \geqslant 0, \beta_0 \geqslant 0, \alpha_0 + \beta_0 > 0$。

微分方程(7.7.1) 分别附加上第一、二、三边值条件后，我们分别称它们为第一、二、三边值问题。

常微分方程的边值问题常可化为初值问题来求解。这时可采用前面已介绍过的各种求解初值问题的单步法和多步法。

7.1 差分解法

差分解法是解常微分方程边值问题的一种基本的数值方法，它是以差商代替导数，把微分方程离散化为一个差分方程组，即由若干个差分方程组成的一个方程组，然后以此方程组的解作为微分方程边值问题的近似解。

现以下列二阶线性常微分方程为例来讨论其边值问题的差分解法：

$$y'' + p(x)y' + q(x)y = f(x) \quad x \in [a,b] \tag{7.7.2}$$

首先，将区间$[a,b]$均分为n等分，即步长

$$h = \frac{b-a}{n}$$

各节点为

$$x_i = x_0 + ih \quad (i = 0,1,2,\cdots,n)$$

$$x_0 = a\ ,\ x_n = b$$

把在$[a,b]$上求解$y(x)$的问题化成在这些节点x_i上求$y(x_i)$的近似值的问题。

将式(7.7.2)在节点x_i上离散化，对于x_i用一阶和二阶差商来分别近似代替一阶和二阶导数：

$$\begin{cases} y'(x_i) \approx \dfrac{y(x_{i+1}) - y(x_{i-1})}{2h} \\ y''(x_i) \approx \dfrac{y(x_{i+1}) - 2y(x_i) + y(x_{i-1})}{h^2} \end{cases}$$

$$(i = 1,2,\cdots,n-1)$$

并设$y_i = y(x_i)$，$p_i = p(x_i)$，$q_i = q(x_i)$，$f_i = f(x_i)$，即可得到式(7.7.2)的下列近似方程，即差分方程：

$$\frac{y_{i+1}-2y_i+y_{i-1}}{h^2}+p_i\frac{y_{i+1}-y_{i-1}}{2h}+q_iy_i=f_i$$

$$(i=1,2,\cdots,n-1) \qquad (7.7.3)$$

式(7.7.3)是具有 $n+1$ 个未知数 $y_i(i=0,1,2,\cdots,n)$ 的联立线性代数方程组，而其方程的个数只有 $n-1$，要使方程组(7.7.3)有惟一解存在，还得补充两个方程，这可由不同的边值条件来补足。

对于第一边值条件，直接就可得到另两个方程

$$y_0=\alpha \quad 及 \quad y_n=\beta$$

于是，可得第一边值问题的差分方程组：

$$\left.\begin{aligned}\frac{y_{i+1}-2y_i+y_{i-1}}{h^2}+p_i\frac{y_{i+1}-y_{i-1}}{2h}+q_iy_i=f_i\\(i=1,2,\cdots,n-1)\\y_0=\alpha,y_n=\beta\end{aligned}\right\} \qquad (7.7.4)$$

对于第二边值条件

$$y'(a)=\alpha\ ,\ y'(b)=\beta$$

中的 $y'(a)$ 和 $y'(b)$ 可用最简单的一阶差商

$$y_0'\approx\frac{y_1-y_0}{h} \quad 和 \quad y_n'\approx\frac{y_n-y_{n-1}}{h}$$

来近似代替。如要求误差达到 $O(h^2)$，则可用过三点的一阶微分公式来近似代替，即

$$y_0'\approx\frac{-y_2+4y_1-3y_0}{2h}$$

和 $$y_n'\approx\frac{3y_n-4y_{n-1}+y_{n-2}}{2h}$$

从而可得第二边值问题的差分方程组：

$$\left.\begin{aligned}&\frac{y_{i+1}-2y_i+y_{i-1}}{h^2}+p_1\frac{y_{i+1}-y_{i-1}}{2h}+q_iy_i=f_i\\&\qquad\qquad\qquad(i=1,2,\cdots,n-1)\\&\qquad\qquad\qquad\frac{-y_2+4y_1-3y_0}{2h}=\alpha\\&\qquad\qquad\qquad\frac{3y_n-4y_{n-1}+y_{n-2}}{2h}=\beta\end{aligned}\right\}\quad(7.7.5)$$

同样,可得第三边值问题的差分方程组:

$$\left.\begin{aligned}&\frac{y_{i+1}-2y_i+y_{i-1}}{h^2}+p_i\frac{y_{i+1}-y_{i-1}}{2h}+q_iy_i=f_i\\&\qquad\qquad\qquad(i=1,2,\cdots,n-1)\\&\qquad\qquad\frac{-y_2+4y_1-3y_0}{2h}-\alpha_0y_0=\alpha_1\\&\qquad\qquad\frac{3y_n-4y_{n-1}+y_{n-2}}{2h}-\beta_0y_0=\beta_1\end{aligned}\right\}\quad(7.7.6)$$

综上所述,通过离散化的过程,可将求微分方程的近似解化成差分方程组的求解问题。差分方程组建立后,接着要讨论的是差分方程组如何求解。

这里,以由第一边值问题建立起来的差分方程组(7.7.4)为例,来讨论它的求解。

在方程组(7.7.4)中,可设法消去已知的 y_0 和 y_n,经整理后可得到关于 $y_i(1\leqslant i\leqslant n-1)$ 的下列方程组:

$$\begin{cases}(-2+h^2q_1)y_1+\left(1+\dfrac{h}{2}p_1\right)y_2=h^2f_1-\left(1-\dfrac{h}{2}p_1\right)\alpha\\\left(1-\dfrac{h}{2}p_2\right)y_1+(-2+h^2q_2)y_2+\left(1+\dfrac{h}{2}p_2\right)y_3=h^2f_2\\\qquad\vdots\\\left(1-\dfrac{h}{2}p_i\right)y_{i-1}+(-2+h^2q_i)y_i+\left(1+\dfrac{h}{2}p_i\right)y_{i+1}=h^2f_i\\\qquad\qquad\qquad\qquad(2\leqslant i\leqslant n-2)\\\qquad\vdots\\\left(1-\dfrac{h}{2}p_{n-1}\right)y_{n-2}+(-2+h^2q_{n-1})y_{n-1}=h^2f_{n-1}-\left(1+\dfrac{h}{2}p_{n+1}\right)\beta\end{cases}$$

(7.7.7)

显然，方程组(7.7.7)是对角占优的三对角线型方程组，其系数的矩阵是严格对角占优的三对角线矩阵，故用追赶法来求解特别有效。

7.2　打靶法

常微分方程的边值问题也可以用打靶法来近似求解。此法也是将边值问题化为初值问题来解。

现以下列二阶常微分方程第一边值问题为例来讨论：

$$\begin{cases} y'' = f(x,y,y') & x \in [a,b] \\ y(a) = \alpha, y(b) = \beta \end{cases} \tag{7.7.8}$$

设法确定 $y'(b) = t$，使初值问题

$$\begin{cases} y'' = f(x,y,y') & x \in [a,b] \\ y(a) = \alpha, y'(b) = t \end{cases} \tag{7.7.9}$$

的解 $y(x,t)$ 在 $x = b$ 的值 $y(b,t)$ 满足

$$y(b,t) \approx \beta \quad \text{或} \quad |y(b,t) - \beta| < \varepsilon$$

其中，ε 为容许的误差限。这样，就可将 $y(x,t)$ 作为边值问题(7.7.8)式的近似解。为此，可用逐次逼近法来实现。

设 $y(x)$ 为边值问题的解，估计 $y'(a)$ 的值为 t_0，解初值问题

$$\begin{cases} y'' = f(x,y,y') & x \in [a,b] \\ y(a) = \alpha, y'(a) = t_0 \end{cases}$$

得到的解为 $y(x,t_0)$，由此可算出 $y(b,t_0) = \beta_0$，一般，$\beta_0 \neq \beta$。但若 $\beta_0 = \beta$ 或 $|\beta_0 - \beta| < \varepsilon$，则即可将 $y(x,t_0)$ 作为边值问题(7.7.8)式的近似解；否则，必须调整 t_0，例如取 $t_1 = \dfrac{\beta}{\beta_0} t_0$。在式(7.7.9)中，令 $t = t_1$，再求解此初值问题，算出其解 $y(x,t_1)$，从而算出 $y(b,t_1) = \beta_1$。若 $\beta_1 = \beta$ 或 $|\beta_1 - \beta| < \varepsilon$，则 $y(x,t_1)$ 即为边值问题(7.7.8)式的近似解；否则，再适当调整 t_1。如此反复计算，直到 $\beta_k = \beta$ 或

$|\beta_k - \beta| < \varepsilon$ 为止，此时 $y(x, t_k)$ 即为边值问题(7.7.8)式的近似解。

图 7-8 中画出三条积分曲线，其中最上面一条($y = y(x, t_0)$)的 β_0 太大，最下面一条($y = y(x, t_1)$)的 β_1 则过小。

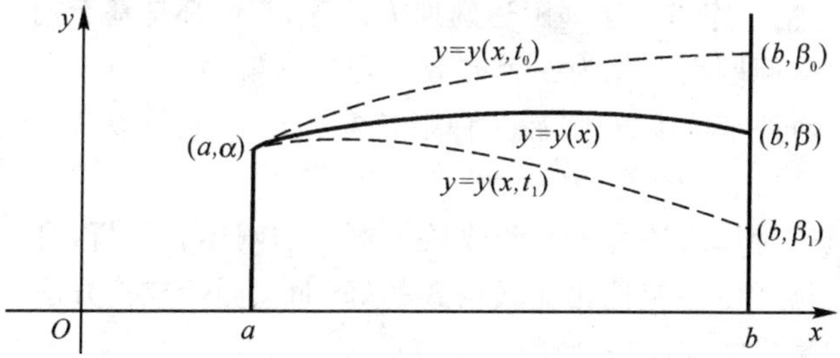

图 7-8

关于高阶微分方程初值问题的数值解法已在前面 6.2 中阐明过，现在留下的问题是如何确定参数 t_k。一旦参数 t_k 确定后，令 $t = t_k$，即可算出初值问题的解 $y(x, t_k)$。我们当然希望

$$\lim_{k \to \infty} y(b, t_k) = y(b) = \beta$$

因此，确定 t_k 的问题可归结为求方程

$$y(b, t) - \beta = 0 \tag{7.7.10}$$

的近似根。

式(7.7.10)是一个非线性方程。它可以用在第五章中阐明的二分法、迭代法、牛顿 — 雷扶生法和正割法来求解。

例如，用正割法来求解方程(7.7.10)时，需先选取初始近似值 t_0 和 t_1，然后由下式：

$$t_k = t_{k-1} - \frac{y(b, t_{k-1}) - \beta}{y(b, t_{k-1}) - y(b, t_{k-2})}(t_{k-1} - t_{k-2}) \quad (k = 2, 3, \cdots) \tag{7.7.11}$$

生成序列 $\{t_k\}$。按式(7.7.11)求 t_k，直到 $|y(b, t_k) - \beta| < \varepsilon$ 为止，其中 ε 为容许的误差限。

小　　结

本章着重讨论常微分方程初值问题的数值解法。主要有欧拉方法、龙格—库塔方法和阿达姆斯方法等。它们都是基于把一个连续的定解问题离散化为一个差分方程来求解，是一种步进式的方法。前两种是单步方法；后一种则是多步方法，它可以获得较高的精度。

通过对算法的稳定性和收敛性概念的阐述和分析，可以了解到隐式格式的稳定性比显式格式的好，而预测—校正方法则是把显式和隐式结合起来，使隐式格式既能通过显式来计算，又能保持隐式格式的稳定性好等优点。

在实际应用中，如何选择算法并非一件容易的事，它既要考虑到算法的精度能否满足实际问题的要求，也要考虑到算法的简易程度和计算工作量的大小，更要注意步长的选择、算法的收敛性和稳定性等。否则，最终会导致计算失败。

一般说来，龙格—库塔方法较为常用，它特别适用于多步方法（如阿达姆斯方法）中作初值计算；也可独立应用于精度要求不高、函数 $f(x,y)$ 较为简单的场合，因为它需要计算 $f(x,y)$ 函数值的次数较多。当函数 $f(x,y)$ 较为复杂时，可用显式阿达姆斯方法或阿达姆斯预测—校正方法，后者的稳定性较好。

变步长处理和利用李查逊外推法来提高算法的计算精度，在某些场合中也是值得推荐的。

对于一阶常微分方程组的初值问题，单个微分方程初值问题的上述各种数值解法都能推广应用，只要把方程组中的 y 和 f 都理解为向量即可。至于高阶常微分方程或方程组的初值问题，原则上总是可以把它化成一阶方程组来求解。

本章最后简要阐述了常微分方程边值问题的数值解法。介绍了如何使用差分解法和打靶法来求解常微分方程的边值问题。

习　题　七

1.（1）试用欧拉方法求解下列初值问题（取 $h = 0.2$）：

$$\begin{cases} y' = ax + b & x \in [0,1] \\ y(0) = 0 \end{cases}$$

并证明其截断误差为 $y(x_i) - y_i = \frac{1}{2}aih^2$（已知精确解为 $y(x) = \frac{1}{2}ax^2 + bx$）；

（2）试证明用改进的欧拉方法能准确地求解上述初值问题。

2. 试用梯形格式求解下列初值问题（取 $h = 0.1$）：

$$\begin{cases} y' + y = 0 & x \in [0,1.5] \\ y(0) = 1 \end{cases}$$

并证明：

（1）其近似解为 $y_i \approx \left(\frac{2-h}{2+h}\right)^i$；

（2）当 $h \to 0$ 时，近似解 $y_i \to e^{-x_i}$。

3. 试用经典 R-K 方法求解下列初值问题（取 $h = 0.1$），并将计算结果与精确解 $y(x) = -x - 1$ 进行比较：

$$\begin{cases} y' = x + y & x \in [0,2] \\ y(0) = -1 \end{cases}$$

4. 试分别用显式和隐式二阶阿达姆斯方法求解下列初值问题：

$$\begin{cases} y' = 1 - y & x \in [0,1] \\ y(0) = 0 \end{cases}$$

取 $h = 0.2$ 及 $y(0.2) = 0.181$ 来计算。比较两种方法计算结果的精度（已知精确解为 $y(x) = 1 - e^{-x}$）。

5.（1）试列出求解下列方程组的初值问题：

$$\begin{cases} y_1' = a_{11}y_1 + a_{12}y_2, y_1(0) = y_1^{(0)} \\ y_2' = a_{21}y_1 + a_{22}y_2, y_2(0) = y_2^{(0)} \end{cases}$$

的改进的欧拉格式；

(2) 试用这种计算格式求解下列方程组的初值问题(取 $h=0.1$)：

$$\begin{cases} y_1'=3y_1+2y_2,\ y_1(0)=0 & x\in[0,1] \\ y_2'=4y_1+y_2, y_2(0)=1 \end{cases}$$

并将计算结果与精确解

$$\begin{cases} y_1=\dfrac{1}{3}(e^{5x}-e^{-x}) \\ y_2=\dfrac{1}{3}(e^{5x}+2e^{-x}) \end{cases}$$

进行比较。

6. 试用差分格式(7.7.4)求解下列边值问题(取 $h=0.2$)：

$$\begin{cases} y''=1 & x\in[0,1] \\ y(0)=y(1)=0 \end{cases}$$

并验证数值解 y_i 恒等于精确解 $y(x)=\dfrac{1}{2}(x^2-x)$。

7. 试用打靶法求解下列边值问题(取 $h=0.1, t_0=1$)：

$$\begin{cases} y''=-10y^3 & x\in[0,1] \\ y(0)=0, y(1)=1 \end{cases}$$

附录

上机实习参考题

1. 从函数表

x	0.0	0.1	0.195	0.3	0.401	0.5
$f(x)$	0.39894	0.39695	0.39142	0.38138	0.36812	0.35206

出发，用下列方法计算 $f(0.15)$，$f(0.31)$ 及 $f(0.47)$ 的近似值：

(1) 分段线性插值；

(2) 分段二次插值；

(3) 全区间上拉格朗日插值。

(要求一次性输入整张函数表，并利用计算机选择在插值计算中所需的节点。)

2. 某类疾病发生率 $y‰$ 和年龄段 x(每五年为一段，例如 0～5 岁为第一段，6～10 岁为第二段……)之间形如 $y=ae^{bx}$ 的关系。试根据观测得到的如下数据表，用最小二乘法确定式中的参数 a 和 b，并计算相应的均方误差与最大偏差。

x	1	2	3	4	5	6	7	8	9
y	0.898	2.38	3.07	1.84	2.02	1.94	2.22	2.77	4.02

x	10	11	12	13	14	15	16	17	18	19
y	4.76	5.46	6.53	10.9	16.5	22.5	35.7	50.6	61.6	81.8

3. 我国第一颗人造地球卫星近地点距离 $h=439\text{km}$，远地点距离 $H=2384\text{km}$，地球半径为 6371km，求卫星轨道周长(提示：卫星轨道是椭圆，地球球心为该椭圆的一个焦点)。

4. 已知直升飞机旋转机翼外形曲线轮廓(如图)上的某些型

值点(见表)及端点处的一阶导数值

$$y'(x_0)=1.86548, y'(x_{18})=-0.046115$$

试计算该曲线上横坐标为 2,4,6,12,16,30,60,110,180,280,400,515 处点的纵坐标(要求该曲线具有二阶光滑度)。

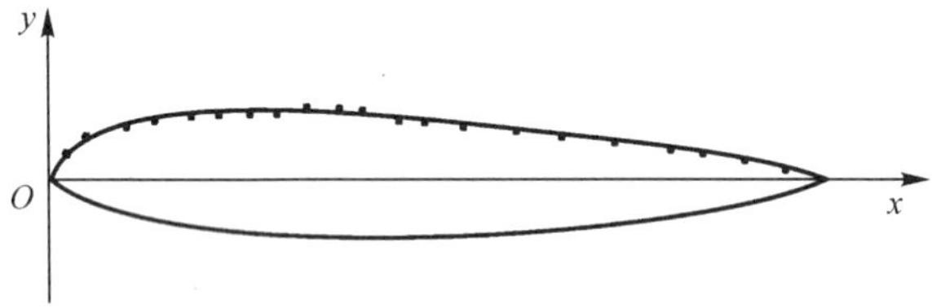

k	0	1	2	3	4	5	6
x_k	0.52	3.1	8.0	17.95	28.65	39.62	50.65
y_k	5.28794	9.4	13.84	20.2	24.9	28.44	31.1
k	7	8	9	10	11	12	
x_k	78	104.6	156.6	208.6	260.7	312.5	
y_k	35	36.5	36.6	34.6	31.0	26.34	
k	13	14	15	16	17	18	
x_k	364.4	416.3	468	494	507	520	
y_k	20.9	14.8	7.8	3.7	1.5	0.2	

5. 试计算方程 $f(x)=x^4+2x^3-x-1=0$ 于 $[-2,1]$ 上的所有实根,要求 $|f(x_k)|<10^{-6}$。

6. 试用列主元消去法求解方程组(实现 $\boldsymbol{PA}=\boldsymbol{LU}$)

$$\begin{bmatrix}1&1&1&1&1&1&1\\2&1&1&1&1&1&1\\3&2&1&1&1&1&1\\4&3&2&1&1&1&1\\5&4&3&2&1&1&1\\6&5&4&3&2&1&1\\7&6&5&4&3&2&1\end{bmatrix}\begin{bmatrix}x_1\\x_2\\x_3\\x_4\\x_5\\x_6\\x_7\end{bmatrix}=\begin{bmatrix}7\\8\\10\\13\\17\\22\\28\end{bmatrix}$$

要求输出：

(1) 计算解 $\boldsymbol{x}$；

(2) $\boldsymbol{L},\boldsymbol{U}$；

(3) 整型数组 $IP(i)$，$(i=1,\cdots,n)$（记录主行信息）。

7. 试用 SOR 迭代法解方程组 $\boldsymbol{Ax}=\boldsymbol{b}$，其中

$$\boldsymbol{A}=\begin{bmatrix}3&-1&-1&&&&\\-1&3&-1&-1&&&\\-1&-1&6&-1&-1&&\\&\ddots&\ddots&\ddots&\ddots&\ddots&\\&&-1&-1&6&-1&-1\\&&&-1&-1&3&-1\\&&&&-1&-1&3\end{bmatrix}_{n\times n}$$

$$\boldsymbol{x}=\begin{bmatrix}x_1\\\vdots\\x_{i-2}\\x_{i-1}\\x_i\\x_{i+1}\\x_{i+2}\\\vdots\\x_n\end{bmatrix},\boldsymbol{b}=\begin{bmatrix}1\\0\\2\\\vdots\\\vdots\\2\\0\\1\end{bmatrix}$$

取 $n=10$，$n=40$ 分别求解 $\boldsymbol{Ax}=\boldsymbol{b}$，要求输出：

(1) 试选择较佳的松弛因子 ω,且输出；

(2) 要求满足：$P_0 = \| \boldsymbol{r}^{(k)} \|_\infty = \| \boldsymbol{b} - \boldsymbol{A}\boldsymbol{x} \|_\infty < 10^{-6}$,迭代终止,且输出 P_0；

(3) 所需要的迭代次数；

(4) 输出计算解。

(本题的矩阵 $\boldsymbol{A}$ 不用存贮)。

8. 用四阶阿达姆斯预测 - 校正方法求解下列方程组的初值问题(取 $h = 0.1$)：

$$\begin{cases} y_1' = 3y_1 + 2y_2, y_1(0) = 0 \quad x \in [0,1] \\ y_2' = 4y_1 + y_2, y_2(0) = 1 \end{cases}$$

所需初值用经典 R-K 方法计算。将编程运算后所得结果与习题七中第 5 题的计算结果作一比较。

部分习题参考答案

习　题　一

1. (1)0.5×10^{-3},0.0208,二位　(2)0.5×10^{-4},1.21×10^{-4},四位

(3)0.5×10^{-2},8.7×10^{-5},四位　(4)0.5,8.34×10^{-6},五位

(5)0.5×10^{5},0.0625,一位

2. 五位

3. 四位

4. 0.0139%

5. 0.05mm

6. -5.556, -28, 0.01, -4.04

7. 39.975 及 0.02502

10. (1)(b)　(2)(a)　(3)(a)　(4)(a)

习　题　二

1. $L_1(11.75)\approx 2.4632$, $|R_1(11.75)|<0.0008$

$L_2(11.75)\approx 2.4638$, $|R_2(11.75)|<0.00006$

2. 略

3. (1) $N_2(0.13)\approx 1.1383$, $|R_2(0.13)|<0.00062$

$N_3(0.13)\approx 1.1389$, $|R_3(0.13)|<0.00009$

(2)$N_2(0.12)\approx 1.1270$, $N_3(0.12)\approx 1.1276$

4. $h\leqslant 0.0065$

5. (1)

$$S(x)=\begin{cases}-\dfrac{19}{90}x^3+\dfrac{1}{2}x^2-\dfrac{13}{45}x & 0\leqslant x\leqslant 1\\[2ex] \dfrac{1}{18}x^3-\dfrac{3}{10}x^2+\dfrac{23}{45}x-\dfrac{4}{15} & 1<x\leqslant 2\\[2ex] -\dfrac{1}{90}x^3+\dfrac{1}{10}x^2-\dfrac{13}{45}x+\dfrac{4}{15} & 2<x\leqslant 3\end{cases}$$

（2）

$$S(x)=\begin{cases}\frac{11}{15}x^3-\frac{26}{15}x^2+x & 0\leqslant x\leqslant 1\\ -\frac{1}{5}x^3+\frac{16}{15}x^2-\frac{9}{5}x+\frac{14}{15} & 1<x\leqslant 2\\ \frac{1}{15}x^3-\frac{8}{15}x^2+\frac{7}{5}x-\frac{6}{5} & 2<x\leqslant 3\end{cases}$$

习　题　三

1. $y=-12.5+6.55x,\sqrt{\sum\delta_i^2}=3.27,\max|\delta_i|=2.7$

$y=-8.75+4.675x+0.1875x^2,\sqrt{\sum\delta_i^2}=2.91,\max|\delta_i|=2.95$

2. $W=4.394t^{-0.1107}$

3. $y=0.97258+0.050035x^2$

习　题　四

1. $A_0=A_2=\frac{1}{3}a,A_1=\frac{4}{3}a$，代数精度 $m=3$

2. (1)$A_0=A_2=\frac{1}{3},A_1=\frac{4}{3},m=3$

(2)$\alpha=\frac{1}{12},m=3$

3. $T_8=0.562079,S_4=0.561963$

4. $T_{16}=1.0997$

5. 0.9460831

习　题　五

1. $x_{15}=0.3376679$

3. (1) 收敛 (2) 不收敛

5. (1)$x_4=1.96887294$　(2)2.13226776

9. 选取 λ 接近 $\cos(0.5)\approx 0.9$，迭代 $x_1=0.510828,x_2=0.510971$，

$x_3=0.510971$

11. $x_7=0.33766677$

12. $x_3 = 0.382179.$

习　题　六

2. $n(n+1)/2$

3. 计算解$(7/6, -1/3, 1/2)^T$，且有 $\boldsymbol{PA} = \boldsymbol{LU}$，其中

$$\boldsymbol{P} = \begin{bmatrix} 0 & 0 & 1 \\ 1 & 0 & 0 \\ 0 & 1 & 0 \end{bmatrix}, \boldsymbol{L} = \begin{bmatrix} 1 & & \\ 0 & 1 & \\ 1/2 & -1/2 & 1 \end{bmatrix}, \boldsymbol{U} = \begin{bmatrix} 2 & 1 & 2 \\ & 3 & 4 \\ & & 2 \end{bmatrix}$$

4. 计算解$(2,2,1)^T$

7. 计算解为$(46.1538, 84.6154, 92.3077, 84.6154, 46.1538)^T$

8. $\|\boldsymbol{x}\|_1 = 2$，$\|\boldsymbol{x}\|_\infty = 1$，$\|\boldsymbol{x}\|_2 = \sqrt{2}$，$\|\boldsymbol{Ax}\|_2 = \sqrt{40}$，$\|\boldsymbol{A}\|_\infty = 6$，$\|\boldsymbol{A}\|_1 = 7$

12. $\rho(A) = 2$

13. $\omega = 1.0$ 时，迭代 11 次，计算解为$(0.99999879, 0.99999951, 0.99999968, 0.99999921, 0.99999948, 0.99999979)^T$；当 $\omega = 1.1$ 时，迭代 7 次，计算解为$(1.0000024, 0.99999968, 0.99999979, 1.0000003, 1.0000000, 0.99999998)^T$

14. (1) 计算解 $\boldsymbol{x}^{(5)} = (0.771845, 0.419643)^T$

(2)$\boldsymbol{x}^{(4)} = (0.4864052, 0.2337255)^T$

15. (1)$\mathrm{cond}(\boldsymbol{A})_\infty \approx 12011$　(2)$\mathrm{cond}(\boldsymbol{A})_\infty = 21$

习　题　七

1. (1)$0, 0.2b, 0.4b + 0.2a, 0.6b + 0.6a, 0.8b + 1.2a, b + 2a$

2. 1，0.9047619，0.8185941，0.7406328，0.6700963，0.6062776，0.5485369，0.4962953，0.4490291，0.4062644，0.3675725，0.3325656，0.3008927，0.2722363，0.2463090，0.2228510

3. −1.00006000，−1.09999999，−1.19999999，−1.29999999，−1.39999998，−1.49999997，−1.59999996，−1.69999996，−1.79999995，−1.89999994，−1.99999994，−2.09999993，−2.19999993，−2.29999992，−2.39999992，−2.49999991，−2.59999991，2.69999990，−2.79999989，−2.89999989，−2.99999988

4. 显式:0,0.181,0.3267,0.44679,0.545423,0.6264751,隐式:0,0.181,0.3299091,0.4517438,0.5514267,0.6329855, 精确解:0, 0.1812692,0.3296800,0.4511884,0.5500710,0.6321206

6. 0,−0.08,−0.12,−0.12,−0.08,0

参 考 文 献

[1] 易大义,陈道琦编. 数值分析引论. 杭州:浙江大学出版社,1998

[2] Burden R L, Faires J D, Reynolds A C. Numerical Analysis. Alpine Press,1981

[3] Stoer J, Bulirsch R. Introduction to Numerical Analysis. New York: Springer Verlag, 1980(有中译本)

[4] 冯康等编. 数值计算方法. 北京:国防工业出版社,1978

[5] 〔美〕J. M. 奥特加著. 数值分析. 北京:高等教育出版社,1984

[6] 〔美〕W. H. 普雷斯,B. P. 弗拉内里,S. A. 托科尔斯基,W. T. 维特林著. 数值方法大全. 兰州:兰州大学出版社,1991

[7] 李庆扬,王能超,易大义编. 数值分析(第4版). 北京:清华大学出版社,施普林格出版社,2001